FURNITURE DESIGN: DRAWING · STRUCTURE · PATTERN

# 家具设计

## 制图·结构与形式

### 第二版

叶翠仙　陈志元　林曾芬　编著

化学工业出版社

·北京·

## 内容简介

本书的编写结合了现代工程与家具设计制图的新方法，力求将制图理论知识与家具图样表达技能有机地结合起来。本书的内容包括家具制图与识图基础知识，家具设计程序与设计表达以及不同材料、不同结构、不同类型家具的图样表达实例。书中图例均以企业生产实践中常用的设计案例为主，可操作性强，具有非常高的实际参考价值。本书依据最新的制图标准《技术制图投影法》（GB/T 14692—2008）和《家具制图标准》（QB/T 1338—2012）绘制，保证了全书内容的时效性。

本书可作为家具设计规范速查手册使用，是一本行业实践必备的工具书，也适合作为各高等院校家具设计、产品设计、工业设计、环境艺术设计及其相关专业的教材，亦可供相关专业与行业的教学工作者、设计人员、工程技术人员及业余爱好者自学参考。

随书附赠部分案例 CAD 原图，请访问 https://www.cip.com.cn/Service/Download 下载。在如下图所示位置，输入"44518"点击"搜索资源"即可进入下载页面。

**资源下载** `1 资源`

| 44518 | 搜索资源 |
| --- | --- |

**图书在版编目（CIP）数据**

家具设计：制图·结构与形式/叶翠仙，陈志元，
林曾芬编著.—2 版.—北京：化学工业出版社，2023.12
ISBN 978-7-122-44518-6

Ⅰ.①家… Ⅱ.①叶…②陈…③林… Ⅲ.①家具-
设计-高等学校-教材 Ⅳ.①TS664.01

中国国家版本馆 CIP 数据核字（2023）第 226600 号

责任编辑：林 俐 邹 宁 装帧设计：刘丽华
责任校对：边 涛

出版发行：化学工业出版社
　　　　　（北京市东城区青年湖南街 13 号 邮政编码 100011）
印　　装：大厂聚鑫印刷有限责任公司
880mm×1230mm　1/16　印张 18½　字数 583 千字　2023 年 12 月北京第 2 版第 1 次印刷

购书咨询：010-64518888　　　　　售后服务：010-64518899
网　　址：http://www.cip.com.cn
凡购买本书，如有缺损质量问题，本社销售中心负责调换。

定　　价：69.80 元　　　　　　　　　　版权所有　违者必究

# 前言 <<<——

党的二十大报告提出，加快建设国家战略人才力量，努力培养造就更多卓越工程师、大国工匠、高技能人才，用好用活各类人才，深化人才发展体制机制改革，把各方面优秀人才集聚到党和人民的事业中来。家具是科学技术与文化艺术相结合的产物，对家具设计人才的培养：既要有文化艺术的熏陶沉淀，也要有科学技术、技能的知识积累。学生只有兼备专业知识的宽广与专项技能的精湛，才能有更广阔的发展空间和更强的社会适应性。人才是企业创新、产业发展的第一要素。企业应加强人才的培养，打造有战斗力、凝聚力、向心力的人才队伍。本书的编写充分考虑了室内、家具行业对设计人才知识结构的要求，把理论教学与实践能力紧密结合，强调学生动手能力与实际应用能力的培养。本书适合作为高等院校的产品设计、家具设计、工业设计、室内设计及其相关专业的教材，也可供相关专业与行业的教学工作者、设计人员、工程技术人员及业余爱好者自主学习、参考。

本书的第二版传承了第一版的指导思想，注重家具结构设计的专业性与系统性、广泛性与典型性的有机结合。主要做了五方面的修订工作：一是与时俱进地补充了党的二十大精神；二是精减、调整了章节内容，由第一版的十章调整为六章，使教材内容的脉络更清晰、更具专业性；三是在"家具设计图样绘制实务"中加入了全屋定制家具设计案例内容；四是提供了大量最新国家标准和行业标准，使家具设计工作有规可依、有据可循；五是对其他各章的图文做必要的梳理和润色。同时，补充了各章的本章小结和作业与思考题，使之更有利于信息化教学和读者自学，适应新时代对设计人才的需求，贯彻落实党的二十大报告提出的"教育、科技、人才是全面建设社会主义现代化国家的基础性、战略性支撑"理念。

本书的出版得到福建省家具协会、好事达（福建）股份有限公司、福州本初高定、漳州喜盈门家具制品有限公司、厦门贻居有限公司、深圳市景初家具设计有限公司、深圳市择造设计有限公司等单位的热情帮助，为教材提供了大量实际项目的案例。同时得到化学工业出版社的鼎力支持，得到福建农林大学教材出版基金的资助，在此一并表示衷心的感谢。

全书由福建农林大学叶翠仙编写大纲，并进行全书的统稿和整理，具体分工为：第一、六章由福建农林大学陈志元编写，第二至五章由叶翠仙编写，其中第五章第一节由龙岩学院于再君教授编写，福建农林大学林曾芬老师参加了部分编写工作，池苏、钟键、陈庆瀛、罗爱华、研究生王梦晴、温馨分别为第四章、第六章的编写做了大量的绘图与修改工作。参加绘图的学生还有：谢燕霞、杨晨鑫、孟菊、聂茹楠、王拓雨、刘立志、金昌玉等，再次感谢大家的齐心协力。

书中引用了大量家具图片，有国内外著名设计师的经典之作，有家具公司、企业的产品，还有兄弟院校同仁、学生及我院学生课程作业的案例，特此表达由衷的感谢，部分作品因资料不全未能详细注明出处，特此致歉。由于作者学识有限，本书难免存在不当和遗漏，恳请读者提出宝贵意见，不吝指正。

编著者

2023.12

# 第一版前言 <<<———

　　家具是科学技术与文化艺术相结合的产物，对家具设计人才的培养，既要有文化艺术的熏陶沉淀，也要有科学技术、技能的知识积累。学生只有兼备专业知识的宽广与专项技能的精湛，才能有更广阔的发展空间与社会适应性。本书的编写充分考虑了社会就业对设计人才知识结构的要求，把理论教学与实践能力紧密结合，强调学生动手能力与实际应用能力的培养。本书适合作各高等院校的家具设计、室内设计、工业设计、产品设计及其相关专业的教材，也可供相关专业与行业的教学工作者、设计人员、工程技术人员及业余爱好者自主学习、参考。

　　本书内容注重家具结构设计的专业性与系统性、广泛性与典型性的有机结合，书中图例针对家具生产实践常用的结构设计形式，从国家制图标准的角度，深入分析不同类型家具的常用结构设计方法与图样表达的形式，而且均以生产实践中的成套设计案例为主，严格按照专业制图标准进行绘制、排版，可以满足不同专业读者的需要。书中关于家具结构设计理论的阐述，尽量采用典型作品案例与结构细节图解的形式，图文并茂、直观逼真、条理清晰，通俗易懂，旨在降低学习的难度，提高学习兴趣，有利于读者自主学习。

　　本书的出版得到福建省家具协会、好事达（福建）股份有限公司、漳州喜盈门家具制品有限公司、深圳家具研究开发院等单位的热情帮助，得到化学工业出版社的鼎力支持，同时得到福建农林大学教材出版基金的资助。在教材编写过程中，福建农林大学艺术学院的领导给予了大力支持与帮助，产品设计系陈祖建教授为本书提出了宝贵的建议，全系教师参加了大纲讨论，使教材以更全面、更专业的角度阐述理念，更符合人才培养的要求，在此一并表示衷心的感谢。

　　全书由福建农林大学叶翠仙编写大纲，并进行全书的统稿和整理。第一章～第九章由叶翠仙编写，其中第七章第一节由龙岩学院于再君副教授编写，第十章由深圳家具研究开发院陈庆瀛设计师编写，罗爱华设计师为第六章的编写做了大量的绘图与修改工作。参加绘图的学生：孟菊、聂茹楠、王拓雨、刘立志、赵超凡、王孙杰、李静、金昌玉等。再次感谢大家的齐心协力。

　　由于家具设计涉及多个相关领域，书中引用了大量家具图片，有国内外著名设计师的经典之作，有家具公司、企业的产品，还有兄弟院校同仁、学生及我院学生课程作业的案例，特此表达由衷的感谢，部分作品来源因资料不全未能详细注明，特此致歉，待修订时再补正。由于作者学识有限，本书难免存在不当和遗漏，恳请读者提出宝贵意见，不吝指正。

2016.4.16

# 目录 <<<————

# 第一章

# 家具设计程序与图样表达

**第一节　家具设计程序与图样**

家具设计是一门集科学、技术与艺术为一体的复合型学科，具有很强的综合性与创造性。现代家具设计是在工业化生产方式的基础上，融合了设计学、人体工程学、材料学、工艺学及技术美学等学科发展而来。尽管世界各国关于家具设计的步骤与方法不尽相同，每个企业也都有自己的家具设计与开发的程序。但家具和其他工业产品一样，其开发设计工作同样要按照规范性的程序进行，该程序对设计工作的步骤、方法和内容进行了规定。

以规模企业的家具产品开发为例，家具产品设计开发一般都要经历以下几个阶段，如图 1-1 所示。

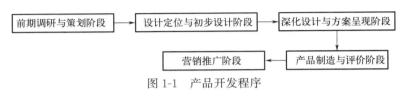

图 1-1　产品开发程序

可见，家具设计程序包含了从设计者对市场信息分析、灵感产生到产品概念形成，产品完善、深化、实施、推广的完整过程。而以投影理论为基础的家具图样可以综合表达家具产品的造型、功能、尺度、材料、人机关系、色彩等信息，将贯穿于从产品设计研究到产品创意、生产、营销的各个环节，因此，在家具开发程序的不同阶段，由于设计思维的清晰程度、信息交流对象不同，图样的形式与功能也都呈现出相应的差异。

### 一、前期调研与策划阶段

任一家具产品的设计与开发都是以市场为导向的创造性活动，家具设计的首要任务是开展市场资讯的前期调研，收集大量的相关信息，以便全面掌握同类产品的市场情况，才能保证拟开发产品的合理性和可行性。新开发产品不仅要满足市场需求，而且能适合企业的批量生产，节约开发成本，才能为企业创造经济效益。

前期调研的方法很多，一般采用资讯法、访谈法、问卷法、观摩法、实测法等，该阶段对图样没有具体的要求，尽量快速、全面，常用拍照、下载、复印或手绘的方式收集图片资料。需要实物测绘时，可以采用 1∶1 比例绘制原型图，原型图是用来准确描绘产品形态的研究用图纸。家具测绘最早起源于作坊式木工家具制造的尺寸测量，通过同类家具产品的尺寸测量可以获得家具总体尺寸与各零部件的详细尺寸，以简单的手绘草图表达出来，以此作为制作同类家具的依据。设计师可以利用测绘草图了解现有家具的形态、结构，也可以利用测绘草图研究被测绘家具的改良设计方案。运用家具测绘草图，可以把设计师的审美、视觉体验贯穿于测绘与画图过程，如图 1-2 所示。对于初学者来说，要提高识图与绘图的能力可以从家具测绘入手，逐步建立起对家具和家具图样表达的认识，将制图理论与绘图实践相结合，提高专业语言的表达能力。

图 1-2　家具实物与测绘草图

我国早期木工家具制造多用手工测量，常用的家具测绘工具比较简单，基本上都是可以直接使用，携带起来也很方便，如钢卷尺、圆规、曲线板、铅笔等，大致上可分为测量工具、辅助工具与绘图工具。现代企业生产中的家具测绘，由于测绘目的不同，一般分为设计测绘和仿制测绘两种情况。设计测绘主要通过测绘获得同类家具的基本信息与分析产品的优缺点，可以帮助设计师深刻理解同类产品的工作原理、结构、形态等相关要素，以进行创造性的改良设计。仿制测绘对测绘工作要求更严格，需要对所测绘家具的形态、尺寸、材料和结构作出准确的判断，即根据家具的实物，通过测量、整理和分析，绘制出家具的设计草图、设计图、结构装配图及零部件图的过程。

家具测绘是一项复杂而细致的工作，包括：准备、勾画草图、测量、整理数据、制图、校核、存档等。首先要分析测绘对象的造型和结构形式，进行草图绘制；接着准确测量家具总体尺寸、功能尺寸、主要尺寸及每个零部件的详细尺寸，并进行详细记录，经过复核、整理之后，再根据草图绘制设计图、结构装配图及零部件图。家具测绘的重点在于画好草图，测绘的难点是确定家具结构和绘制结构装配图，尤其是不可拆装的实木类家具，零件、部件之间的连接较难确定，需要运用家具结构设计等专业知识，还要结合具体产品的实际虚拟连接方案，方可完成绘制工作。随着科学技术的快速发展，测绘技术也越来越先进，如计算机、绘图软件、三维立体扫描仪等。将现代测绘技术应用于家具测绘，使测绘工作更方便、更精确、更安全，但投入成本较高。

对于调研资料的整理与分析，可通过编制概念分析图表作出专题分析报告，并作出科学结论和预测，或编写出图文并茂的新产品开发市场调研报告书。

家具产品的设计策划就是在前期调研的基础上，通过资料的整理与分析，做出新产品的需求分析和市场预测，确立设计目标，并制订策划方案与实施计划，确保设计活动正常有序进行。

## 二、设计定位与初步设计阶段

设计定位是指在设计前期资讯调研的基础上，对所收集的资料进行整理、比较、分析，综合新产品的使用功能、材料、结构、尺度及风格等内容而形成的设计目标或设计方向。设计定位通常以《设计任务书》的形式来表达，对新产品的风格特征、颜色搭配、材料选择、功能配置及技术性能、质量指标、经济指标等方面提出具体的要求，是后期从设计到生产的提前规划，可以减少开发设计中的失误，降低成本及资金的浪费。设计目标的设定是一个不断追求最佳点的过程，因此，在实际的设计工作中设计定位也是不断变化的，是设计进程中创意深化的结果。

确定了设计定位，设计师就可以开始从功能、技术、审美等角度对产品的造型、尺度、材质、色彩、结构等关键要素进行初步设计，以全新的视角与切入点进行方案构思。该阶段的目标在于快速记录设计灵感与构思，不需要精确的表达，常用手绘草图的表达方式。草图是设计师表达意念、交流设计思想的重要手段，也是培养观察力、创造力及造型表现力的最好方法之一。对于构思方案来说，画草图还有利于方案初期的研究思考，是家具设计图样表达的基础和支持，是对家具形态、色彩、质感等最经济、省时、有效的表现方式。

设计草图的表现方式多种多样，画法较为随意，往往几根线条、几个符号就能表达设计概念，如图1-3所示为椅类家具的构思草图。因为徒手画得快，不受工具限制，所以设计师能及时抓住形象构思的瞬间印象，充分将头脑中的构思敏捷、迅速地表达出来。刚开始画的草图形象可能不太具体，经过多次修改、完善会使构思进一步深化，经过整理、比较、反复、综合就能让产品形象逐渐清晰起来，使设计思维具体化，如图1-4所示为设计灵感来源于花瓣的坐椅构思草图，表现了从抽象到具象的构思过程。

设计草图对图纸、工具、比例等方面都没有特别的规定，画法比较随意，有时最终的家具实物与设计草图之间在细节上也会不一致，如图1-5所示。

设计草图的图面上往往还会出现文字注释、尺寸标注、细节表达、结构推敲等内容，所以草图有时看起来会有些杂乱，但它反映了设计师对设计对象的理解和推敲过程，如图1-6所示。

草图一般用具有立体感的透视图或轴测图来表达，有时也可画些局部的构造，凡是构思中的意象都可以画出，不受任何限制。透视图以直观、形象、逼真的特点成为最常用的草图表达手段，透视草图一般以单线条表现外观轮廓，有时为了突出主题效果和显示表面材料质感，也常画出阴影和其他线条加以

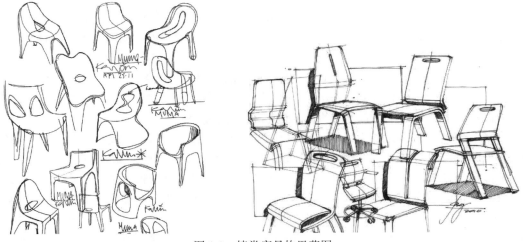

图 1-3　椅类家具构思草图

图 1-4　花瓣椅草图构思过程（图片来源：XIAOMAN 工作室）

图 1-5　构思草图与实物（设计师：tatsuo kuroda）

强调，甚至画成家具在使用状态中的场景，如图 1-7 所示。

　　为了表达家具的具体使用功能和反映家具各表面的比例和划分，设计草图也用二维投影图来表达，即采用第一角投影方法画成三视图的形式，这样不仅可以较准确地反映家具整体与部分之间、部分与部分之间的比例关系，还可以标注家具的重要尺寸，如功能上、造型上要求的尺寸，以及与环境配合需要的尺寸，这样便于从功能要求、造型艺术的角度上考虑设计方案，如图 1-8 所示的办公桌设计草图。

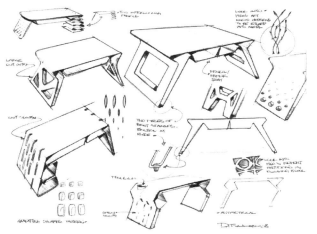

图 1-6　构思草图

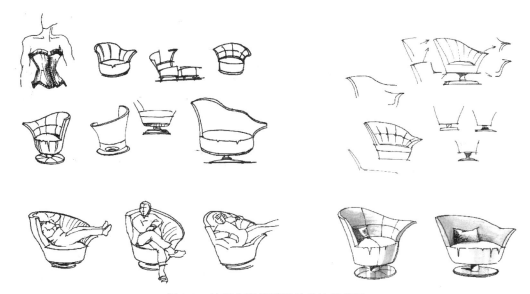

图 1-7　从理念到使用场景的构思草图

对于采用非透明材料制作的柜类家具，如果要表达家具内部的划分也可以采用剖视的方法画出，不过各零部件之间如何连接等具体结构，设计草图中一般不画，如图 1-9 所示。

为了造型需要，有些家具表面带有特殊的装饰图案或曲线型构件。实践中，通常在专用的网格纸上作三视图草图，方格的大小以 5mm×5mm 或 10mm×10mm 为宜，这样可以提高画图速度和便于技术人员掌握家具各部位的尺寸比例，如图 1-10 所示。

可见，设计草图的画法不受限制，设计师可根据需要随心表达。归纳起来，设计草图按表现形式可分为概念草图、形态草图、结构草图；按功能可分为记录性草图和研究性草图。设计草图的核心功能是捕捉设计灵感、阐释设计概念、初步拟定设计方案。

### 三、深化设计与方案呈现阶段

经过各部门的交流与探讨确定最终的设计方案，完成家具的造型设计，即确定了家具的外观形式、总体尺寸及形状特征；接下来的工作是对方案进行深化设计，该阶段更要加强与其他部门或委托单位的沟通，熟悉家具生产一线的材料、五金配件及商场情况，特别是跟生产制造部门的沟通，才能在家具造型设计的基础上进行材质、肌理、色彩的装饰设计，直至家具的结构细节设计。结构细节设计对产品的最终质量非常重要，将影响产品的成本，因此，深化设计工作应对方案进行大量的细节推敲与研究，尽

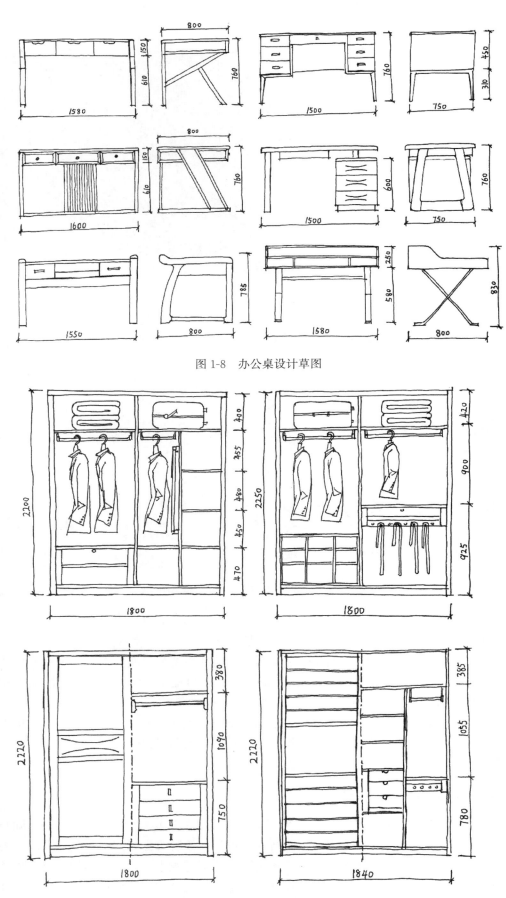

图 1-8　办公桌设计草图

图 1-9　衣柜设计草图

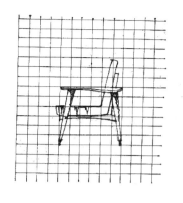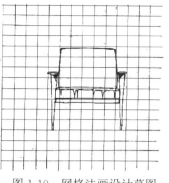

图 1-10　网格法画设计草图

可能绘出家具各部分的结构分解图，特别是关键部位的节点构造图。深化设计阶段的方案一般以设计图和立体效果图的形式表现家具产品。

### （一）设计图

设计图是设计师向其他人员阐述设计对象的具体形态、构造、材料、色彩等要素时，与对方进行更深入的交流和沟通的重要表达方式，是呈现设计方案和设计效果的展示性图样，要求绘制规范、全面、细致，有准确的说明性，而且还要有强烈的真实感和艺术感染力，一般包括方案图和效果图，有时也制作模型。

#### 1. 方案图

设计图属于生产领域中的文件，所以从图样管理角度，设计图要按照制图标准绘制，如正确选择图纸幅面、图框、标题栏，视图的画法，并用绘图仪器和工具按一定的比例和尺寸绘制。

由于设计图需要按比例和具体尺寸画图，在满足设计要求的前提下，应进一步考虑所使用材料的种类、形状和断面尺寸；对于柜类家具要考虑正面的划分与分割，如黄金比、根号矩形等特殊几何形的应用；对柜类内部结构、零部件连接方式有初步的设想，这样可以避免由于制造过程中发生因结构或工艺上的问题而作较大幅度的修改，但允许家具各部分的大小有一些相应的调整空间，而这种调整空间是必要的，有利于家具设计方案的实现。

为了尽可能保持家具外形视图的完整，家具的内部结构如属于一般，基本上不需要画出，所以设计图一般绘制 2 到 3 个视图和 1 到 2 个透视图（或效果图）。如果需要表示内部结构与功能，如门内抽屉、拉篮、隔板的配置，挂衣空间的尺寸分割等，应另画剖视图来表示，如图 1-11 所示。同时最好再加画一个门打开状态下的透视图，以显示其内部功能设计，避免因在外形视图上画虚线而影响其效果。对于具有多功能，如可折叠、移动或调整的家具，在设计图中无论是视图还是透视图最好都能有所反映，使看图者能了解设计的意图与使用功能的变化等，如图 1-12 所示办公桌。

#### 2. 尺寸

设计图上标注尺寸的多少要根据图样的功能而定，一般不需要太多。通常包括总体轮廓尺寸，即家具的总高、总宽和总深；特征尺寸或功能尺寸，即考虑到生产条件、零件标准尺寸的选择后定下的实际尺寸。不同类型家具的功能尺寸要求不一样，如桌类家具的桌高、桌宽、桌深及容膝空间尺寸；衣柜中挂衣空间的高和深；书柜、文件柜中各层板间隔的高和书柜净深；椅类家具的座前高、座面宽与座面深，如图 1-13 所示。这些尺寸都与家具的使用功能直接相关，具体标注方法可参照《家具功能尺寸的标注》（QB/T 4451—2013）以及家具主要尺寸等。这两类尺寸有时不能完全分开，有些尺寸同属于两类，例如桌高、桌面宽、桌面深尺寸，既是功能尺寸也是总体轮廓尺寸。同时应注意图中标注的尺寸基本上也是家具产品制成的最后尺寸，因为视图是按比例画出，且各部分尺寸在画图过程中已经考虑了家具的使用是否方便合理，材料能否充分利用等问题。

绘制设计图可以使用多种手段以达到理想的效果，手与工具都将为现代设计师展现一个全新的设计空间，铅笔、钢笔、马克笔、水彩笔及 AutoCAD，3ds Max 等软件都可以成为绘制家具设计图的手段，尤其是 AutoCAD、3ds Max、PRO/E 等绘图软件的普及运用，不仅大大缩短了设计周期，减轻了设计师的工作强度，也大大提高了设计工作的质量和效率，丰富了设计图的表现手段。

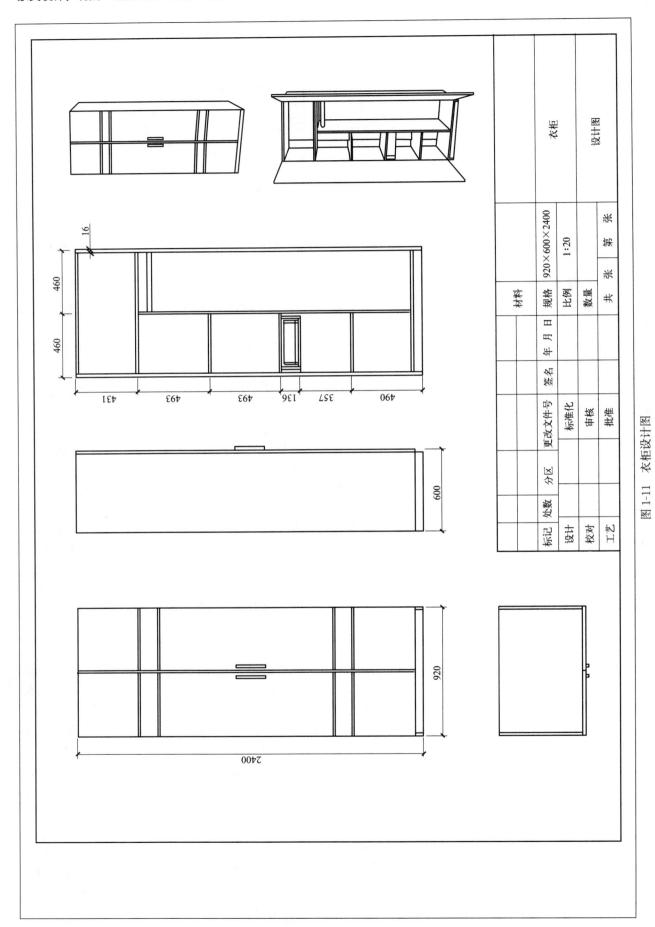

图 1-11　衣柜设计图

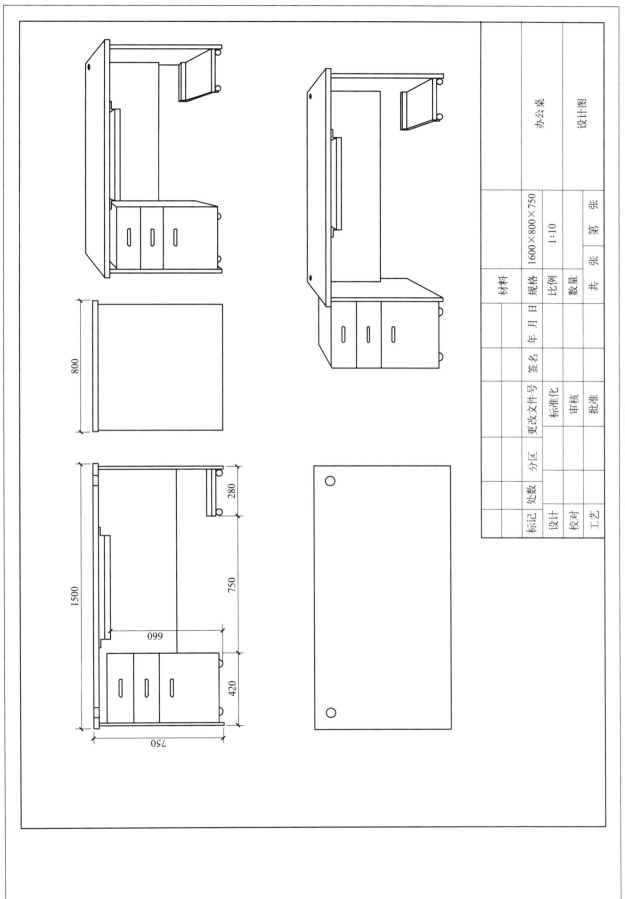

图 1-12　办公桌设计

| 标记 | 处数 | 分区 | 更改文件号 | 签名 | 年 月 日 | | 材料 | | |
|---|---|---|---|---|---|---|---|---|---|
| 设计 | | | 标准化 | | | | 规格 | 1600×800×750 | |
| 校对 | | | 审核 | | | | 比例 | 1:10 | |
| 工艺 | | | 批准 | | | | 数量 | | |
| | | | | | | | 共　张 | 第　张 | |

办公桌

设计图

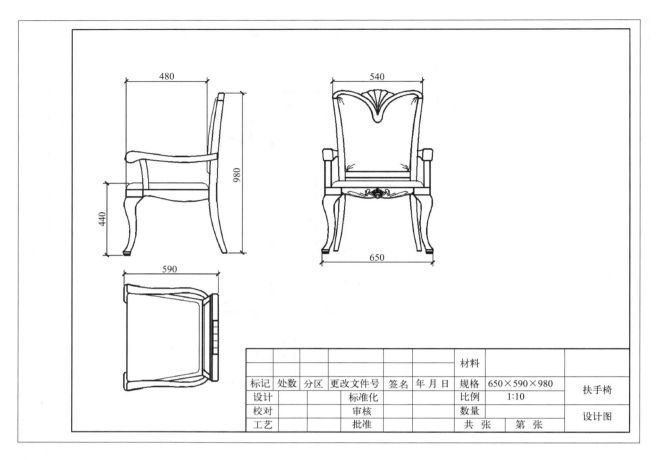

| 标记 | 处数 | 分区 | 更改文件号 | 签名 | 年 月 日 | 材料 | | 扶手椅 |
|---|---|---|---|---|---|---|---|---|
| | | | | | | 规格 | 650×590×980 | |
| 设计 | | | 标准化 | | | 比例 | 1:10 | |
| 校对 | | | 审核 | | | 数量 | | 设计图 |
| 工艺 | | | 批准 | | | 共　张 | 第　张 | |

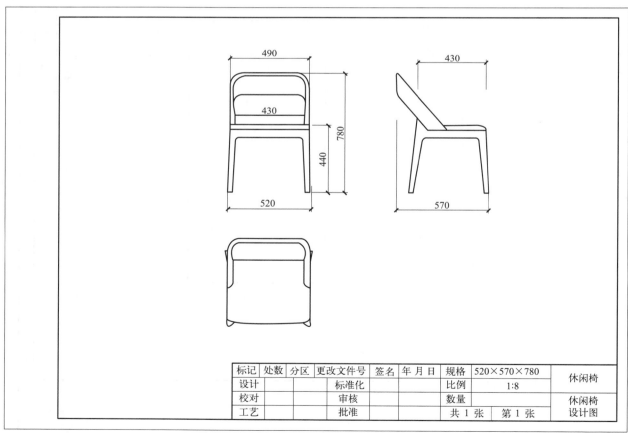

| 标记 | 处数 | 分区 | 更改文件号 | 签名 | 年 月 日 | 规格 | 520×570×780 | 休闲椅 |
|---|---|---|---|---|---|---|---|---|
| 设计 | | | 标准化 | | | 比例 | 1:8 | |
| 校对 | | | 审核 | | | 数量 | | 休闲椅 |
| 工艺 | | | 批准 | | | 共 1 张 | 第 1 张 | 设计图 |

图 1-13　椅子设计图

### 3. 效果图

效果图是用中心投影的方法，运用彩色立体形式表达出具有真实感的产品形象，在充分表达设计创意内涵的基础上，从结构、材质、光影、色彩等诸多元素上加强表现力，以达到直观、逼真、立体感强等视觉上的真实效果。方案图中的效果图要求按照三视图已经确定的尺寸，选择最佳的比例和角度采用手绘或计算机软件进行绘制，如图 1-14 所示。

随着计算机辅助设计的迅猛发展和普及，家具效果图的表现技法和技能更加丰富多彩。计算机三维造型设计软件具有高效率与逼真精确的三维建模渲染技术，特别是近年来专业设计软件的开发与升级，使计算机三维造型设计的软件功能越来越强大，如 AutoCAD、3ds Max、PRO/E 等为效果图设计提供了更现代化的便利工具。虽然三维建模对计算机硬件要求较高和对制图者的技能有一定要求，但其高度的准确性、虚拟性及高速性是手工绘图所不能比拟的，特别是可以反复修改，还可以生成高度真实的虚拟画面，便于为客户演示设计方案。因此，计算机绘制效果图已成为家具产品开发设计的首选表达手段，也是新一代设计师必须熟练掌握的数字化设计工具，如图 1-15 所示。

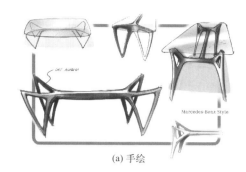

(a) 手绘

(b) 计算机软件绘制

图 1-14　效果图
（图片来源：designsketchskill.com）

### （二）模型

家具产品是三维实体，有时单纯依靠平面的设计图和效果图无法真实表达产品的空间体量关系和材质肌理效果。模型制作就成了家具由设计向生产转化的重要环

图 1-15　计算机软件绘制效果图

节，以此推敲家具的造型比例、结构细部、材质肌理与色彩搭配的合理性，尤其是家具造型中的微妙曲线、材质肌理的感觉。模型制作的比例可选择 1∶5、1∶2 或 1∶1 实物，完成后可配以一定的仿真环境背景拍成照片或幻灯片，作为后期设计评估和产品展示的补充资料。图 1-16 所示为 20 世纪最伟大的家具设计师之一——汉斯·瓦格纳（Hans Wegner）制作的家具模型。

图 1-16　汉斯·瓦格纳（Hans Wegner）

总之，家具产品从概念到实物是一个复杂的过程，是需要对各种图样、模型不断地斟酌与改进的过程，如图 1-17 所示。

### 四、产品制造与评价阶段

在家具效果图和模型制作确定之后，整个设计进程便转入绘制施工图和工艺设计阶段。家具施工图是指导工人进行零部件加工、检验与拆装的重要依据，也是新产品投入批量生产的基本工程技术文件，包括结构装配图、装配图、部件图、零件图、大样图、开料图等。工艺设计的技术文件包括零部件加工

图 1-17　可调式桌椅 Takka 的诞生过程（设计师：Agnieszka Mazur）

图 1-18　样品

流程表（包括工艺流程、技术要求与说明）、材料计划表（板材、五金件清单），有些家具还要设计产品包装图、运输规则及使用说明书等。

为了保证批量生产的质量与进度，在完成家具施工图样和工艺设计之后，要通过产品试制来检验家具的外观效果、功能性、工艺性，审查主要加工工艺能否适应批量生产和本企业的现行生产技术条件，以便进一步完善家具图样，使产品最后定型，如图 1-18 所示。样品试制可以设立试制车间或试制小组，以保证新产品的试制工作有保证。样品所用材料应按照新产品的标准要求选用，以免正式投产后出现不必要的麻烦。

在整个试制过程中，设计人员应负责技术监督和技术指导，并要求试制人员做好试制过程中的原始记录，将材料、结构、工艺和质量上存在的问题、解决措施和经验，以及原辅材料、外协件、五金配件等的质量情况和工时消耗定额等详细记录下来，以供样品评价和批量生产时参考。

完成样品试制后，还必须组织企业各相关部门或专业主管部门的有关人员对样品进行严格的鉴定，从技术、经济上做出全面的评价，以确定新产品能否进入下一阶段的批量生产，是否达到预定的质量目标和成本目标。鉴定后提交鉴定结论报告，并正式确认经过修改的各项技术文件，使之成为指导生产和保证产品质量的依据。

### 五、营销推广阶段

每一项新产品设计开发完成后，都需要尽快地推向市场。为保证新产品获得广泛的社会认可，占领市场份额，扩大销售，公司需要制订完备的产品营销策划。新产品营销策划是现代市场经济中产品设计开发工作的延续，也是实现产品价值的保障，被称为市场开发设计。

新产品向商品化的转变，必须基于市场经济规律建立起一整套的营销策划，其内容包括：①确立目标市场，制订营销计划；②确定新产品品牌形象、标志识别系统、广告策划设计；③确定新产品的专卖店设计与展示设计；④完善新产品的售中、售后服务。通过策划将产品设计与企业品牌形象、广告宣传统一起来，传递给用户的信息才具有连续性和一致性，有利于树立良好的企业形象。

总之，新产品最终目标价值的实现，不仅要靠设计完成产品的造型、功能、结构及工艺的创新，还必须在实际运作过程中不断跟进，不断完善设计，及时发现问题，准确地采取应对措施，从而保证新产品的设计开发能创造出更高的社会效益和经济价值。产品从设计、生产、销售、消费，整个过程是按照严密的程序逐步进行，形成一个循环系统，每个过程有时会前后颠倒，相互交错，甚至出现回头现象，这些都是为了不断检验和改进设计，实现新产品开发的终极目的和要求。在整个家具设计程序中有很多工作需要设计者或工程师以各种图样的形式参与其中。

## 第二节 家具设计不同阶段的图样特点

家具作为一种工业产品，其设计过程是一个多次反复、循序渐进的组合过程，每一个阶段都需要解决不同的问题，需要用不同的图样图形来表达或交流，如初步设计阶段的草图用于表现设计师的创意概念；深化设计阶段的彩色效果图能充分地表达家具产品的形态、尺度、色彩、质感、体量感等造型要素；而产品制造阶段一般需要绘制能指导生产的家具施工图。设计表达的过程实际上也是产品形态创造的过程，是对产品形态进行推敲、研究的过程，新产品开发团队的思路也正是依托这样一个过程，被开启、被深化、被实现的。

在家具产品设计过程，应该根据项目流程的不同阶段和表达对象合理地选择视图与图样，见表1-1。

表 1-1　不同阶段的图样特点

| 设计流程 | 图样特点 | 图样类型 |
|---|---|---|
| 前期调研与策划阶段 | 该阶段分析同类产品的发展轨迹、市场趋势、同行竞争、设计定位等，确立产品设计目标：<br>①根据产品的使用环境、使用功能绘制定性分析图，图纸对尺寸精度的要求不高，而对整体性、综合性的要求较高，以草图为主，一般画成透视图形式，画法较为随意；<br>②对于较大的空间或多层结构，也可以采用轴测图的方式描绘 | "鱼骨图"、草图 |
| 设计定位与初步设计阶段 | 该阶段设计师的想法还处于模糊阶段，需要高效、生动地捕捉设计灵感、阐释设计概念、初步拟定设计方案，透视图是最佳的选择：<br>①针对产品造型和人体工程学尺寸的研究，采用定量分析图，需要更为精准的尺寸表达，采用坐标纸绘制平面图；<br>②对于需要表达内部结构的家具产品，可适当采用剖视方式 | 概念草图、形态草图、结构草图、展示草图、剖视图 |
| 深化设计与方案呈现阶段 | 该阶段需要向同行或客户清晰地呈现产品各个方面的准确信息，一般采用透视、正投影相结合的方式表达：<br>①渲染逼真的彩色效果图，可以让人直观地理解新产品；<br>②按正投影原理绘制的三视图或六视图，标注产品的总体尺寸和功能尺寸，能准确表达产品的尺寸；<br>③对于需要表达内部结构的家具产品，可适当采用剖视方式，按正投影原理绘制 | 彩色效果图、基本视图、必要的剖视图 |

续表

| 设计流程 | 图样特点 | 图样类型 |
|---|---|---|
| 产品制造与评价阶段 | 该阶段要精确、完整地表达家具所有零部件的形状、尺寸、材料、结构等信息,用于指导生产和安装,正投影图是最适合的表达方式:<br>①施工图都用正投影原理绘制,适当采用剖视、局部详图表达细节结构;<br>②产品的拆装示意图、包装图常采用轴测图、透视图绘制,更直观,易于理解 | 结构装配图、拆装示意图、装配图、零部件图、大样图、包装图等 |
| 营销推广阶段 | 该阶段是为了让消费者快速了解新产品的造型、功能和使用方法,同时让购买者更加清楚地了解家具产品的安装顺序,所以图样表达可以经过提炼和简化,常以简洁的线框图形式出现 | 三视图、软件绘制效果图、产品爆炸图、产品照片 |

可见,家具设计不同阶段的图样选择有一定的规律可循,但也不是一成不变,如利用中心投影原理绘制的透视图逼真、直观、易于理解,既可用于初步设计阶段的部门之间评价,也可用于跟客户之间的交流;而采用正投影原理绘制的二维图更精确、详尽、便于看图,一般用于同行之间的沟通。在实际运用中,应根据需要进行合理的选择。

##  第三节　家具图样的绘制方法

时代在进步,绘制家具图样的工具和手段也在不断演化。今天,设计师可以选择手绘或计算机绘图,运用不同的绘图工具,形成丰富多彩的图样。还可以混合运用手绘和计算机绘图技巧,发挥各自的优势,得到既逼真又有艺术风格的表现图纸。

### 一、手绘

手工绘图,比计算机绘图具有更强的主观性,能呈现设计师独特的风格,也是设计师向客户展示实力的方式,在服装设计、工艺品设计、汽车设计、家具设计和日用消费品设计等领域得到广泛的应用。设计师对产品的手绘表达,不仅仅是再现头脑中的创意和概念,更是对方案进行组织、加工和二度创作的过程。优秀的手绘能更充分地表达设计师的奇思妙想,更清晰地记录其推敲、修改的过程,使设计师的思路更加明确。

手工绘图使用的工具简单易得,绘图效果受环境的制约因素较少,因此比计算机绘图有更广泛的适应性,可以应用于设计流程的各个阶段。在前期调研阶段,手绘设计分析图便于设计师搜集、提炼产品形态、结构等相关要素,为创意提供依据;在初步设计阶段,设计草图有利于快速记录设计师灵感,有利于设计师与信息交流对象的沟通和讨论;在深化设计阶段,手绘效果图形象、逼真,能清晰、准确、快速地表达产品信息,成为设计团队内部交流的有效媒介。常用的手绘工具包括:铅笔、钢笔、马克笔、水粉/水彩、喷笔、墨汁等,有时也辅助应用直尺、三角板、曲线板等。

### 二、尺规作图

尺规作图起源于古希腊的数学课题,指用无刻度的直尺和圆规作图。这里的尺规作图指绘制家具图样时,为了使图样更准确、美观,提高作图速度,通常要利用一些辅助工具绘图。常用的辅助工具包括:图板、丁字尺、直尺和三角板、圆规、曲线板等。

### 三、计算机绘图

计算机绘图的特点是高速,可编辑,可对产品进行参数化建模和逼真的渲染。常用的计算机绘图工具包括:手绘屏、绘图板、平板电脑或触屏智能手机、三维数字雕刻笔、三维立体打印机等,它们是计算机辅助设计(CAD)和计算机辅助制造(CAM)的重要工具。

计算机技术和计算机图形学研究的快速发展给产品设计领域带来了翻天覆地的变化,数字化技术不仅仅停留在各种设计的辅助建模、辅助绘图领域,它已经渗透到从前未能接触的手绘领域。数字化绘图具有操作便捷、便于修改、与其他辅助设计软件接口方便等特点，越来越多的设计师开始尝试运用这些设备，帮助自己完成设计工作。

使用计算机绘图，除必备的主机、显示器和输入、输出设备外，绘图软件是必不可少的工具。按照计算机绘图软件生成图像的原理不同，可将其分为二维软件和三维软件。基于图像的具体形成方式的差异，又可将二维绘图软件细分为矢量绘图软件和非矢量绘图软件。三维绘图软件可分为基于曲面形态生成立体形态的软件和实体化建模软件，见表 1-2。还有目前流行的 ChatGPT。

表 1-2　常用绘图软件

| 软件类型 | 常用创建模式 | 常用绘图软件 |
| --- | --- | --- |
| 二维绘图软件 | 矢量绘图 | CAD、CorelDRAW、Adobe Illustrator |
| | 非矢量绘图 | PS |
| 三维绘图软件 | 基于曲面 | Rhino、Autodesk Alias Design、CATEA |
| | 基于实体 | 3ds Max、Solid works、Pro/E、UG |
| 二维到三维转化软件 | 草图到实体的转换 | Pro-Concept |

利用计算机绘图与输出，可以服务于设计流程的各个阶段。在深化设计阶段，使用参数化建模和专门的渲染器渲染，生成类似照片级真实效果的产品效果图，可作为甲方选择和评估方案的依据；在产品制造与评价阶段，利用参数化模型生成施工图，用于指导制作、检验和装配等技术人员；对于生产技术水平较高的企业，还可以直接将参数化模型导入快速成型机或数控机床，进行样品的自动化加工和批量生产；在营销推广阶段，可利用参数化模型生成技术说明文件，让消费者更加清楚地了解家具产品的功能、安装、使用和保养。有效使用计算机绘图，能够使家具图样在设计流程的不同阶段转化利用、持续使用，大大减少了绘图环节，节省了时间，提高产品开发的质量与效率。

手工绘图、尺规作图和计算机绘图是家具图样表达的不同手段，它们相辅相成。即使在计算机辅助设计高速发展的今天，传统的手绘方法也不可能被淘汰，而是要发掘出新的形式和价值。当代设计师应该能灵活运用混合方法，保留手绘的模糊性、个人艺术风格特点，同时兼顾计算机绘图的高效，易于修改、转换，发挥各自的优势，完整地表达产品相关的形态、材质、光影和色彩特征，如图 1-19 所示。在图纸上准确再现立体产品的特征，控制最终产品的品质。

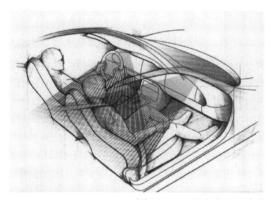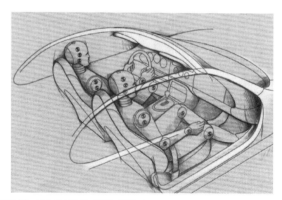

图 1-19　不同手段混合表达的图样（图片引自文献 [2]）

# 本 章 小 结

家具和其他工业产品一样，其开发设计工作要按照规范性的程序进行。本章介绍了家具设计在前期调研与策划阶段、设计定位与初步设计阶段、深化设计与方案呈现阶段、产品制造与评价阶段及营销推广阶段对图样表达的要求。前期调研的方法很多，有资讯收集和数据分析、问卷和访谈、观察法、实测法等，其中实物测绘时，通常画1:1的原型图，可以用来准确描绘现有产品的形态、尺度、材料、结构等。设计定位与初步设计阶段的图样强调快速，目标在于快速记录设计灵感与构思，多采用产品方案草图和尺度规划草图来表达。深化设计与方案呈现阶段的图样力求准确和规范，一般以立体效果图和设计图的形式表现家具产品，方便各部门之间的交流。产品制造与评价阶段的图样是重要的技术文件，要求正确、完整、规范、清晰，能够用于指导家具产品的批量化生产。营销推广阶段的图样主要考虑让消费者快速了解新产品的造型、功能和使用方法，如产品拆装示意图、说明书等。

本章概述了家具图样的绘制方法和相关软件。其中计算机绘图具有操作便捷、便于修改、与其他辅助设计软件接口方便等特点，是现代设计师必备的专业技能。计算机绘图工具包括：手绘屏、绘图板、平板电脑和触屏智能手机、三维数字雕刻笔、三维立体打印机等，设计师应该能灵活、综合应用，既保留手绘的快速、模糊性及个人艺术风格，又能兼顾计算机绘图的高效、转换及易于修改的优势。

# 作业与思考题

1. 对规模企业来说，家具产品设计开发一般要经历哪些阶段？

2. 方案深化设计与呈现阶段是加强各部门联系与沟通的关键环节，该阶段的图样特点是什么？

3. 产品营销推广阶段主要面向消费者，应采用哪些图样可以让消费者更易于理解和接受？

4. 家具图样的绘制方法有哪些？各有哪些优缺点？

5. 试分析如何将ChatGPT应用于家具图样的绘制中。

6. 习近平总书记说过："人类是劳动创造的，社会是劳动创造的。"随着工业化时代的到来，现代工艺已经从手工艺发展到机械加工技术和智能技术。技艺水平的发展也标志着人类文明的进步。中国自古以来就是一个工艺制造大国，无数行业工匠的创造，是灿烂的中华文明的标识。在我国的工艺文化历史上，产生过鲁班、李春、李冰、沈括这样的世界级工匠大师，还有遍及各种工艺领域里像庖丁那样手艺出神入化的普通工匠。结合本章"家具设计程序和图样"的学习，谈谈家具行业从制造大国到设计强国，我们能做什么。

# 第二章
# 家具图样绘制基础

**第一节　家具平面图的绘制**

### 一、视图与投影规律

#### 1. 三视图及投影规律

（1）三视图　将物体置于 $V$、$H$、$W$ 三投影面体系中（物体的位置处在人与投影面之间），按正投影原理分别向三个投影面进行投影，所得的投影图称为三面投影图，简称三视图，如图 2-1（a）所示，$V$ 面上的投影为主视图、$H$ 面上的投影为俯视图、$W$ 面上的投影为左视图。为了便于画图，通常把空间的三个视图画在同一个平面上，即把三个投影面摊开展平在同一个平面上，如图 2-1（b）所示。

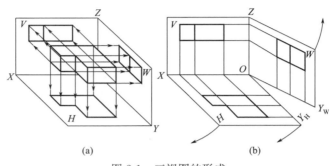

图 2-1　三视图的形成

（2）投影规律　每个视图都是一个平面图形，只反映物体的两个方向尺寸，如主视图反映物体的长度和高度尺寸，俯视图反映物体的长度和宽度尺寸，左视图反映物体的高度和宽度尺寸，如图 2-2（a）所示。可见，相邻两个视图之间有一个尺寸是物体同个方向尺寸，因此，三视图之间遵循"三等"的投影规律，即：

主视图和俯视图等长——主、俯视图长对正
主视图和左视图等高——主、左视图高平齐
俯视图和左视图等宽——俯、左视图宽相等

由于投影面的大小、物体与投影面之间的距离与投影结果无关，画图时一般不画投影面的框和投影轴，如图 2-2（b）所示。

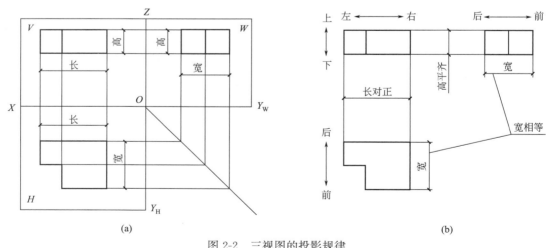

图 2-2　三视图的投影规律

三视图之间存在的"三等"尺寸关系，不仅适用于整个物体，也适用于物体的各个组成部分，如物体上的每一条线、每一个面都遵从上述投影规律。它是指导绘图、识图及检查图纸的依据。

（3）应用实例　在家具设计的方案深化阶段一般要画设计图，以表达家具的外部轮廓、大小、造型形态特征，设计图通常画成三视图。为了尽可能保持家具外形视图的完整，家具的内部结构如属于一般，基本上不需要画出。

　　绘制家具三视图时，首先对家具进行分析，将家具按使用状态自然摆放，并能保持稳定状态；再确定合理的主视图投影方向，一般以最能反映家具形体特征的面作为主视图的投影方向，且尽量使家具的主要平面与投影面平行，这样可以利用投影的实形性、积聚性画图，得到最多反映实形的面，便于画图。如家具中的柜类产品，一般以其正面作为主视图投影方向，如图2-3所示；而椅子、沙发、床等支承类家具，常以其侧面作为主视图投影方向，如图2-4所示靠背椅的三视图，主视图不仅表达了靠背椅的座深、座高、总高等主要尺寸，还反映了靠背椅座面、靠背的倾斜角度等特征，加上其他两个视图就能全面、完整地表达出靠背椅的各个部分形状与结构特征。

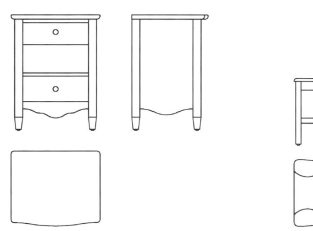

图2-3　板木结构床头柜三视图

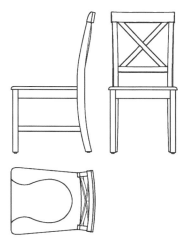

图2-4　美式餐椅三视图

### 2. 基本视图

　　对于比较复杂的物体，有时只用三视图无法完整、准确地表达物体的全貌，就要用更多数量的视图来表达。在原有三个投影面的相对方向再增加三个投影面，它们分别平行于正投影面（$V$）、侧投影面（$W$）和水平投影面（$H$），将物体放在正六面体当中，分别对三个新投影面进行投影，又将得到另外3个视图，即后视图、右视图和仰视图，这六个基本投影面上的投影就称为基本视图，简称六视图，如图2-5所示。

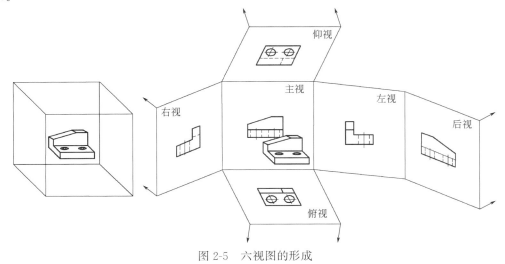

图2-5　六视图的形成

　　为了便于画图与看图，六视图要展开画在一个平面上，且它们的位置配置是确定的，一律不需要写视图的名称和作其他的标注，如图2-6所示。如果由于图纸或图形布置原因不按照投影关系的位置摆放，则要求在图形上方注明视图名称，如图 2-7 所示。

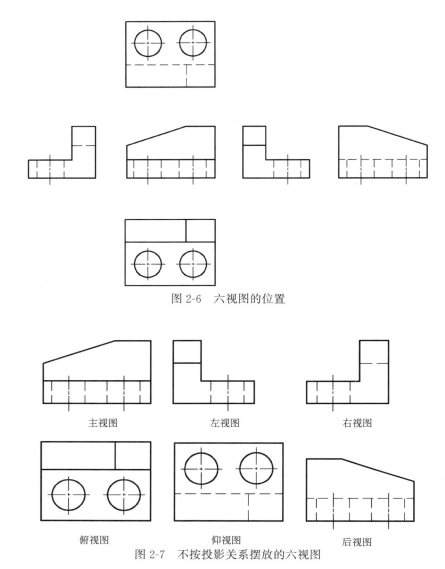

图 2-6　六视图的位置

| 主视图 | 左视图 | 右视图 |
| --- | --- | --- |
| 俯视图 | 仰视图 | 后视图 |

图 2-7　不按投影关系摆放的六视图

　　六视图中各视图之间依然遵循着相互的投影关系、方位关系及尺寸关系，即"三等"规律，如图 2-8 所示的办公桌六视图。

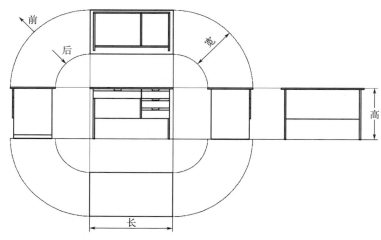

图 2-8　办公桌六视图的投影规律

可见，六视图之间遵循以下的投影规律：

主视图、俯视图、仰视图、后视图——长对正

主视图、左视图、右视图、后视图——高平齐

左视图、右视图、俯视图、仰视图——宽相等

实践中，视图数量的多少取决于表达对象的复杂程度，并非越多越好，而是在能明确、清楚表达对象的前提下，视图数量尽量要少，且每个视图都有其特定的表达任务，可有可无的视图一般不画，优先选用主视图、俯视图和左视图。

### 3. 特殊视图

（1）斜视图　为了功能与造型的需要，有些家具采用斜面作为造型要素，此时斜面往往不平行于三投影面体系中的任何基本投影面，相应的投影图就无法仅用一个视图真实表达该面的特征，如图 2-9（a）所示沙发的靠背表面是正垂面，它在主视图的投影积聚成线，在俯视图与左视图的投影不能反映表面实形（变小）。因此，在家具的平面图样绘制中，常常引进一种特殊视图——斜视图。

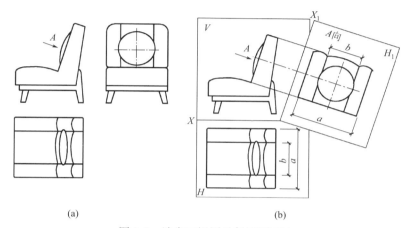

图 2-9　沙发三视图及斜视图画法

斜视图是指物体向不平行于基本投影面的平面投影所得的视图。根据正投影的实形性特性，在投影面体系中增设一个辅助投影面 $H_1$，使之与倾斜靠背表面平行，此时倾斜靠背表面在辅助投影面 $H_1$ 上的投影即为斜视图，真实反映了沙发靠背表面的实际形状与尺寸，如图 2-9（b）所示。

（2）局部视图　当某产品采用一定数量的基本视图后，仍有部分结构形状未表达清楚，且又没有必要再画出其他完整的基本视图时，可单独将这一部分的结构形状向基本投影面投射，所得投影图称为局部视图。如图 2-10（a）所示床头柜，主视图表达了产品的主要形状与组成，只需要再将床头柜的脚型及固定方式通过局部视图表达出来，床头柜的外观形态就基本清晰了，则俯视图可省略不画。

为便于看图，局部视图的位置应尽量配置在投影方向上，与原视图保持投影关系，如果其中间没有其他视图隔开，可省略标注，如图 2-10（b）中"A 向"可省略。有时为合理布图，也可以将局部视图放置在其他适当位置，但必须进行相应的标注。

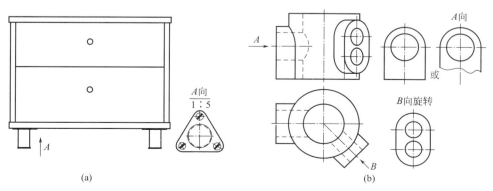

图 2-10　局部视图

由于局部视图是不完整的基本视图，局部形体的假想断裂边界线以波浪线或折断线表示，如图 2-10(b) 所示 A 向局部视图。当所表达局部结构的外轮廓线封闭时，可不画波浪线。如果局部图形较小，还可以采用较大比例画局部视图，但要求标注比例，如图 2-10(a) 所示的脚型。

可见，合理利用局部视图可减少基本视图的数量，补充基本视图尚未表达清楚的部分。

## 二、组合体

空间形体大致分为基本形体和组合形体。基本形体简称基本体，常见的基本体有棱柱、棱锥、圆柱、圆锥及球体。由若干基本体按一定方式组合而成的较为复杂的形体，称为组合形体，简称为组合体。

任何复杂的形体都可以想象成由若干基本体通过叠加、切割和综合的方式构成的组合体，如图 2-11 所示的模块家具。

图 2-11　模块家具

### 1. 组合体的投影

简单形体构成组合体时，由于组合方式和各基本体相对位置不同，基本体的相邻表面之间可能产生平齐、不平齐、相切和相交的连接关系。画组合体的投影时，必须先了解这些基本体的表面连接关系，才能做到不漏画或多画分界线，如图 2-12 所示。

绘制组合体投影时，一般按照形体分析、视图选择、画图三个步骤来完成。

（1）形体分析　形体分析就是将组合体假想分解为若干基本体，分析其形状、组合方式、相互位置关系，再恢复成整体进行综合整理的方法，称为形体分析法。该方法可把复杂的物体转变为简单的形体，便于深入分析和理解复杂物体的本质，达到化繁为简、化难为易的目的，便于顺利地绘制和阅读组合体的投影图。如图 2-13 所示组合体可看成由正截面为梯形的四棱柱经过三次截切而成的组合体。

（2）视图选择　主视图是表达形体形状、结构的主要视图，选择主视图就是确定主视图的投射方向。首先将物体自然放置，以方便看图；再选择最能反映组合体各部分形状特征和相互位置关系的方向作为主视图的投射方向。有时还要考虑其他投影图的虚线尽量少。

确定视图数量的基本原则是用最少的投影图把形体表达清楚、完整。

（3）画图　步骤如下。

① 选比例、定图幅、画基准线。根据组合体的大小及复杂程度，选定画图比例。按选定的比例，根据组合体的长、宽、高，大致估算各视图所占面积大小。开始画图前应先画出各视图的主要画图基准线（如对称线、主要轴线和较大平面的积聚投影线），以确定各视图在图面上的准确位置。

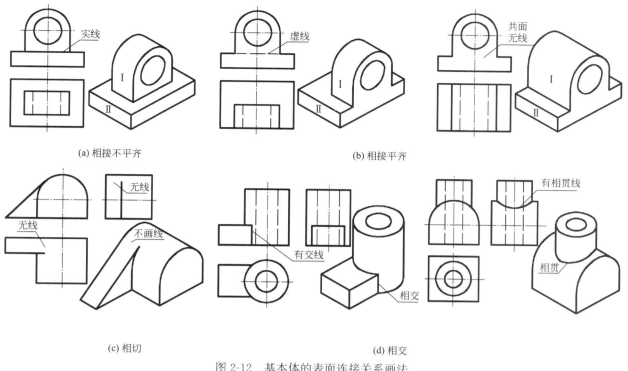

(a) 相接不平齐　　　　　　　　　　　　(b) 相接平齐

(c) 相切　　　　　　　　　　　　(d) 相交

图 2-12　基本体的表面连接关系画法

图 2-13　形体分析

② 画出各视图。按形体分析法所分解的各基本体及其相对位置，运用"长对正、高平齐、宽相等"的投影规律，逐个画出各组成部分的投影，如图 2-14 所示模型的绘图过程。一般的画图顺序是先主体、后细节，先叠加、后截切，先形体、后交线。要特别注意各基本体的相互位置和表面连接处的投影特征。

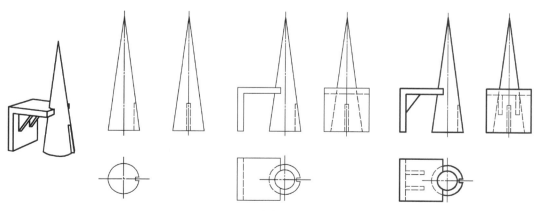

图 2-14　画组合体投影图的步骤

③ 检查、加深。底稿完成后，应仔细检查是否存在错误和遗漏。在改正错误和补充遗漏后，应擦去多余的作图线，确认无误后，再按规定线型加深全图。

**2. 组合体的识读方法与步骤**

读图是由已知的视图依据投影规律，通过运用形体分析法和线面分析法，想象出物体的空间形状和大小。画图是读图的基础，而读图是提高空间形象思维能力和投影分析能力的重要方法。

（1）组合体的识读方法　读图的基本方法也是形体分析法，对于复杂的局部结构可采用线面分析法，两种方法读图的思路基本上都是分解、识读、最后综合，但分析的着重点却不同。形体分析法着重于形体，线面分析法着重于围合形体的各个表面。

① 形体分析法。用形体分析法读图是通过各视图之间的投影关系，把视图中的线框分解成几个部分，然后分别想出它们的形状、相对位置以及组合方式，最后综合想象出组合体的整体形状。

如图 2-15 所示组合体视图，试分析其空间形状。

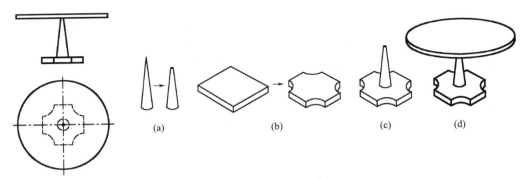

图 2-15　组合体读图实例 1

结合三视图，用形体分析法可把组合体分为上、中、下三部分。上部分为圆柱体，中间部分为基本体圆锥切割后的圆台，如图 2-15（a）所示；下部分形体是切割 1/4 圆角的长方体，如图 2-15（b）所示；各部分组合后的组合体如图 2-15（c）、（d）所示。

② 线面分析法。线面分析法是形体分析法的补充读图方法，是根据围合形体的一些表面及棱线的投影特征，分析出它们在空间的位置与形状，从而得出整个形体的空间形状。用线面分析法读图就是将组合体的视图按线框分解成若干平面，熟练运用点、线、面（包括曲面）的投影特点进行分析，想象其形状、位置。

如图 2-16 所示三视图，试分析该形体的空间形状。

结合三视图，用形体分析法可把组合体分为上、下两部分，下部形体是四棱柱，在正面投影中有一个三角形线框 $a'$，在水平、侧面投影中都有对应的三角形线框 $a$ 和 $a''$，根据投影特性可判断该线框是一般面的投影，即下部形体四棱柱的左、上、前方被一般位置平面 A 所截切，空间形状如图 2-16（a）所示。从主视图可以看出，上部形体又分左、右两部分，基本体均为棱柱，且都经过了切割处理，如图 2-16（b）所示，综合上述分析，该组合体的空间形状如图 2-16（c）所示。

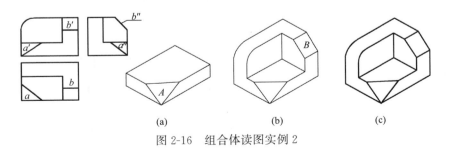

图 2-16　组合体读图实例 2

（2）组合体的读图步骤　根据组合体的视图，假想把它分成若干个基本体，然后按照各视图的投影关系，想象出这些基本体的几何形状和相对位置，最后确定该组合体的完整形状。具体读图步骤如下。

① 看视图、抓特征。首先大致看一下各个视图，再以主视图为主，配合其他视图进行初步投影分析和空间分析。重点找出能反映组合体形状特征和位置特征的视图，并与其他视图联系起来，便能在较短

的时间里对组合体有大致的了解。

② 对投影、想形状。借助三角板、分规等制图工具，利用投影关系逐个找到各基本体的三视图，根据三视图想出其形状。想形状时一般顺序为：先看主要部分，再看次要部分；先看容易确定的部分，再看难确定的部分；先看某一组成部分的整体，再看细节部分的形状。

③ 合起来，想整体。在看懂每个基本体视图的基础上，再根据整体的三视图，进一步分析基本体之间的组合方式和相对位置关系，逐渐想出整体的形状。

 ## 第二节　家具立体图的绘制

家具平面图作图简单，能够完整、准确地表达形体各部分的形状与大小，有更为准确的比例和尺寸，是产品设计中的常用图样。但只有二维尺寸的平面图缺乏立体感，必须具备一定读图能力的人员才能看懂，如图 2-17（a）所示。为了便于交流、沟通，帮助看图，家具设计中经常要用立体图更直观、形象地表达产品的三维关系。实践中，一般运用轴测图和透视图来表现家具的立体形象。

### 一、轴测图

#### 1. 轴测图的形成

轴测图是将物体连同确定其空间位置的直角坐标系，沿不平行于任一坐标平面的方向，用平行投影法将其投射在单一投影面上所得到的具有立体感的图形，称为轴测投影，简称轴测图，如图 2-17（b）所示。

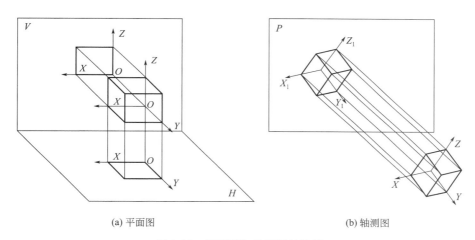

(a) 平面图　　　　　　　　　　(b) 轴测图

图 2-17　平面图与轴测图的比较

由于投影线与投影面的相对位置不同，轴测图的形成有两种形式：一种是用正投影法形成的轴测图，称为正轴测图，即投影线垂直于投影面，物体的直角坐标轴倾斜于投影面，如图 2-18（a）所示；另一种是用斜投影法形成的轴测图，称为斜轴测图，即投影线倾斜于投影面，而物体的坐标轴平行（或垂直）于投影面，如图 2-18（b）所示。

#### 2. 正轴测图的画法

正轴测图三个轴间角均为120°，三个轴向伸缩系数均为0.82。为了方便作图，画图时通常将轴向伸缩系数均简化为1。平面立体正轴测图的画法有坐标法、切割法和叠加法。

坐标法就是首先确定立体上每个顶点（端点）的坐标，然后根据平面图中各点的相对位置连接起来，画出它们的轴测图，如图 2-19 所示的三棱锥。切割法是对于某些组合体，可先画出其基本体的轴测图，然后用形体分析法，根据形体形成的过程逐一切去多余部分，最后得到所画组合体轴测图的方法，如图 2-20 所示形体。叠加法是利用形体分析法将组合体分解成若干个基本体，然后逐个画出基本体的轴测图，再根据基本体邻接表面之间的相对位置关系擦去多余的图线而得到组合体轴测图的方法，如

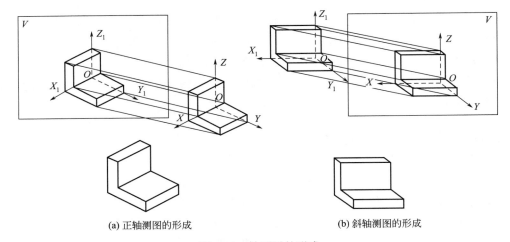

(a) 正轴测图的形成　　　　　　　　(b) 斜轴测图的形成

图 2-18　轴测图的形成

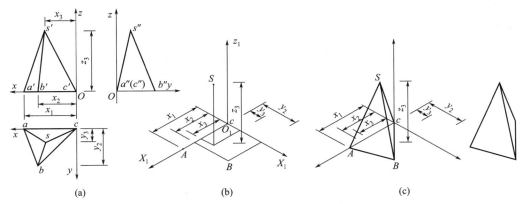

图 2-19　坐标法画三棱锥正轴测图

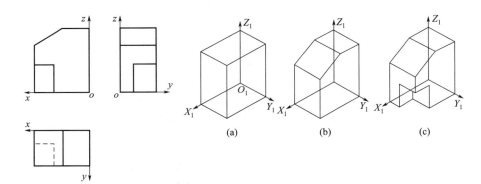

图 2-20　切割法画组合体正轴测图

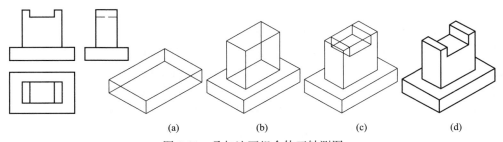

图 2-21　叠加法画组合体正轴测图

图 2-21 所示。在实际应用中，绝大多数情况下是将以上三种方法综合应用，称之为"综合法"。

轴测图一般只画出可见部分，必要时才画出不可见部分。实际作图中应根据形体的结构特点选用不同的画图方法，或几种方法综合应用。

**3. 轴测图的应用**

轴测图可作为辅助图样在工程中应用，可以帮助设计师或工程师理解空间概念和进行立体构思。正轴测图是轴测图中的一种特殊情况，在家具产品设计实践中应用比较普遍，如图 2-22 所示。

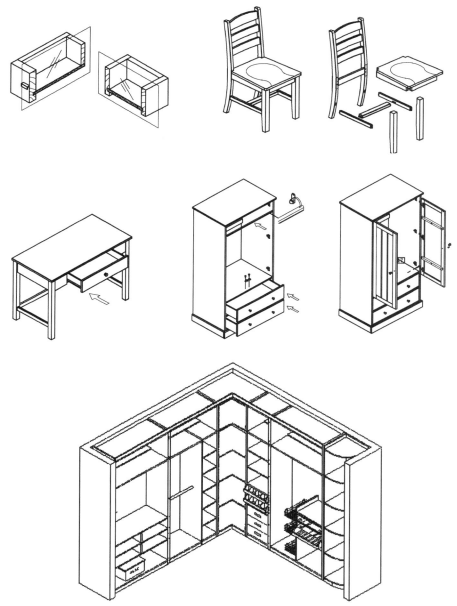

图 2-22　轴测图的应用实例

## 二、透视图

透视图是按中心投影的原理绘制，具有近大远小、近高远低、近疏远密的特点，符合人们的视觉印象，比轴测图更直观、更富有空间感和立体感。透视图是家具设计中表达设计者构思与方案的重要手段，也是设计师必须具备的一项基本技能，如图 2-23 所示。

**1. 透视图的形成**

透视图的形成过程相当于：以人的眼睛为投影中心，视线为投影线，透明平面为投影面的中心投影，所以也称为透视投影，简称透视。眼睛、物体和透明画面是形成透视图的基本要素，眼睛位置相当于投影中心，即视点 $S$，透明画面的位置介于眼睛和物体之间，连接视点 $S$ 和物体上的各点，连线与画面必有交点，这些交点的集合就是物体在该画面上的透视图，如图 2-24 所示。

图 2-23　丢勒《画家画瓶饰》木版画 1538
（引自文献［3］）

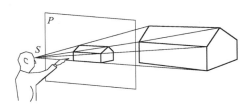

图 2-24　透视图的形成

### 2. 透视图的分类

当物体与画面的相对位置不同，物体的长度、宽度和高度方向的轮廓线与画面的角度也随之改变，物体的透视图将呈现不同的形状，从而产生了各种形式的透视图。这些透视图的使用情况以及所采用的作图方法都不尽相同，从而出现了不同类型的透视图。

习惯上，按透视图中主向灭点的多少来分类和命名，透视图可分为以下三类。

（1）一点透视（也称平行透视）

① 一点透视的形成　物体上有两组线平行于画面，相当于物体的主要面与画面平行，如图 2-25 所示。

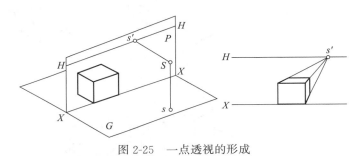

图 2-25　一点透视的形成

② 一点透视的特点　一点透视是最常用，也是画法较简单的透视投影。表现范围较广，纵深感强，适合表现庄重、严肃效果的对象。缺点是表现单体产品时比较呆板，不够逼真。

③ 一点透视的适用范围　对于主要特征集中在一个到两个面上的产品，可以采用一点透视画法，将特征面放在与画面平行的位置，如柜类、椅类家具、成套家具，如图 2-26 所示。

图 2-26　一点透视实例

（2）两点透视（也称成角透视）

① 两点透视的形成　物体只有一组线平行于画面，相当于物体上的两组面与画面均有夹角，如图 2-27 所示。

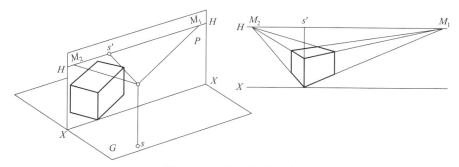

图 2-27　两点透视的形成

② 两点透视的特点　两点透视是最符合视觉习惯的透视，画面效果灵活、生动、活泼，立体感强，可逼真反映物体在多个面的空间形态，能表现物体的内容较丰富；缺点是角度选择不好易产生变形。

③ 两点透视的适用范围　适合表现各个面的特征比较平均、各面的复杂程度基本相同的物体，对于仿生形态和不规则的曲面形体多用两点透视，如图 2-28 所示。

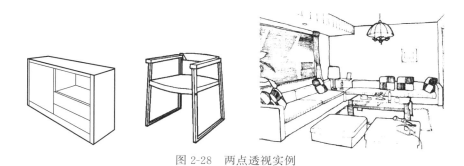

图 2-28　两点透视实例

（3）三点透视（也称斜角透视）

① 三点透视的形成　物体的三组线均与画面成一角度，三组线消失于三个消失点，如图 2-29 所示。

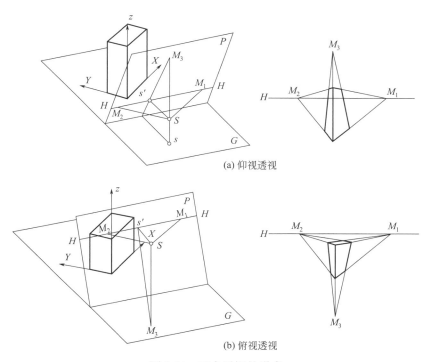

(a) 仰视透视

(b) 俯视透视

图 2-29　三点透视的形成

② 三点透视的特点　三点透视绘制过程较复杂，竖直方向产生透视变形，仰视高耸挺拔，俯视可表现大面积场景，所以在单体家具产品中少用。

③ 三点透视的适用范围　多用于高层建筑、广场规划、景观设计的表达，在产品设计中单体家具用三点透视容易失真，一般画成套家具的鸟瞰图才使用，如图 2-30 所示。

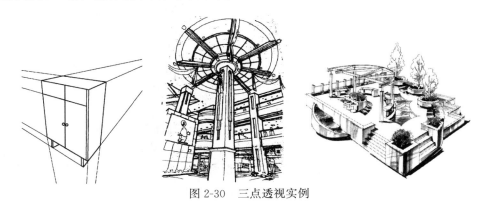

图 2-30　三点透视实例

### 3. 透视图的画法

（1）透视参数的选择　家具透视图的表达效果，与决定透视图的关键要素有关。透视图的关键要素包括：视高、视距和物体主要面与画面的夹角。犹如摄影时要考虑摄影师和被拍摄对象的距离、镜头高度及角度。

视高相当于人站立时眼睛的高度，通常为 1.5~1.7m，是一个比较容易确定的参数。视高的确定与物体的总高有关，视高的大小将影响物体顶面的表达效果，如图 2-31 所示。对于高度较矮小的茶几、矮柜、凳子、沙发等，可适当降低视高，以增强透视图的立体感。

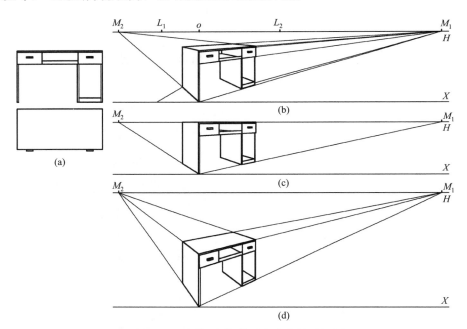

图 2-31　不同视高条件下办公桌的透视图

视距指视点到画面的距离，其大小决定视域的范围，将影响透视图中物体的体量感与变形程度，如图 2-32 所示，在视角为 60°范围以内的立体，透视形象真实，在此范围以外的立体，透视失真变形。一般来说，小体量产品可采用小视距来表现其细节，而大型产品要采用大视距表现完整的体量，如图 2-33 所示。

物体主要面与画面的夹角称为偏角，其大小选择主要考虑物体的外观特征和对透视图的要求，如物

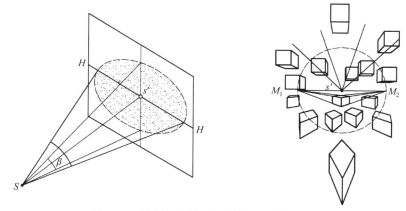

图 2-32　视距、视锥及不同位置立体的透视

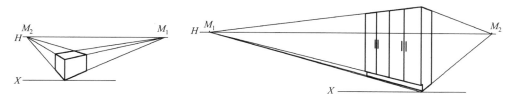

图 2-33　不同体量物体的透视

体只有一个主要立面要表达时，适宜采用一点透视；而对两相邻立面的形状都需要表达时，则适用两点透视，如图 2-34 所示。

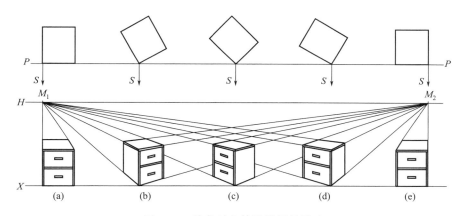

图 2-34　偏角对立体透视图的影响

（2）迹点法画透视图　与画面成一定角度的直线或延长线必然与画面相交，其交点称为迹点。根据透视投影的基本规律：迹点的透视就是其本身，直线的透视必通过其迹点与灭点，两相交直线交点的透视就是两直线透视的交点。迹点法就是利用这些透视规律来求解点、线段的透视方法，该作图方法特别适用于物体与画面不接触的情况。

已知一办公桌的两个投影及其在基面上的位置，如图 2-35（a）所示，设定视高 $h$、视距 $D$ 及立体正面与画面偏角 $\alpha$，绘制办公桌的透视。

由图 2-35（a）办公桌的俯视图看出，办公桌的各轮廓线与画面均不相交，即物体与画面不接触。画透视图时，必须在基面上将立体的水平投影各线分别延长与画面线 $pp$ 相交，得 1、3、5 和 2、4 各点，再将这些点移到画面的基线 $XX$ 上；利用直线的透视必通过其迹点与灭点，将各迹点与对应的灭点相连得相应线的全长透视，由两条不同方向线的交点确定立体的次透视；最后利用过迹点的铅垂线均为真高线，求取立体的透视高，完成透视图的绘制，如图 2-35（b）所示。

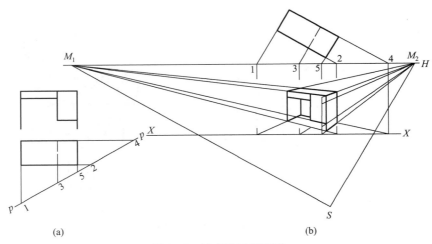

图 2-35　迹点法画透视图

（3）视线法画透视图　视线法是较常用的一种作透视图的方法，也称为建筑师法。具体作图时，先利用迹点和灭点作直线的全长透视，然后利用物体上可见点视线的水平投影与画面线的交点来确定可见点的透视位置，求出物体水平投影的透视即次透视，再利用真高线来确定各点的透视高度。

简单地说，视线法就是利用直线的迹点、灭点和视线的水平投影求作线段透视的方法。

已知一高低柜的两个投影及其在基面上的位置，为方便作图，使高低柜一垂直棱线与画面相接触，如图 2-36（a）所示。设定视高 $h$、视距 $D$ 及高低柜正面与画面偏角 $\alpha$，绘制高低柜的透视。

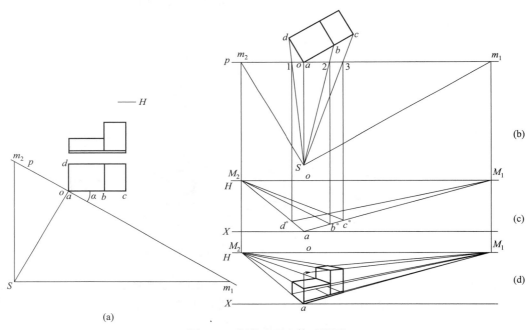

图 2-36　视线法画立体透视图

作图过程如图 2-36（b）所示。

① 布置图面　为方便作图，把画面与基面放在同一平面，并将高低柜的水平投影重画到画面线上方。

② 求灭点　在基面上自站点 $S$ 作立体两个主向面上水平线投影的平行线，与 $pp$ 分别相交于 $m_1$、$m_2$，即为高低柜两组平行线灭点的水平投影，过 $m_1$、$m_2$ 作垂线交视平线 $H$ 得灭点 $M_1$、$M_2$。

③ 求次透视　迹点 $a$ 的透视在基线上，连接 $aM_1$、$aM_2$ 求得直线 $ab$、$ad$ 的全长透视；连接 $Sd$、$Sb$、$Sc$ 交 $p$ 于 1、2、3 点，过 1、2、3 分别作垂线交 $aM_2$ 得透视 $d°$，交 $aM_1$ 得透视 $b°$、$c°$，再连接 $b°$

$M_2$、$c^{\circ}M_2$ 及 $d^{\circ}M_1$ 即求得高低柜的次透视。

④ 求透视高 过迹点 $a$ 的铅垂线为真高线，其上量取高低柜的各部分实际高度，根据平行线有共同灭点的原理完成高低柜上表面各线的透视。

⑤ 完成透视图 加深高低柜的外形轮廓线，即完成透视图的绘制。

（4）量点法画透视图 量点法是利用辅助直线的灭点（量点，一般记为 $L$），求已知直线透视长度的作图方法。

量点法与视线法的主要区别在于求物体水平投影可见点的透视，即次透视的求解方法，物体透视高的求解方法是一样的。

已知一矮柜的两个投影，其位置在画面后，为方便作图，使矮柜一垂直边与画面相接触，如图 2-37(a) 所示，用量点法绘制矮柜的透视图。

作图过程如图 2-37(b)、(c) 所示。

① 求灭点 在基面上过站点 $S$ 作立体水平投影主方向两直线的灭点水平投影，分别为 $m_1$、$m_2$。

② 求量点 设主点的水平投影为 $o$，以 $m_1$ 为圆心、$m_1S$ 为半径作圆弧与 $p$ 相交于 $l_1$，即为灭点 $M_1$ 方向各线的透视长度量点 $L_1$ 的水平投影，同理可求出灭点 $M_2$ 方向各线的透视长度量点 $L_2$ 的水平投影 $l_2$，将主点、灭点、量点全部搬移到视平线上。

③ 求次透视 由迹点 $k$ 作出全长透视 $kM_1$、$kM_2$，再以 $k$ 为基准点在基线上量取水平投影中各点的实际尺寸，如图中 $x_1$、$x_2$、$x_3$，然后用量点 $L_1$ 与该点相连，交 $kM_1$ 即得相应点的透视位置。同理，矮柜深度方向尺寸 $y$ 量取后与量点 $L_2$ 相连交 $kM_2$，得到深度方向点的透视。将得到的各点透视再分别与相应的灭点连线，就可以求出矮柜的次透视。

④ 求透视高 利用真高线来确定各点相应高度，其作图方法同视线法。

⑤ 完成透视图 加深矮柜的外形轮廓线，即完成透视图。

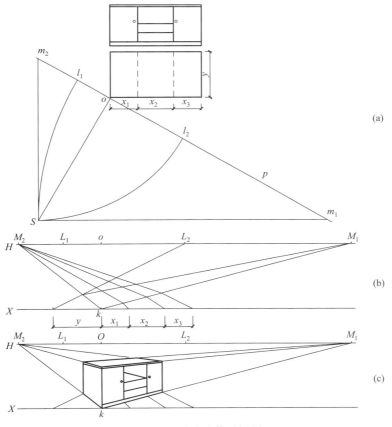

图 2-37 量点法作透视图

对于水平投影为长方形的立体，画透视图时偏角 $\alpha$ 一般取 $30^{\circ}$，如图 2-37(a) 所示，那么根据视距

（$oS$）的大小按直角三角形各公式，通过计算就可以得到相应的灭点、量点位置。为方便作图，现将常用视距对应的灭点、量点参数列于表 2-1。

**表 2-1　常用视距对应灭点、量点位置表（$\alpha=30°$）**

| 视距 | $M_1M_2$ | $oM_1$ | $oM_2$ | $M_1L_1$ | $M_2L_2$ |
| --- | --- | --- | --- | --- | --- |
| 50 | 115.5 | 86.5 | 28.8 | 100 | 57.8 |
| 60 | 138.6 | 104 | 34.6 | 120 | 69 |
| 70 | 161 | 121 | 40 | 140 | 81 |
| 80 | 184.6 | 138.6 | 46 | 160 | 92 |
| 90 | 208 | 156 | 52 | 180 | 104 |
| 100 | 230.9 | 173.2 | 57.7 | 200 | 115.5 |
| 110 | 253.5 | 190.5 | 63 | 220 | 127 |
| 120 | 277 | 207.8 | 69.3 | 240 | 138.6 |
| 130 | 300 | 225 | 75 | 260 | 150 |
| 140 | 323.3 | 242.5 | 80.8 | 280 | 161.7 |
| 150 | 347 | 260 | 87 | 300 | 173 |
| 190 | 438.6 | 329 | 109.6 | 380 | 219 |
| 200 | 462 | 346 | 116 | 400 | 231 |
| 210 | 485 | 364 | 121 | 420 | 242.5 |

由于量点法画透视图时不需要借助辅助平面，可以节省图幅，使画面清晰，所以广泛应用于平行透视中。

用量点法作平行透视时，量点的求取是以灭点水平投影 $m$ 为圆心，以 $mS$ 为半径画弧与画面线的交点 $l$ 为量点的水平投影，因 $mS=ml=$ 视距，如图 2-38（a）所示。因此，量点又称距点、距离点，用量点法画平行透视也称为"距离点法"。

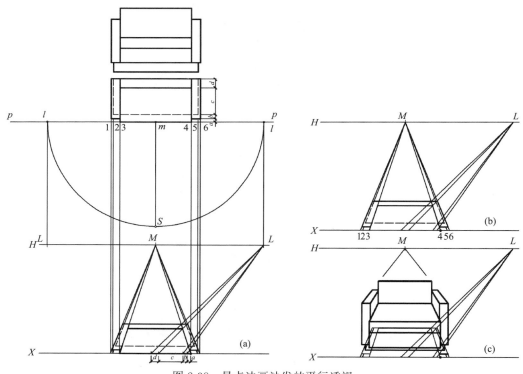

图 2-38　量点法画沙发的平行透视

已知双人沙发的两个投影及其尺寸，为便于画图，画面与沙发座面前端接触，如图 2-38（a）所示。设视高 $h$ 和视距 $D$，用量点法绘制沙发的平行透视。

作图过程如图 2-38（b）所示。

① 求灭点和量点　由平行透视特点可知沙发深度方向平行线的灭点水平投影 $m$ 与 $o$ 点重影，基面上以 $o$ 为圆心，以 $oS$ 为半径画弧与画面线的交点 $l$ 即为量点的水平投影。

② 求深度方向线的全长透视　把深度方向线的迹点 1、2、3、4、5（其中点 1、5 是不与画面接触的线段延长后的迹点）移到基线上，连接各迹点求得沙发深度方向线的全长透视。

③ 求次透视　以迹点 4 为基准点，把沙发深度实际尺寸量到基线上，然后各点与量点相连，交过该迹点的全长透视求得相应点的透视，再过这些点作水平线，即求得双人沙发的次透视。

④ 求透视高　过任一迹点作铅垂线均为真高线，作真高线求沙发的透视高。

⑤ 完成透视图　加深沙发的外形轮廓线，即完成透视图，如图 2-38(c) 所示。

### 三、透视图简捷画法与应用

对于一般的家具产品，绘制透视图时通常先用基本画法画出它们主要的外形轮廓。至于产品的细部结构，如果也用基本画法逐步完成作图过程，将比较繁杂、费时，作图误差也较大。实践中，可以采用一些简捷画法或辅助方法来补充作图，提高作图效率。

#### 1. 定距分割法

（1）画面平行线的分割　画面上或平行画面的线段，其分割保持原比例，如图 2-39 所示。

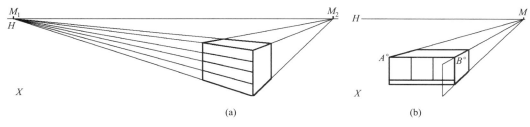

图 2-39　画面平行线的分割

（2）一般位置直线的分割　一般直线的偶数划分可以利用对角线方法来等分；如果要进行特殊划分，则可以利用平行线间距成定比原理来分割。如图 2-40(a) 所示，已知一般直线透视 $A°B°$，将其划分为 $x_1$、$x_2$、$x_3$、$x_4$ 四段。其作图方法：以 $A°$ 为基准点，在基线上按比例要求量取 $x_1$、$x_2$、$x_3$、$x_4$ 分割尺寸得 1、2、3、4 点，连接 $4B°$ 交视平线于 $F$ 点，即辅助灭点，再分别连接 $F1$、$F2$、$F3$ 交 $A°B°$，即求得 $A°B°$ 划分为 $x_1$、$x_2$、$x_3$、$x_4$ 四段的透视。

也可以在其他位置以线段端点画水平线上作辅助分割线，如图 2-40(b) 所示组合柜透视的分割方法。

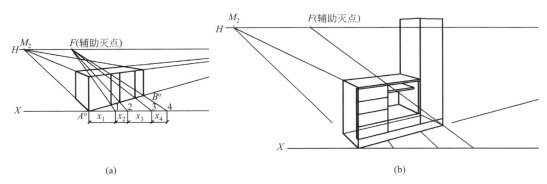

图 2-40　一般位置直线透视的分割及应用

#### 2. 矩形对角线的应用

利用矩形透视的对角线，可以求透视中心、等距分割、不等距分割、连续作图等。

（1）对角线划分　已知一矩形的透视，求其中心的透视。

从图 2-41(a)、(b) 可以看出，不管是垂直面还是水平面的透视矩形，只要分别连接矩形的透视对角，就可以求出其中心的透视。

柜类家具正面常有对称分割，如柜门、抽屉等。对称位置的确定在透视图中就可应用对角线求中点的方法解决，如图 2-41（c）所示。

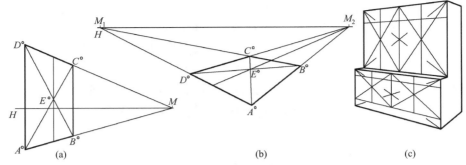

图 2-41　利用对角线法求透视中心及应用

（2）对角线等距分割　已知透视矩形 $A°B°C°D°$ 及直线 $B°C°$、$A°D°$ 共同灭点 $M$，利用对角线法对矩形分别进行水平方向的三等分、四等分及五等分，如图 2-42 所示。

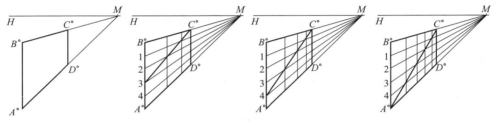

图 2-42　利用对角线法作线段的等距分割

（3）对角线不等距分割　水平方向不等距的分割，也可以利用对角线转移的方法，如图 2-43 所示，只要在垂直方向上按比例分割线段，各分点均与对应灭点相连，连线与对角线一一相交，过交点画垂直线即可。画对角线时一定要注意线段分割的顺序，否则将次序颠倒。

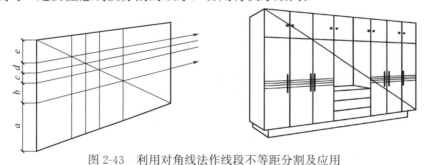

图 2-43　利用对角线法作线段不等距分割及应用

（4）延伸　已知一矩形的透视 $A°B°C°D°$，要求连续画相同的矩形。

利用对角线对分原理，取 $C°D°$ 的中心点 1，连 $B°1$ 并延长与 $A°D°$ 的延长线相交于 $E°$ 点，过 $E°$ 作垂直线交 $B°C°$ 延长线于 $F°$，$C°D°E°F°$ 即为第 2 个矩形的透视。按同样方法可以继续延伸，画出若干个相同矩形的透视。可用于正面对称分割柜类家具的透视图，如图 2-44 所示。

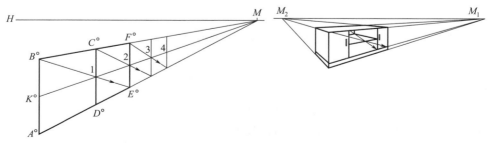

图 2-44　利用对角线法作等距延伸透视画法及应用

**3. 理想角度画法**

在产品设计的构思阶段，设计师往往以透视图的形式来表达新想法。在上述透视图基本画法中，由于物体、画面及视点位置的不同，将产生不同效果的透视图。在透视图完成之前，一般较难预知透视图的形象是否为最佳效果，所以设计实践中，设计师经常使用理想角度画法预先画出产品的透视图，作为初步交流设计思想的依据。理想角度画法必须建立在充分理解透视规律、量点法的基础上，才能合理地运用。

单体家具理想角度透视图一般用量点法画成两点透视，根据前面对影响透视效果各因素的讨论可以得出以下规律。

① 水平投影接近长方形的家具，偏角 $\alpha$ 一般选择 30°或 30°左右，接近于正方形的家具偏角选择 45°左右为宜。

② 视高 $h$ 以人的眼高为参照，高型家具如大衣柜、书柜等，视高 $h$ 选取家具高度的 2/3 左右，并且要避免与家具中的水平板件等高；矮型家具如床头柜、茶几、办公桌等，视高 $h$ 选取家具高度再加上其高度的 1/3～1/2。

③ 视距（$oS$）的确定与视高 $h$ 有关，同时决定了两灭点的距离。

当 $\alpha=30°$时，根据量点法原理，两灭点 $M_1M_2$ 之间的距离与视高之间具有如下关系：

（a）当 $oS=1.73h$ 时，$M_1M_2=4h$；

（b）当 $oS=2h$ 时，$M_1M_2=4.62h$；

（c）当 $oS=2.5h$ 时，$M_1M_2=5.77h$。

因此，理想的单体家具透视图在选定视高 $h$ 之后，灭点距离选取 $4h\sim5h$ 可画出效果较好的透视图。根据这个规律就可以很方便地画单体家具理想角度的透视图。

**实例 1**：绘制图 2-45(a) 所示书柜的理想角度透视图。

作图过程如图 2-45(b)、(c) 所示。

① 确定视高 $h$，画出基线和视平线。

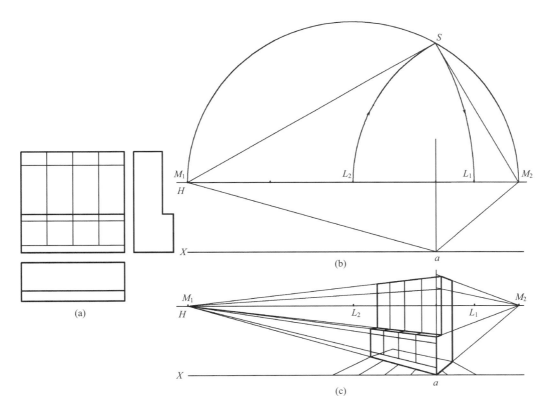

图 2-45 书柜理想角度画法

② 根据 $M_1M_2$ 的距离选取 $4h \sim 5h$，以 $1.1h \sim 1.2h$ 为单元在视平线上截取并留下五个位置点，第一个和第五个位置点分别是灭点 $M_1$ 和 $M_2$ 的位置，并且以靠近 $M_2$ 的位置点为家具与画面相交的迹点 $a$。

③ 根据量点法画成角透视规律（$\alpha=30°$时），$L_2$ 接近于 $M_1M_2$ 的中点，求取 $L_2$。

④ 利用直角三角形原理，首先以 $M_1M_2$ 为直径画半圆，然后以 $M_2$ 为圆心，以 $M_2L_2$ 为半径画弧交半圆于 $S$ 点，再以 $M_1$ 为圆心，以 $M_1S$ 为半径画弧交于视平线，交点即为 $L_1$ 点，最后按量点法完成透视图。

**实例 2：** 绘制图 2-46（a）所示电脑桌的理想角度透视图。

以电脑桌本身高度加上其高度的 $1/3 \sim 1/2$ 作为视高，画视平线和基线。灭点 $M_1$、$M_2$，画面与电脑桌的迹点 $a$，量点 $L_2$ 的确定方法同实例1。$L_1$ 的求取方法也可以用缩小比例的方式，如图 2-46（b）所示。其中 $B$ 点和水平线的位置都是任意的，求取量点 $L_1$ 之后，就可以按量点法完成电脑桌透视图的绘制。

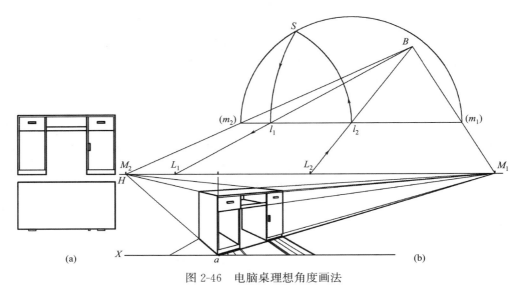

图 2-46 电脑桌理想角度画法

### 4. 网格法画透视图

不规则曲线、空间曲线及室内成套家具的透视图画法相对复杂。为了方便作图，原则上可将它们纳入一个正方形网格中进行定位。先画出网格的透视，然后按图形在网格中的相对位置定出图形的透视位置，这种利用网格来作透视图的方法，称为网格法，如图 2-47 所示。网格法画成套家具的方法如图 2-48 所示。

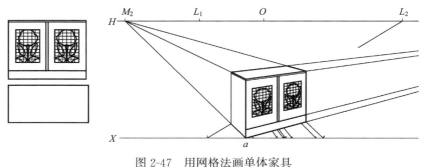

图 2-47 用网格法画单体家具

平行透视和成角透视均可采用网格法，其中方格边长大小以能作出相对准确和确定的透视为准，比如画具有对称性的曲线，要注意确定一些特殊位置的点，同时考虑对称的另一位置。网格形状常用正方形。

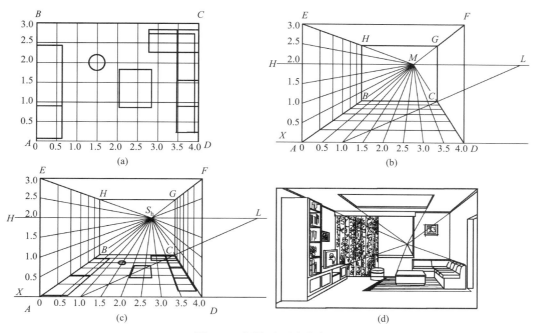

图 2-48　网格法画成套家具

 **第三节　家具内部结构图的绘制**

　　技术制图的标准规定，基本视图的可见轮廓线画实线，不可见的轮廓线画成虚线。当家具产品及其构件、配件的内部结构比较复杂时，家具平面图中表示内部结构形状的虚线很多，将会给读图和标注尺寸造成困难。为了准确、清晰表达家具产品的内容结构，《家具制图》标准（QB/T 1338—2012）规定了家具内部结构和细节的表达方法，包括剖视图、剖面及局部详图。

### 一、剖视图

#### 1. 剖视图的形成

　　用假想剖切面剖开物体，移去观察者和剖切面之间的部分，将剩余部分物体向投影面投影所得的图形，称为剖视图。如图 2-49 所示，抽屉的主视图和左视图都采用了剖视画法，这样抽屉的材料、结构与装配关系就清晰明了。剖视图中剖切面与物体的接触部分称为剖面区域，必须画上剖面线或相应材料剖面符号。

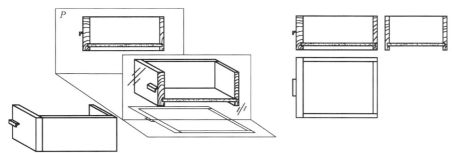

图 2-49　剖视图的由来

#### 2. 剖视图的种类

　　为适应不同结构的表达需要，剖视画法在家具制图中可分为全剖视图、半剖视图、局部剖视图、旋转剖视图和阶梯剖视图，其中较常用的剖视图为前三种，它们的特点和应用见表 2-2。

表 2-2　常见剖视图的特点和应用

| 名称 | 全剖视图 | 半剖视图 | 局部剖视图 |
|---|---|---|---|
| 定义 | 用一个剖切面完全地剖开形体（产品、零部件）后所得到的剖视图 | 当形体对称（或基本对称）时，在垂直于对称面的投影面上的投影，以对称中心线为界，一半画成剖视图，另一半画成视图 | 用剖切面局部剖开形体，所得到的剖视图 |
| 画法示例 | | | |
| 适用范围 | 常用于外形较简单，内部结构较复杂而图形不对称的形体；有时对称形体也用全剖视图 | 主要用于形体的内部、外形均需表达，且为对称结构。有时形体接近对称，也用半剖视图 | 主要用于形体局部结构需要表达时。当对称图形的中心线与图形轮廓线重合不宜用半剖视图时采用 |
| 备注 | 除符合剖视图的省略标注条件外，均遵循剖视图的标注规定 | 视图与剖视图的分界线应画成细点划线 | 局部剖视图与视图之间以波浪线分界 |

对于结构层次较多和造型特殊的家具产品还可以采用阶梯剖视图和旋转剖视图。

阶梯剖指用几个相互平行的剖切面剖开形体后所得到的剖视图，适用于形体内部结构层次较多，孔、槽的轴线或对称面处于几个相互平行的平面上，用一个剖切面不能同时剖到完整表达出来时。如图2-50所示的床头柜，上、下部分内部结构不同，上层是抽屉结构，下层底板结构，为了用一个俯视图同时表达上下层结构，采用了阶梯剖方法。

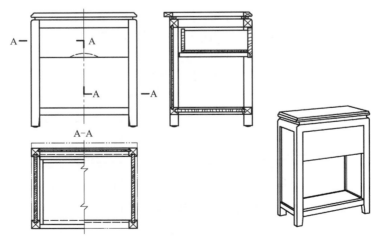

图 2-50　阶梯剖应用实例

画阶梯剖视图应注意：阶梯剖视图必须标注，在剖切面起、止和转折位置画剖切符号，并标注大写的拉丁字母，以表示剖切平面的名称，当转折位置空间有限且不容易引起误解时，转折处允许省略字母。

旋转剖视图指用两个相交的剖切面（交线垂直于某一基本投影面）完全地剖开形体，并通过旋转使之处于同一平面内得到的剖视图，适用于形体中的孔、槽轴线不在一个平面上，用一个剖切面无法完全表达清楚，且形体具有回转轴的情况，如图 2-51 所示。

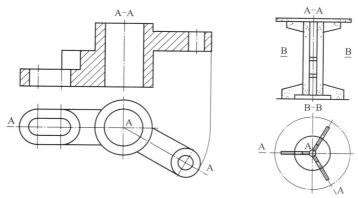

图 2-51 旋转剖视图及应用

## 二、剖面

### 1. 剖面概念

假想用一剖切面把形体（如家具中的拉手、脚型或装饰件）切断，仅画出与剖切面相接触的断面所得到的图形称为剖面。如图 2-52 所示的拉手，如果只画出外形图将出现虚线，无法表达拉手上棱线的角度与凹槽的深度，此时可假想在拉手的中间部位，用一个剖切面将拉手从中间处剖开，画出剖切后得到的剖面，就可以清楚地表达出拉手内外表面棱线的转折点与角度。

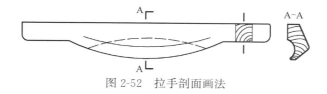

图 2-52 拉手剖面画法

### 2. 剖面的种类与画法

根据图形放置的位置不同，剖面分为移出剖面和重合剖面，它们的主要特点和应用见表 2-3。

表 2-3 剖面特点和应用

| 名称 | 移出剖面 | 重合剖面 |
|---|---|---|
| 定义 | 画在视图之外的剖面 | 直接画在视图中的剖面 |
| 画法示例 | | |
| 线型画法 | 基本视图轮廓线用实线绘制，局部详图中剖面轮廓线用粗实线绘制 | 轮廓线均用细实线绘制 |
| 备注 | 当剖面形状不对称时，在剖切位置应画投影方向并标注字母 | 重合剖面多用在剖面形状简单，不影响基本视图清晰时使用 |

剖面与剖视图的区别是剖面仅画出剖切到的断面的形状，剖视图不仅要画出形体被剖切到的断面的形状，还需要画出剖切面后面可见的所有轮廓投影，如图 2-53 所示主视图的画法。

### 3. 剖面的应用实例

当家具产品基本视图比例较小，为了清晰表达局部结构时，移出剖面可以采用与原视图不同的比例

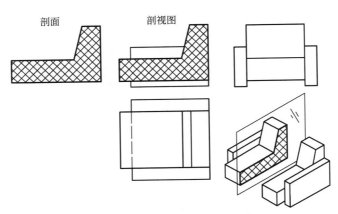

图 2-53　剖面与剖视图的区别

画，但一定要标出比例，如图 2-54（a）所示梳妆镜框架剖面，同时注意标注时字母与图名必须水平书写。

对于形状较复杂的零件用基本视图或一个剖面无法清楚表达其形状时，可以采用一系列的剖面来表示，如图 2-54（b）所示某桌子脚型。

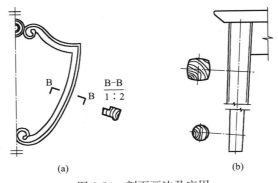

图 2-54　剖面画法及应用

在家具表面装饰中常出现凹凸不平的雕刻图案，为了直观表示凹凸形状的尺寸与工艺做法，可以用移出剖面或重合剖面表达其表面的形态，如图 2-55（a）所示，这时常常只画出前表面的形状，后面的轮廓线可省略不画。必要时，剖切面可用柱面代替，剖面则用展开画法，如图 2-55（b）所示，在图名下方标注"展开"字样。

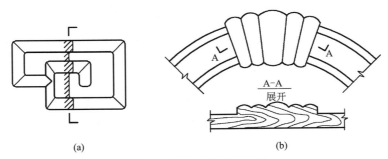

图 2-55　雕刻表面剖面画法

## 三、局部详图

局部详图指采用比基本视图更大的比例或原图形的比例，如 1∶2 或 1∶1 的比例所画图形，如图 2-56 所示。

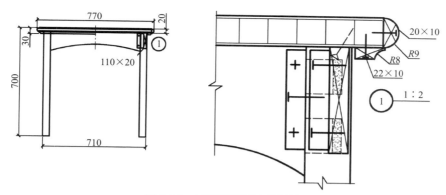

图 2-56　局部详图画法及标注

　　局部详图是表达家具细部结构最常用的方法，可以采用视图、剖视、剖面多种方法来表达，它不受基本视图表达方式的影响，如图 2-57 所示。因此，家具结构装配图等施工图中要大量应用局部详图。当同一个基本视图中有多个局部详图时，要注意合理安排详图的位置。只要图纸允许，各详图之间要保持一定的投影关系，即与基本视图的位置相当，且尽量配置在放大部位的附近，以便于读图。每个局部详图的断开边界线画成折断线，并超出视图轮廓线 2～3mm，但空隙处不画折断线。折断线一般画成水平和垂直方向，使图纸更美观。

　　局部详图的标注方法如图 2-58 所示，在基本视图上准备画局部详图部分的附近画一直径为 8mm 的实线圆圈，中间写上数字，作为详图的索引标志。在相应的局部详图附近画一直径为 12mm 的粗实线圆，中间写相同的数字以便对应查找。粗实线圆外右侧过中心方向画一水平细实线，上面写局部详图采用的比例。当一个基本视图上要画多个局部详图时，必须用罗马数字依次标明各部位，要注意秩序排列，并在局部详图处标注出相应的罗马数字和所采用的比例。如果采用向视图、剖视图或剖面画局部详图，其比例标注如图 2-58 所示。

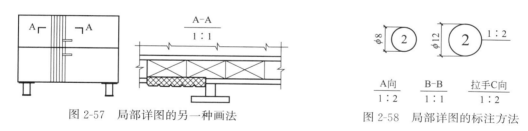

图 2-57　局部详图的另一种画法　　　　图 2-58　局部详图的标注方法

# 本 章 小 结

　　本章介绍不同家具图样的绘制基础，包括平面图、立体图和内部结构等图样，绘制这些图样的基本原理是投影。本章阐述了正投影的基本理论及投影规律，重点说明组合体及其视图的相关概念和表示方法，包括组合体的概念、组合方式、组合体的各种视图及其画法，组合体视图的阅读等。

　　为了便于交流和帮助看图，家具设计中还要用立体图来表达产品的三维关系。本章讲解了轴测图和透视图的画法，轴测图具有容易理解、方便作图的特点，透视图具有近大远小、近高远低、近疏远密的特点，符合人们的视觉印象，比轴测图更直观、更富有空间感和立体感。本章比较了一点透视和两点透视的特点，并举例说明用迹点法、视线法、量点法画透视图的步骤和透视图的简捷画法与应用。当家具产品及其构件、配件的内部结构比较复杂时，为了准确、清晰表达家具产品的内容结构，本章还介绍了剖视图、剖面图和局部详图的画法及注意事项。

# 作业与思考题

1. 绘制家具三视图时，如何正确选择主视图的投影方向？

2. 家具图样绘制中，什么情况下采用斜视图和局部视图画法？

3. 什么是形体分析法和线面分析法？两者有哪些异同点？

4. 家具立体图有哪些常用的作图方法？各有什么特点？

5. 如何使用 AutoCAD 软件绘制轴测图？试构思一个物体并利用软件绘制其正等轴测图。

6. 透视图的画法可分为哪三类？各有哪些特点？

7. 常用剖视图的类型有哪三种？分别应用于哪些家具图样中？

8. 试分析剖视图与剖面图的区别及应用方法？

9. 立体外形各有不同，但表达的内涵往往是一致的，如何理解"看待事物不能只看表象，要透过现象看本质？"

第三章

木家具的基本组成与结构

　　在大大小小、形形色色的家具中，除了一些壳体式家具是一次性注塑成型或模压成型（如图 3-1 所示），其他类型家具一般都由若干的零件、部件组装而成。由于制作家具所使用的材料不同，人们对产品的强度和外观质量的要求不同，其接合方式亦多种多样。例如，塑料家具多用螺钉、插入式、穿套式接合；玻璃家具多用胶接、连接件连接；金属家具用焊接、铆接、插接及连接件接合；而木家具以锯材或人造板为主要材料，其接合方式极为丰富，常见的接合方式包括榫接合、胶接合、钉接合、木螺钉和连接件接合，且在不同场合使用的家具部件或单体家具中又衍生出形式多样的结构类型，因此，对木家具结构类型与应用方法的了解是设计师的必备知识，木家具连接方式的画法是绘制家具施工图的重要内容。以下介绍木家具中零件之间、零件与部件之间、部件与部件之间常见的结构类型及图样的基本画法。

图 3-1　注塑或模压成型的家具示例

 **第一节　榫接合**

　　榫卯结构作为中华民族独特的工艺创造，有着悠久的历史，距今约 7000 年前的浙江余姚河姆渡文化遗址就发掘出大量结合完好的多种式样的榫卯结构遗物，可以说榫卯结构是我国木构技术史上一件伟大的发明。榫卯结构是利用木材本身的材料，在其上加工制作出符合尺寸的榫与卯，利用木件之间多与少、高与低、长与短的巧妙结合，将零部件相互连接形成的一种结构。该结构不需要额外的辅助材料（或辅以少量的胶黏剂）就可以有效限制木构件之间向各个方向的扭动，满足建筑或家具整体的结构强度。榫卯结构作为中国传统文化的一部分，蕴涵着丰富的人文内涵。

　　千百年来，中国传统工匠将榫卯结构运用于建筑与家具中，如建筑中的柱、梁、枋、椽全凭榫卯这种嵌接技术构建起来，同样，家具的脚与横档、脚与望板等构件之间也可以依靠榫卯结构完成连接。家具中的榫卯较建筑中的更为精细和复杂，如图 3-2 所示。

图 3-2　榫卯结构示例

## 一、基本概念

榫卯是两个木构件上所采用的一种凹凸结合的连接方式，凸出部分叫榫（或榫头）；凹进部分叫卯（或榫眼、榫槽），榫头嵌入榫眼（或榫槽）的接合就称为榫接合。最常见的榫接合形式由两个木构件组成，两者靠榫头、榫眼配合挤紧，并辅助以胶黏剂加固。榫头与榫眼的各部分名称，如图 3-3 所示。

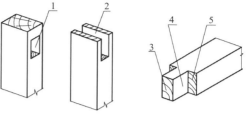

## 二、榫接合类型与特点

由于榫头的形状、数量，榫肩与榫侧是否外露等因素的变化，榫接合在传承与发展的过程中被不断创新，形态各异，名称多达上百种。以下分别从不同的分类方法举例说明榫接合的类型、基本画法及应用，见表 3-1。

图 3-3　榫接合的组成与名称
1—榫眼；2—榫槽；3—榫端；4—榫颊；5—榫肩

表 3-1　榫接合的类型与应用

| 分类 | 名称 | 直观图(材质) | 局部详图 | 说明 | 应用示例 |
|---|---|---|---|---|---|
| 从榫头的形状分类 | 直角榫 | | | 容易加工，接合牢固，是框架结构中应用最广的接合形式 | |
| | 燕尾榫 | | | 一般用于较薄实木板之间的连接，如抽屉面板与旁板的连接 | |
| | 圆榫 | | | 可批量化生产，工艺简单，节约材料，可起到固定接合和定位两种作用 | |
| | 椭圆形榫 | | | 易于加工，可以确保较高的加工精度，多用于桌、椅类脚架接合 | |

| 分类 | 名称 | 直观图(材质) | 局部详图 | 说明 | 应用示例 |
|------|------|------------|---------|------|---------|
| 从榫头的形状分类 | 指形榫 | | | 类似于梳齿状，胶合面积大，主要用于短料接长 | |
| 从榫头的数量分类 | 单榫 | | | 用于一般框架中的方材零件接合 | |
| | 双榫 | | | 用于方材断面尺寸较大框架中零件的接合 | |
| | 多榫 | | | 用于箱框或实木板件之间的接合 | |
| 从榫端是否外露分类 | 明榫 | | | 多用于强度要求较高的桌、椅框架和大型嵌板门框架接合 | |
| | 暗榫 | | | 两零件接合后不露榫头端面，可提高家具美观性 | |
| 从榫侧是否外露分类 | 开口榫 | | | 加工简单、强度较低，不够美观 | |

| 分类 | 名称 | 直观图（材质） | 局部详图 | 说明 | 应用示例 |
|---|---|---|---|---|---|
| 从榫侧是否外露分类 | 闭口榫 | | | 结构不外露，接合强度较高 | |
| | 半开口榫 | | | 既可以防止榫头侧向滑动，又增加胶合面积，兼具开口榫和闭口榫的特点 | |

## 三、中国传统家具中的榫接合示例

我国榫卯工艺经过漫长的演变和发展，到明末清初日臻成熟和完美，其中明式家具为榫卯工艺发展的巅峰之作。明式家具榫卯结构繁多，功能齐备，形态各异。表3-2列举了常见的中国传统家具中的榫卯结构。

表 3-2　中国传统家具中的榫卯结构

| 名称 | 简图 | 特点 | 应用示例 |
|---|---|---|---|
| 穿销 | | 穿销较长，明显外露 | |
| 活榫（俗称走马销） | | 走马销不是用构件本身做成榫头，而是另外用木块做成榫头栽到构件上去，榫眼的一端开出一段底宽口窄的滑口，从窄口向宽口端推动即可拆开，用于床、榻等 | |
| 楔钉榫 | | 用于弧形结构的结合，如圈椅靠背，在两段材合缝处开一方孔，钉入木楔，达到坚实牢固的目的 | |

| 名称 | 简图 | 特点 | 应用示例 |
|---|---|---|---|
| 大格肩榫 | | 格肩既可以辅助榫头承担一部分压力，又能提高接口处的装饰性 | |
| 小格肩榫 | | 把紧贴榫头的斜肩抹去一节，目的是少剔去一些竖材木料，以增加竖材的承重能力，是一种较科学的做法 | |
| 闷榫（攒边结构） | 插销 边梃 抹头 | 把横竖材都切出 45° 的斜面，在外面上凿出榫槽，再用一块方木块插入两边的榫槽，用胶粘牢。制作要求精致，多用于镜框、门框等场合 | |
| 抱肩榫 | | 抱肩榫的牙板和腿部斜肩必须做出榫头和榫眼，才能使牙板固定在桌腿上，以辅助腿足支撑案面。大多用于束腰类家具上 | |
| 挂榫 | | 酷似抱肩榫，不同在于腿部上节做出与牙板内侧槽口相等的外宽内窄的竖向挂销，接合后能有效地把四足及牙板牢固地结合起来。它一般用于大型家具中 | |
| 长短榫 | 棕角榫 | 接合后，面板边框外沿平面与腿部的外平面平齐，只在结合处留下三条棱角和三条拼缝，适于方材腿足 | |

续表

| 名称 | 简图 | 特点 | 应用示例 |
|---|---|---|---|
| 长短榫<br><br>柱顶长短榫 | | 接合后,面板边框伸出腿面,该做法使腿足的形式富于变化,圆腿、方腿均可 | |
| 夹头榫 | 大边　桌面<br>牙条<br>牙头<br>脚足正面　脚足侧面 | 牙板由牙条和牙头组成,或用一块整木做成,案面的边框一般伸出腿面一些,多用在案或案形结构的桌子 | |
| 插肩榫 | 桌面<br>牙条<br>腿足正面<br>背面 | 其槽口朝前,组合后牙板与腿面齐平,表面只留下两条梯形斜线,在一定程度上还起着美化和装饰的作用 | |
| 勾挂榫<br>(霸王枨) | 勾挂垫榫<br>木楔<br>腿足 | 装配时使榫头上斜面与榫眼上侧面抵紧,下面的空余部分用小木塞塞严,连接牢固 | |

## 第二节　连接件接合

　　人造板在家具中的大量应用,使家具的结构、工艺发生了重大的变化,改变了以往传统的榫卯框架的形式,而采用先进的可拆装结构。连接件是拆装家具必不可少的接合配件,一般采用金属、塑料、尼龙等材料加工而成,可以将两个或两个以上的家具零部件连接在一起。采用连接件接合可以简化产品结构和生产过程;有利于产品标准化、部件通用化、尺寸系列化,并为生产连续化提供了条件;也给产品包装、运输、存储带来了方便。连接件的品种规格很多,按照其作用原理可分为螺旋式、偏心式和拉挂式（挂钩式）三种类型。

## 一、螺旋式连接件

将外周为螺纹或倒刺、内周有螺纹的螺母预埋在板件内，用一根与之配合的螺钉或螺杆将另一板件与之连接在一起的连接件形式称为螺旋式连接件。螺母构造各有不同，主要有圆柱螺母、倒刺螺母、涨开式螺母等形式，见表3-3，其中以倒刺螺母的品种最多。它们结构简单、连接牢固、成本较低，但螺钉头外露。

表3-3　螺旋式连接件

| 名称 | 连接件形式 | 装配结构示意图 | 局部详图举例 | 说明 |
|---|---|---|---|---|
| 圆柱螺母 |  | 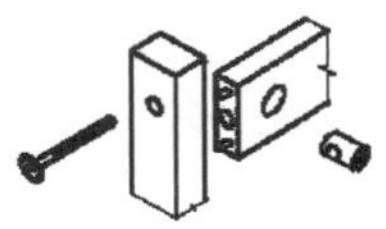 | 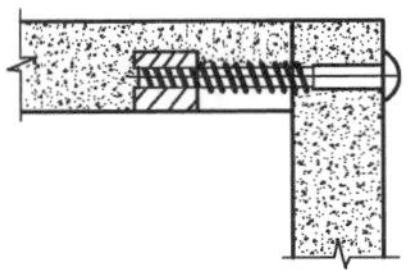 | 安装方便，接合强度较高 |
| 倒刺螺母 |  | 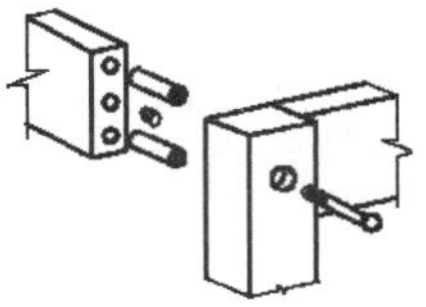 | 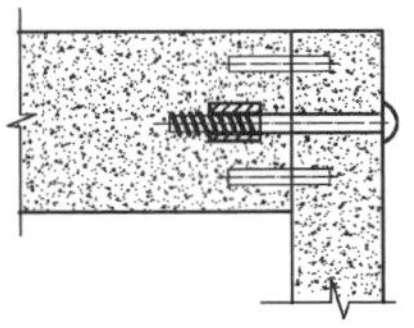 | 通常采用圆榫加固 |
| 涨开式螺母 | 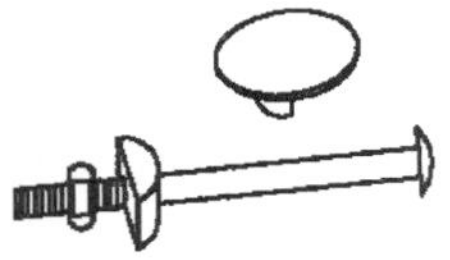 | 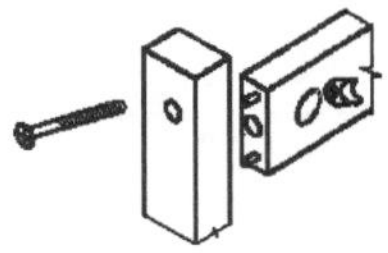 | 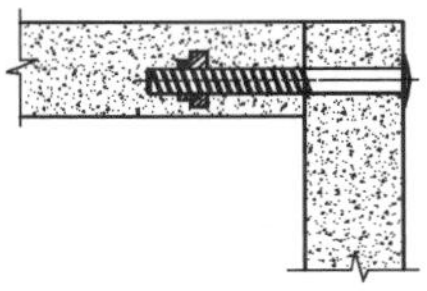 | 用于椅类、桌类和床类家具的脚架接合 |

## 二、偏心式连接件

偏心式连接件：主要利用偏心轮的原理，在旋转时将连接另一板件的连接杆端部夹紧，从而使两块板式部件连接在一起。偏心式连接件拆装方便，强度较高，而且装配孔在板件内侧，能提高家具的装饰质量，所以是现代可拆装家具生产中必不可少的配件，见表3-4，其中以三合一偏心连接件应用最广泛。

表3-4　偏心式连接件

| 名称 | 连接件形式 | 装配结构示意图 | 局部详图举例 | 说明 |
|---|---|---|---|---|
| 二合一偏心连接件 |  | — | 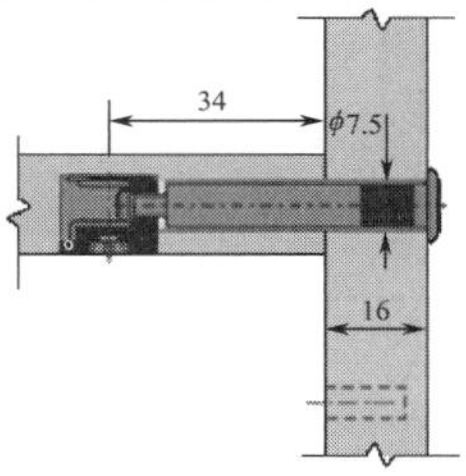 | 安装便捷，连接杆端部外露，影响美观 |
| 三合一偏心连接件 |  | 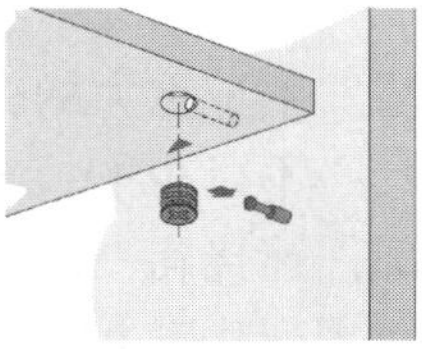 | 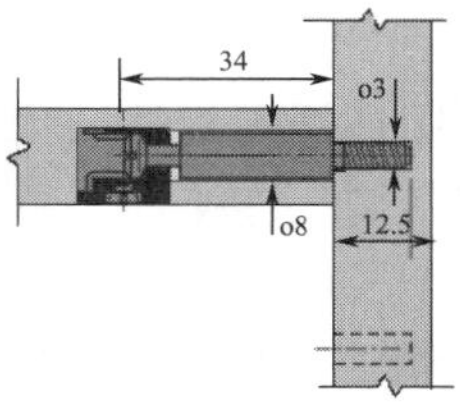 | 拆装方便，连接牢固，隐藏式装配，提高美观性 |

| 名称 | 连接件形式 | 装配结构示意图 | 局部详图举例 | 说明 |
|---|---|---|---|---|
| 偏心连接件 | 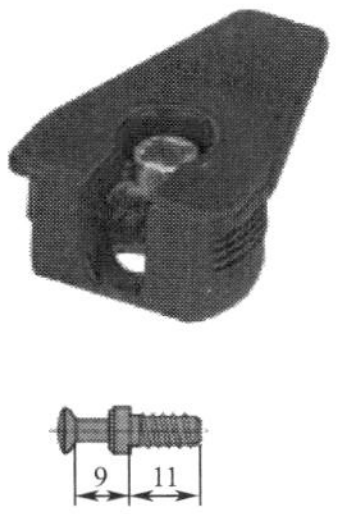 9　11 | 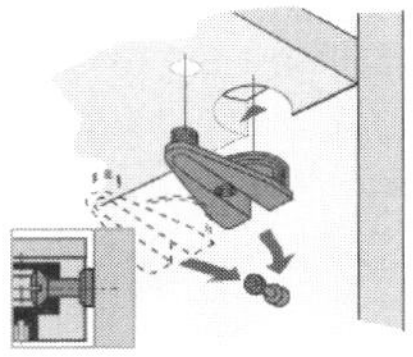 | 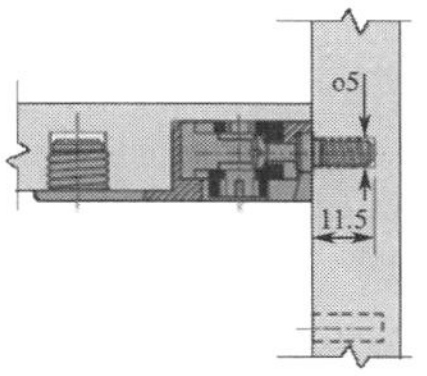 o5<br>11.5 | 连接方便,多用于柜层板与侧板之间的连接 |
| |  6.7　11 | 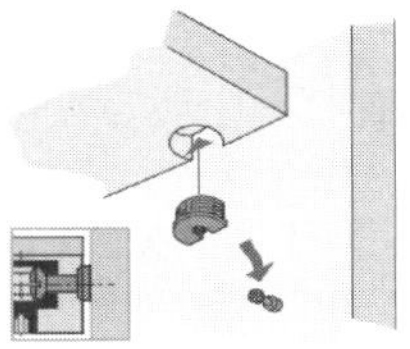 | 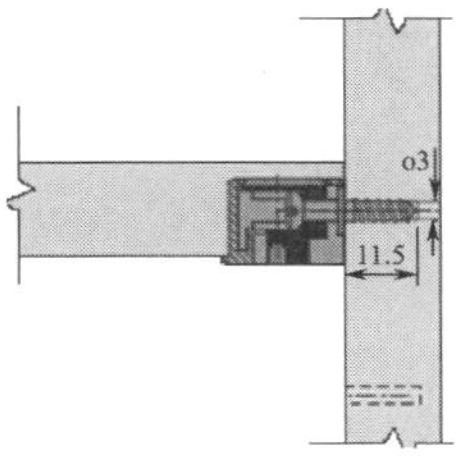 o3<br>11.5 | 结构精巧,连接方便,多用于柜类底板与侧板之间的连接 |
| 胀销偏心连接件 |  | 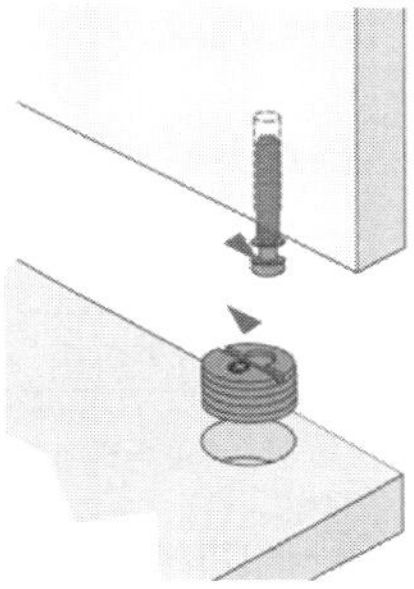 | 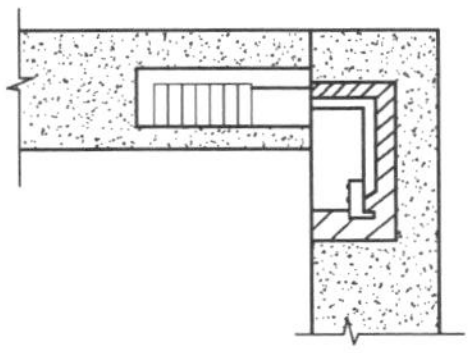 | 无螺钉或突出部分,连接后板件表面平齐,外观装饰性好。可倾斜拧紧螺钉,方便安装 |
| 带角度偏心连接件 |  | — | 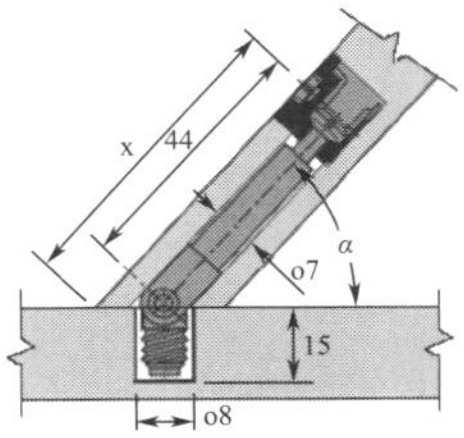 x　44<br>o7　α<br>15<br>o8 | 适合两板件夹角为30°～160° |
| |  | — | 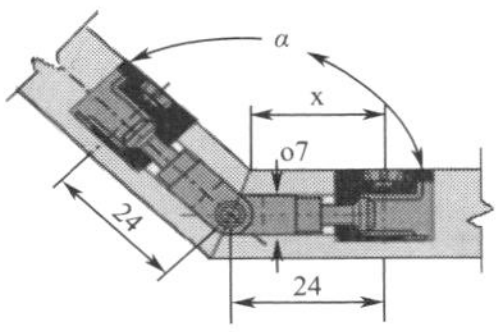 α<br>x<br>o7<br>24　24 | 多用于两板件夹角为90°～160° |

　　三合一偏心连接件种类繁多,连接杆的材质与外形各不相同;偏心轮的外形有十字头、六角十字头和一字头等形式,适合于用不同工具进行安装;偏心轮的外表面也分有牙和无牙两种,如图3-4所示。

### 三、拉挂式连接件

　　拉挂式连接件:这种连接利用固定于某一部件上的片式连接件上的夹持口,将另一部件上的片式或杆式零件夹住,愈受力夹持愈紧,从而实现零部件连接的目的,见表3-5。拉挂式连接件结构简单,使用方便,但只限于两垂直零部件的安装,如床侧与床屏之间的连接。

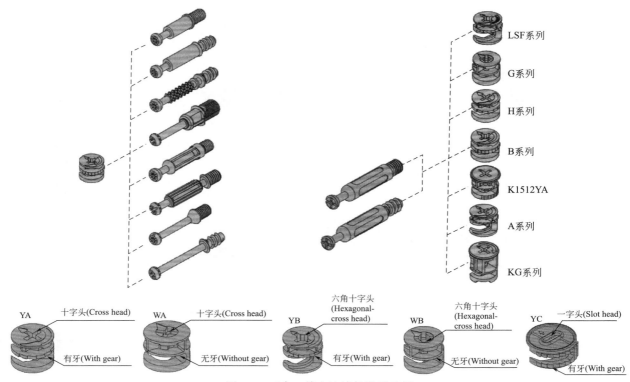

图 3-4 三合一偏心连接件类型示例

表 3-5 拉挂式连接件

| 序号 | 连接件形式 | 装配结构示意图 | 说明 |
|---|---|---|---|
| 1 | | | 安装简单,有多种类型,受力不同 |
| 2 | | | 安装简单 |
| 3 | | | 有不同形式,方便安装,用于受力较小的场合 |

续表

| 序号 | 连接件形式 | 装配结构示意图 | 说明 |
|---|---|---|---|
| 4 | | | 是一种可调节的床横档固定连接件 |

## 四、其他类型

除以上三种不同连接原理的连接件，在生产实践中还使用以下类型的结构连接方式，见表3-6。

表 3-6　其他类型连接件

| 名称 | 连接件形式 | 局部详图举例 | 说明 |
|---|---|---|---|
| 直角式 | L5041<br>L5041LS | | 安装简单，不适合柜内有抽屉的板件之间的连接 |
| 角部连接件 | | | 连接件配有长圆孔，允许零件在一定范围内伸缩，适于实木家具的装配 |
| 强力连接件 | | | 拆装方便，使用倒刺，连接杆不外露，可提高装饰性 |
| 强力连接件 | | | 多用于桌类、床类受力大的脚架连接，需配合定位圆榫 |

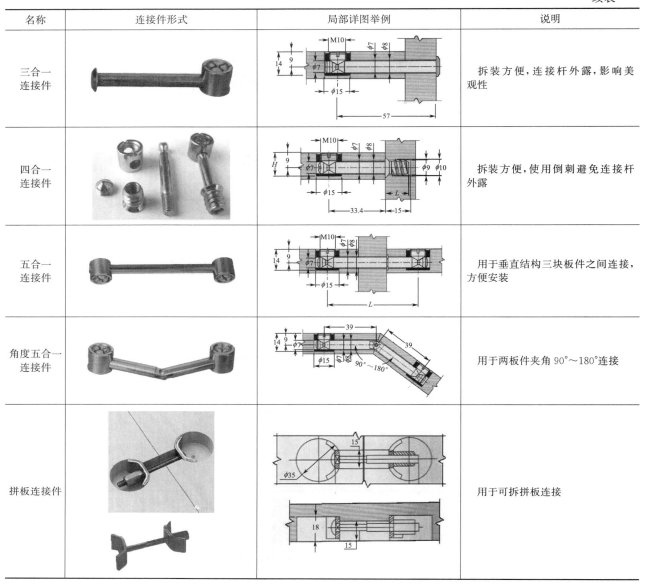

| 名称 | 连接件形式 | 局部详图举例 | 说明 |
|---|---|---|---|
| 三合一连接件 | | | 拆装方便，连接杆外露，影响美观性 |
| 四合一连接件 | | | 拆装方便，使用倒刺避免连接杆外露 |
| 五合一连接件 | | | 用于垂直结构三块板件之间连接，方便安装 |
| 角度五合一连接件 | | | 用于两板件夹角90°～180°连接 |
| 拼板连接件 | | | 用于可拆拼板连接 |

 ## 第三节　柜类背板结构

　　背板是封闭柜体背面的垂直构件，在家具结构中虽然处于不显要之处，但其作用是不容忽视的，它可以封闭柜体和加固柜体结构的稳定性。所以要求背板密封性要好，而且要隐蔽，最好侧面看不到背板，以免影响外观。

　　对于靠墙放置的柜类家具，为便于加工、减少成本和减轻重量，背板一般用薄型人造板，如5～9mm的胶合板、饰面纤维板，其安装可用固定式的钉接合，即在家具主体框架装配完成之后用射钉或螺钉将背板固定在柜体框架周边上，如图3-5(a)、(b)、(c)所示，也可以采用方便拆装的槽榫法，即在顶板、侧板或隔板的后侧面开槽口，背板采用插入式（或嵌入式）安装，以保证美观和方便拆装，如图3-5(d)所示，但这种结构要与柜体组装同时完成。对于厚型背板，一般采用双裁口的方法固定，如图3-5(e)所示。尺寸小的柜体，其背板通常是整块的；尺寸大的柜体可采用几块背板组合起来或大尺寸整块背板，分块背板的接缝应落在中隔板或固定层板上，大尺寸整块背板应纵向或横向加设撑档来增加强度和稳定性，大多采用胶合板条或其他压条（宽度30～50mm，间距应不大于450mm）辅助压紧，如图 3-5(f) 所示。为了便于柜体的拆装，有的家具背板安装采用厚板背拉条与侧板由偏心式连接件完成固定，背拉条侧边开槽嵌装薄背板，如图 3-5(g) 所示。

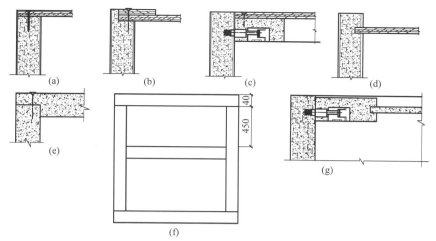

图 3-5 固定式背板安装结构示例

在可拆装现代板式家具中，多采用专门的背板连接件，其类型与安装示意图见表 3-7。背板连接件不仅使家具方便拆装，还能获得良好的外观效果。

表 3-7 拆装式背板结构

| 序号 | 连接件形式 | 局部详图举例 | 说明 |
|---|---|---|---|
| 1 | | | 连接方便,可反复拆装 |
| 2 | | | 接合强度较小,可反复拆装 |
| 3 | | | 可反复拆装 |
| 4 | | | 背板厚度 3～5mm,可多次拆装 |

| 序号 | 连接件形式 | 局部详图举例 | 说明 |
|---|---|---|---|
| 5 | | | 背板厚度3～5mm，可多次拆装 |
| 6 | | | 用于小体量柜类家具背板安装，不宜多次拆装 |
| 7 | | | 方便背板的更换，强度小，多用于梳妆镜的安装 |

##  第四节　柜类层板结构

### 一、活动层板的安装结构

　　层板是柜类家具用来分层放置物品、分割垂直空间的水平板件，按层板与侧板的连接方式不同分为固定层板和活动层板两种类型。

　　层板设计在板件跨度、承载能力方面有一定的要求。有关标准规定：层板最大允许挠度不得超过其跨度的1/250，当层板与抽屉或柜门有关联时，允许挠度不能超过其跨度的1/300。另外，层板材料的选用要符合柜类的功能要求，如刨花板、中纤板作为层板必须经过贴面处理。

　　层板的安装与层板材料、是否为可拆装结构有关。实木类层板通常设计成一种箱框中板结构，采用直角槽榫、直角多榫、圆榫及偏心式连接件接合，即固定层板，在使用过程中不能随意调节层板之间的距离。活动层板的安装分调节式安装和移动式安装，调节式安装指使用时可按需随时拆装、随时变更高度，常用连接方式见表3-8，支承件的安装孔直径一般为5mm，即32mm系统中的系统孔位置。移动式安装指使用时能沿水平方向前后移动，必要时还可以拉出作为工作台面，或做成像抽屉那样的托盘，以方便于陈放物品，其安装方法类似于抽屉。

表3-8　活动层板结构

| 序号 | 连接件形式 | 装配结构示意图 | 局部详图举例 | 说　明 |
|---|---|---|---|---|
| 1 | | | | 拆装便捷，成本低，层板易掉落 |
| 2 | | | | 层板易滑落，不宜用于儿童家具中 |

| 序号 | 连接件形式 | 装配结构示意图 | 局部详图举例 | 说　明 |
|---|---|---|---|---|
| 3 | | | | 带有限位结构,连接牢固 |
| 4 | | | | 安装方便,但承载力较小 |
| 5 | | | | 带有限位结构,连接牢固 |
| 6 | | | | 带有吸盘,用于玻璃层板,安装简单 |
| 7 | | | | 带有吸盘,用于玻璃层板 |
| 8 | | | | 用于承载小的装饰柜层板 |

## 二、挂衣装置的安装结构

在现代衣柜和步入式更衣间柜类设计中，为了存取方便和保持衣物的平整性，常常以挂衣装置替代层板，以实现衣物的悬挂式存放。挂衣装置的安装高度要按人体身高，以两手方便达到的高度和两眼较好的视域为依据，通常取离地面 1400～1800mm。挂衣装置可用木材、塑料或金属制作，最常用的一种是不锈钢挂衣杆，其固定方式可借助不同的衣杆托，见表3-9。

表 3-9　挂衣装置的安装结构

| 序号 | 连接件形式 | 装配结构示意图 | 局部详图举例 | 说明 |
|---|---|---|---|---|
| 1 | | | 10.5　φ6.5　62　54.3　ST3.5×15-C-H　GB 846—85 | 木螺钉分别固定于顶板（或层板）和侧板上 |
| 2 | | | 39.8　32　ST3.5×15-C-H　GB 846—85 | 木螺钉只固定于侧板上，安装简单 |
| 3 | | | ST3.5×15-C-H　GB 846—85　8　22.5　32　13　φ5 | 自带定位销，方便安装 |
| 4 | | | 最小45　φ25 | 三个木螺钉固定，受力大 |
| 5 | | | | 安装简单，成本低 |
| 6 | | | 顶板　侧板　挂衣杆 | 木螺钉固定于顶板，不受安装空间限制 |

**第五节　柜门结构**

## 一、柜门类型

柜门是封闭式柜类家具中必不可少的部件，具有防止灰尘进入柜内的功能，在外观上门处于柜体的正立面，是柜类家具造型的主要表现元素。在设计柜类家具时，常常通过门的形式、色彩、纹理和结构的变化来表现出各种形式，以产生不同的装饰效果，如图 3-6 所示。

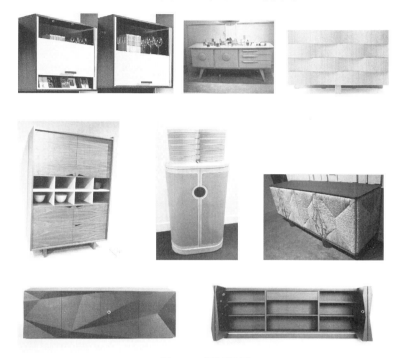

图 3-6　柜门举例

柜门的安装应保证门扇便于开关，形状稳定，尺寸精确，美观性、密封性良好等。根据装配方式不同，柜门可分为对开门、翻门、移门和卷门四种类型，如图 3-7 所示。其中对开门是柜类家具中最常用的一种类型。

图 3-7　不同类型柜门

## 二、对开门

对开门指围绕着垂直轴开启或关闭的门，柜门打开时能完全展示柜内物品，方便取放。为了使门扇不过分受力，转动门扇的高度尽可能大于宽度，宽度上限为 600mm。门扇过宽，开门时需要的空间就相应增大，不利于室内空间的使用。

对开门的安装，主要靠各种铰链来连接，由于材料和造型不同，可采用不同形式的铰链，见表 3-10。不

表 3-10　对开门安装结构

| 名称 | | 连接件形式 | 装配结构示意图 | 局部详图举例 | 说明 |
|---|---|---|---|---|---|
| 合页 | 普通合页 | | | 侧板 | 合页轴外露,影响外观。要配合使用磁碰 |
| | 装饰性合页 | | | 侧板 | 突出合页轴的装饰效果 |
| | 翻转合页 | | | 侧板 | 带自锁功能,开启角度可达 180° |
| 暗铰链 | 嵌入式 | | | 侧板<br>系统孔轴线位置 | 柜体侧板外露,可进行侧板装饰 |
| | 半盖式 | | | 侧板<br>系统孔轴线位置 | 用于相邻两柜门相向打开,互不影响 |
| | 全盖式 | | | 侧板<br>系统孔轴线位置 | 门板外侧与柜体侧板外表面平齐,整体性好 |

续表

| 名称 | | 连接件形式 | 装配结构示意图 | 局部详图举例 | 说明 |
|---|---|---|---|---|---|
| 门头铰链 | 铝合金框门铰 | | | 侧板<br>系统孔轴线位置 | 可以有多种安装方式 |
| | 木质 | — | | — | 保留传统建筑门扇工艺方法,易于安装 |
| | 简易 | | | | 安装定位较难,多用于实木门框 |
| | 金属 | | — | 柜门 顶板<br>底板 | 不易定位,安装后可隐藏,不影响外观 |
| 玻璃门头铰 | | | | 侧板 顶板<br>柜门<br>底板 | 结构简单,价格便宜,门扇稳定性较差 |
| | | | | 侧板<br>夹紧螺丝 最大6.3<br>防滑件 | 门扇稳定性较好 |
| | | | | 侧板调节器 | 玻璃门上要钻孔 |

| 名称 | 连接件形式 | 装配结构示意图 | 局部详图举例 | 说明 |
|---|---|---|---|---|
| 玻璃门头铰 | | | 4.5~6.5 | 结构较复杂，较美观 |
| | | — | 5~8 | 外观简洁，美观 |

管采用哪一种铰链，安装时应考虑使柜门的开度合理，不能妨碍柜内使用的方便性；其次柜门与侧板、柜门与柜门之间的间隙要严密；对外观质量要求高的地方，应选择铰链不外露的类型；对特殊用途的家具应选用专门的铰链，如图 3-8 所示。

图 3-8　特殊铰链示例

暗铰链的数量与门板的高度及重量有关，可参考表 3-11 和图 3-9。

表 3-11　暗铰链数量的确定

| 门高/mm | 门重/kg | 铰链个数 |
|---|---|---|
| ≤900 | 4~5 | 2 |
| 900~1600 | 6~9 | 3 |
| 1600~2000 | 13~15 | 4 |
| 2000~2400 | 18~22 | 5 |

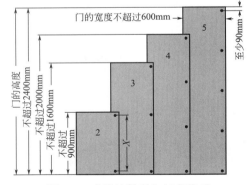

图 3-9　暗铰链数量与门高关系

## 三、翻门

翻门指围绕着水平轴转动的柜门，其打开时常用来陈放物品，作为梳妆台或写字台使用，关闭时不占空间，所以常用在住房面积较小的条件下，是一种多功能家具常用的柜门结构。也可以将翻门向上翻启（或向下翻转）并推进柜体内，使柜体变成敞开的空间。因翻门启闭方便，不占空间，不挡视线，所以适用于宽度远大于高度的门扇。翻门分为侧翻门、上翻门和下翻门三种，如图 3-10 所示。其中下翻门较常用，它可以兼作临时台面使用。

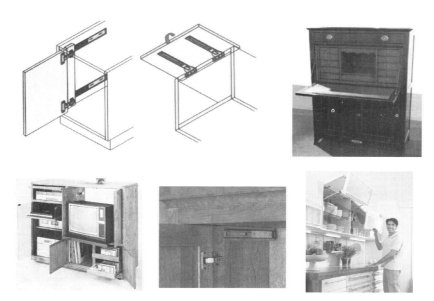

图 3-10　翻门类型与实例

翻门可用铰链安装成各种形式，以便于旋转启闭；为保证打开使用时的可靠性，使其有经受载荷的能力，还应安装各种形式的拉杆（或称牵筋、支撑），见表 3-12。

表 3-12　翻门安装结构

| 名称 | 连接件形式 | 装配结构示意图 | 局部详图举例 | 说明 |
|---|---|---|---|---|
| 曲柄合页 | | | 底板　　翻门<br>1mm间隙 | 通常配合支撑件使用，带有自锁功能 |
| 隐藏式铰链 | | | 8<br>20　　30<br>70.5 | 通常配合支撑件使用，不带自锁功能 |
| 随意停合页 | | | 32　　77<br>22　　26<br>32<br>15 | 翻门打开时可以在任意角度停止 |

| 名称 | 连接件形式 | 装配结构示意图 | 局部详图举例 | 说明 |
|---|---|---|---|---|
| 气动支撑 | | | 侧板 32 底板 37 翻门 100 | 可开启 80°、90°、100°等 |
| 油压支撑 | | | 侧板 32 底板 翻门 37 32 16 | 安装方便，价格较低 |
| 机械支撑 | | | 侧板 底板 24 翻门 120 | 价格低，翻门打开时承载力较小 |
| 阻尼支撑 | | | 116 顶板 80 32 34 侧板 32 翻门 | 翻门可开启 75°、90°等 |
| 下翻板支撑 | | | 顶板 侧板 φ8 底板 42.5 11 28 调节制动器 30~45° 翻门 | 可以控制翻门下滑速度 |
| 任意停翻门支撑 | | | 32 137 32 37 | 具支撑和制动双重功能；翻门可滞留在不同角度 |

| 名称 | 连接件形式 | 装配结构示意图 | 局部详图举例 | 说明 |
|---|---|---|---|---|
| 弹簧支撑 |  | 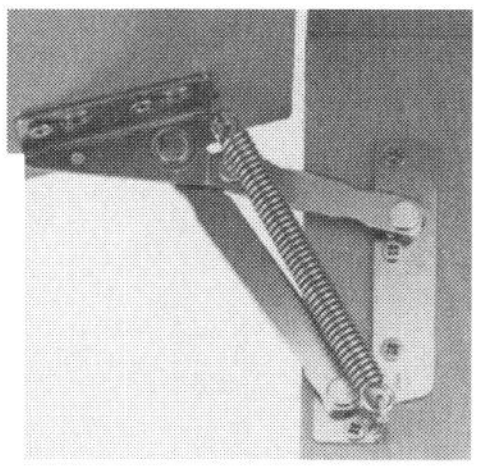 | 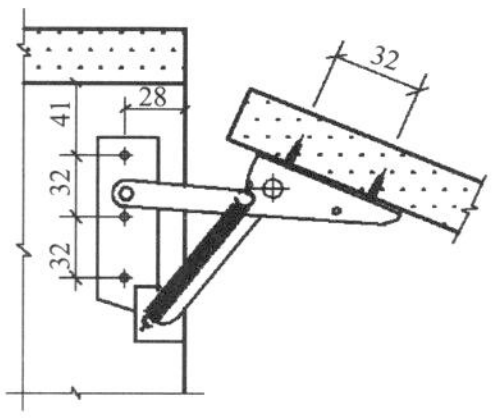 | 带弹簧，启闭比较费力 |
| 垂直升降拉杆 |  |  | 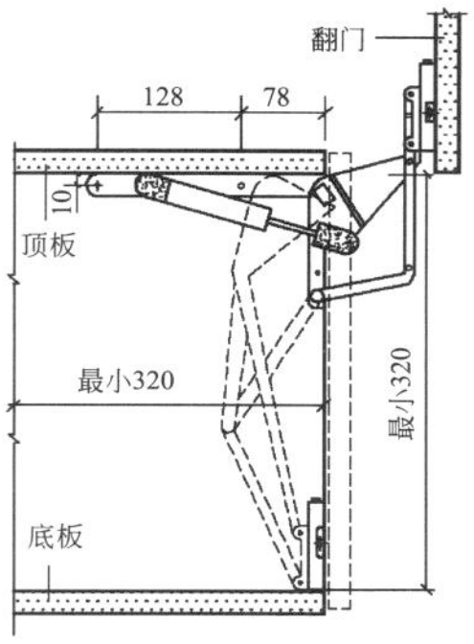 | 翻门打开向上移动，不占用柜前空间，便于操作 |
| 自动上翻门折叠支架 | 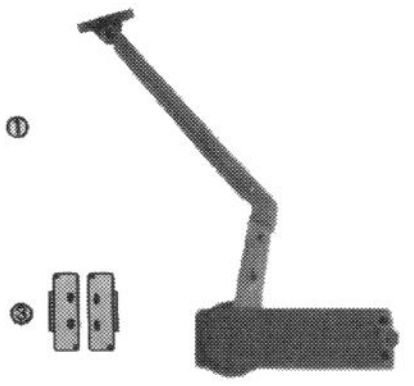 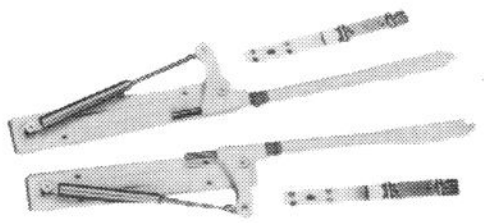 |   | 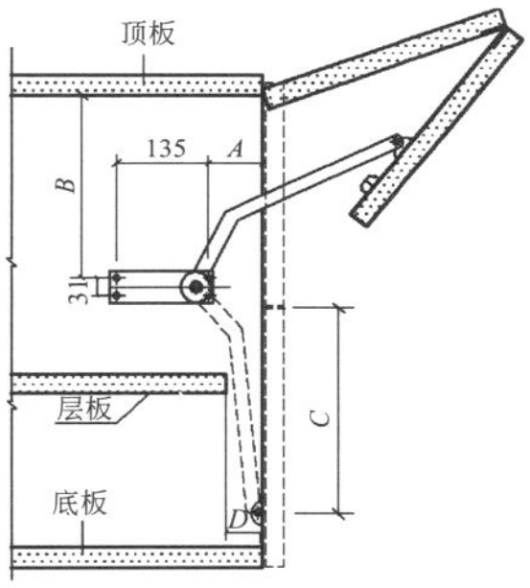 | 翻门打开可折叠，呈现大空间，图中 $A$、$B$、$C$、$D$ 各参数与支架的类型有关 |
| 重型支撑 |  | 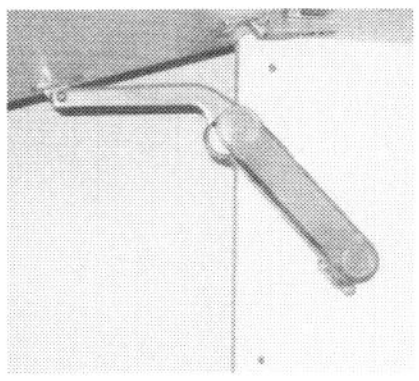 | 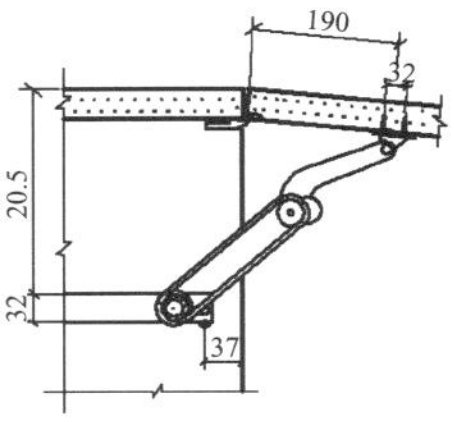 | 可开启 75°或 90° |
| 趟门滑轨 |  |  | — | 柜门打开后，可以推入柜内两侧，不占空间 |
| 上翻滑轨 |  |  | — | 柜门打开后，可以推入柜顶部，不占空间 |

### 四、移门

移门，又称拉门、推拉门，指只能在滑道内移动，而不能转动的门。移门不论开启与否，门扇都不越出柜体，柜体的重心都不会偏移，能保持稳定，也不占据柜外空间。由于移门每次只能打开柜体正面一半的空间，所以常用于衣柜、书柜、装饰柜，移门的材质可为木质材料、铝合金框及玻璃等，如图 3-11 所示。

图 3-11　移门示例

### 五、卷门

卷门指沿着弧形导向轨道滑动而卷曲开闭并置入柜体的帘状移门，又称帘子门、软门、百叶门等。可左右移动，也可上下移动。上下方向开关的卷门是沿着柜体侧板上开出的凹槽移动，开门时门可以沿着槽道移入柜体背部夹层中，也可卷在柜体下部，还可卷在柜体上部。槽道的弯曲半径不宜太小并要加工光滑，以保证卷门的开关灵活自如。水平滑动卷帘必须在顶板和底板上铣出的沟槽，沿侧板滑入背板的位置。底板的槽口将承受卷帘的全部重量，为了减少摩擦阻力，使滑动轻便，应该在底板滑槽内加装塑料滑轨。卷门外观独特，打开时不占室内空间，又能使柜体全部敞开，但工艺复杂，制造费工，常用于酒柜、电视柜以及各种售票柜，如图 3-12 所示。

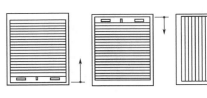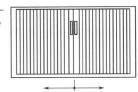

图 3-12　卷门滑动方向示意图

卷门一般是由许多小木条或厚胶合板条等排列起来，再用绳或钢丝串联而成，或用麻布胶贴在背面连接而成（木条间距为 0～2mm）。塑料卷门用塑料异型条相互连接组成，有多种颜色可供选用。

 ## 第六节　抽屉结构

### 一、抽屉的功能

柜体内可灵活抽出或推入、用来存放物品的箱框式活动部件即为抽屉（在 GB/T 28202—2020《家具工业专用术语》中也称为"柜桶"），它是家具中用途最广、使用频率最高的重要部件。抽屉在使用功能上，便于贮存物品，便于物品分类放置，具有较好的私密性；在造型上，比较整齐划一，可以根据功能、风格、造型的需要，利用它对立面进行灵活多变的分割。巧妙地设计和利用抽屉是家具设计的一个重要方面，如图 3-13 所示。

### 二、抽屉的类型

抽屉的种类因其使用场合不同而有多种形式，比如在橱柜、衣柜、书柜、文件柜、档案柜、资料

图 3-13　抽屉示例

柜、视听柜等不同类型柜类家具中，抽屉的形态、大小都会有所区别，这里无法一一列举。但从功能上分有：装饰型、轻载型与承重型；与柜门的关系上看有明抽屉和暗抽屉两种。明抽屉又有嵌入式和覆盖式两种；暗抽屉装在柜体内，被柜门所掩盖，如图 3-14 所示。

(a) 嵌入式抽屉　　　　　　　(b) 覆盖式抽屉　　　　　　　(c) 暗抽屉

图 3-14　抽屉的类型

### 三、抽屉的结构

大多数抽屉是一个典型的箱框结构，一般来说都是由屉面（桶头）、屉侧（桶侧）、屉背（桶后）及屉底（桶底）组成，有些抽屉的屉面前另加面板。不同类型家具的抽屉，由于使用功能各异和所处部位不同，其零件之间的接合方法也各不相同。

抽屉的材料选用与家具功能、风格等有关，屉面处于家具正面的显要装饰部位，其厚度应与整套家具的门板厚度相一致，一般为 16～22mm。抽屉其他零件的材料厚度根据其功能确定，如装饰型为 8～10mm，轻载型 12～15mm，承重型为 15mm 以上。实木材料的抽屉主要采用半隐燕尾榫、全隐燕尾榫、榫槽、圆榫接合；由覆面刨花板、中纤板制作的抽屉，多采用偏心式连接件和自攻螺钉接合，如图 3-15 所示。

梳妆台存放首饰、化妆品或写字台搁笔、纸等小文具的抽屉，一般都很浅，也很小，因而可加工成一个整体，即用 30～40mm 左右的中纤板作基材，在其表面用镂铣机铣出不同规格形状的收纳空间，然后涂饰、或覆面、或复贴绒布，在外侧加装屉面。有些场合也采用塑料或有机玻璃制作抽屉，它们具有不腐朽、不虫蛀、遇水不变形，便于清洁，可以大量地节约木材等优点。为了使塑料抽屉和柜体其他部位在外观上相一致，可以在屉面外侧用螺钉固定木质面板。

### 四、抽屉的安装

抽屉安装的方法直接关系到抽屉的使用功能，要求安装后，能经受使用中反复推拉的强度；具有反复推拉的灵活性；同时推拉到极限位置不致歪斜或掉落。安装方式取决于抽屉载重和推拉导轨的机

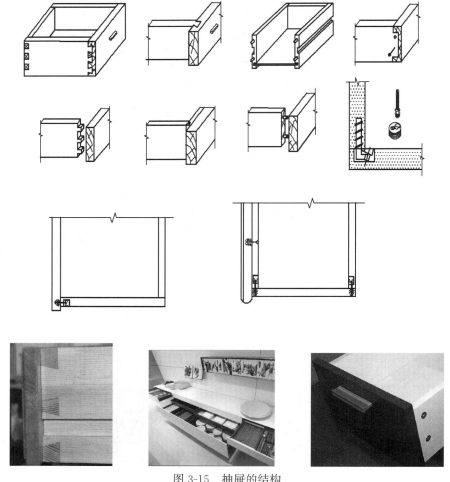

图 3-15　抽屉的结构

械性能，一般安装在抽屉侧板界面上。根据材料不同，导轨有木质、专用金属和塑料导轨等类型。

在现代柜类家具中，抽屉的安装一般采用金属或注塑导轨，而且采用了机械滑动导向装置，具有重载荷、轻摩擦、低噪声，能增大抽屉的分级限位推拉，自动关闭和防止反弹等优点。不同抽屉采用的导轨不同，根据滑动方式的不同，导轨分为滑轮式、滚轮式和滚珠式；根据安装方式的不同，导轨又可分为托底式和中间式；根据抽屉拉出柜体的多少，还可分为单节导轨、双节导轨和三节导轨等。

抽屉与柜体侧板的连接一般采用适合于 32mm 系统的各种导轨，常用的托底式导轨规格有 300mm、350mm、400mm、450mm、500mm、550mm 等。导轨第一个螺钉装配孔位选在离侧板边缘 37mm 的第一排系统孔上，然后根据规格分别确定另外的 1～3 个装配孔位，最后一孔位最好定在侧板后的第二排系统孔上。不同材质、不同类型导轨的安装结构见表 3-13。

表 3-13　不同材质、不同类型导轨的安装结构

| 名称 | 导轨形式 | 局部详图举例 | 装配结构示例 | 说明 |
|---|---|---|---|---|
| 木质导轨 | 支承式 | — | | 采用硬质木材制作，是传统家具常用的形式 |

| 名称 | | 导轨形式 | 局部详图举例 | 装配结构示例 | 说明 |
|---|---|---|---|---|---|
| 木质导轨 | 悬挂式 | — | | | 抽拉轻巧,承载不能太大 |
| | 底部导轨 | — | | | 适于宽度较大的抽屉 |
| 金属导轨 | 托底式 | | | | 安装方便,抽拉过程抽屉易左右晃动 |
| | 中间式 | | | | 安装方便,抽屉抽出面积较大 |
| | 三节钢珠导轨 | | | | 抽屉抽拉过程平稳、抽出面积略小 |
| | 自动回位钢珠导轨 | | | | 安装方便,抽屉侧面看不到导轨,较美观 |

| 名称 | 导轨形式 | 局部详图举例 | 装配结构示例 | 说明 |
|---|---|---|---|---|
| 金属导轨 | 键盘托架钢珠导轨 | 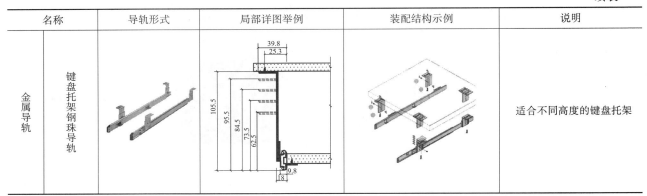 | | 适合不同高度的键盘托架 |

## 第七节　脚架结构

### 一、脚架的功能与类型

脚架指由腿与裙板或由板件组成的用于支撑家具主体的部件，GB/T 28202—2020《家具工业专用术语》中称为"支撑架"。它是桌椅类、柜类家具的重要部件，也是承载最大的部件。脚架不仅在静力负载作用下需平稳地支撑整体，而且要求遇特殊外力时，家具也有一定的稳定性，如柜子被外力推动时，结构节点不致产生位移，错位变形等。造型上还要与主体相呼应，所以脚架的结构设计直接关系到家具的造型、稳定性、牢固性和使用寿命。

根据脚架的材料、连接方式不同，常用的脚架有框架式和包脚式。前者由腿与裙板组成，后者是由板件构成的典型箱框结构形式，有些包脚结构由侧板直接落地，如图 3-16 所示。

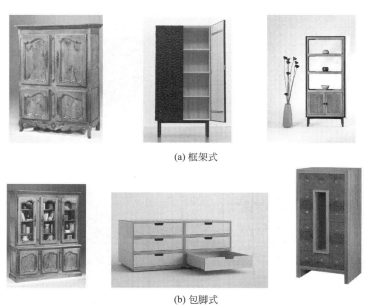

(a) 框架式

(b) 包脚式

图 3-16　脚架结构应用示例

### 二、框架式脚架的结构

框架式脚架具有外形美观、形式多样、结构稳定的特点，是椅类、桌台类家具中较常用的支架结构。传统家具中腿与裙板的连接以榫接合为主；在可拆式家具中，腿与裙板直接采用专门五金件连接，见表 3-14。

表 3-14　框架式脚架结构

| 名称 | 装配结构示意图 | 局部详图举例 | 应用示例 | 说明 |
|---|---|---|---|---|
| 圆榫接合 | | | | 加工方便,节约材料,接合强度较小 |
| 燕尾榫接合 | | | | 连接牢固,加工较复杂,较少使用 |
| 半闭口直角榫接合 | | | | 胶合面积较大,椅类家具常用 |
| 四合一连接件 | | | | 安装方便,连接牢固,可拆装,是常用的形式 |
| 直角榫+三角块接合 | | | | 三角块的形状可自由设计,不可多次拆装 |
| 角位连接件接合 | | | | 连接件有多种形式,拆装方便 |
| 三角块+螺栓接合 | | | | 连接牢固,拆装方便,是桌类家具常用形式 |

### 三、包脚式脚架的结构

包脚式脚架具有外形清晰、形体沉稳、重心稳定等特点，多用于柜类家具中。包脚结构的前角两侧的装饰性要求较高，所以常用槽榫接合、全隐燕尾榫等斜角接合，以防榫头外露。为提高板件之间的接合强度，脚架的接合点内侧，常用三角块或固定条作塞角加固，如图 3-17（a）所示。

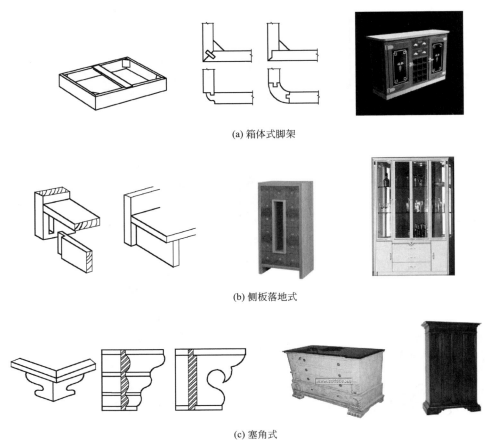

(a) 箱体式脚架

(b) 侧板落地式

(c) 塞角式

图 3-17 包脚式脚架结构

由于造型设计的需要，包脚式脚架还包括其他两种形式，即侧板落地式和塞角式，前者以向下延伸的侧板代替柜脚，两侧板间常加设拉板连接，侧板落地处需前后加脚钉或中部上凹，以便落地平稳和适合放置在不平的地面上，如图 3-17（b）所示。后者是在柜体底板四边角直接装塞角，与柜体底板连成一体，塞角的形状可用剖面的方式来表达，如图 3-17（c）所示。

在现代柜类家具中还有一种支撑形式，称为底座（装脚式），即底座作为柜类产品最底部的支撑部件。底座一般设计成可拆装的，便于运输、保管。底座可用木材、金属、塑料材质来制作，能给人简洁、轻巧、活泼的感觉，如图 3-18 所示。

不同材料的底座与柜体底板的安装方式不同，如木材，一般在脚的上端开有直角单榫、双榫或长短榫直接与主体接合，也可以采用预埋螺母加螺栓安装实现可拆结构；对于金属，多制作成法兰盘形式，借助木螺钉、螺栓接合；而塑料，多以脚轮形式进行应用，而且能按需要调配颜色，具较好的装饰性。

目前，市场上的木质家具依然是主流产品，木家具结构类型繁多，木家具中应用的五金件品类丰富多彩，了解与熟悉木家具的基本组成、结构细节和图样的基本画法，对家具的结构设计具有举足轻重的作用。

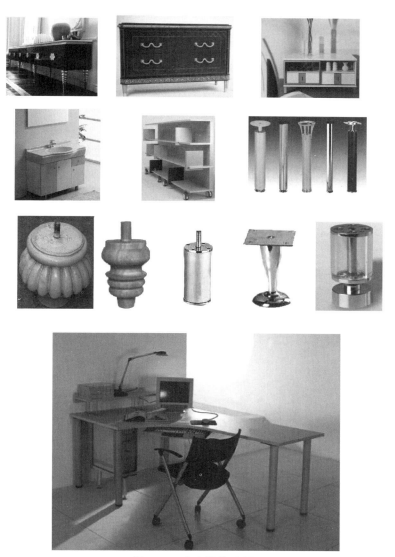

图 3-18　底座结构示例

# 本 章 小 结

　　木家具一般由若干的零件、部件组装而成。本章介绍木家具中零件之间、零件与部件之间、部件与部件之间常见的结构类型及图样的基本画法。重点介绍了木家具最经典的连接方式：榫接合的概念和类型，并从榫头的形状、数量，榫肩与榫侧是否外露等因素的变化说明榫接合的名称与基本画法，同时列举了常见的中国传统家具中榫卯结构类型，以启发现代设计师对优秀榫卯结构的传承与创新。连接件接合是现代板式家具、拆装式家具必不可少的连接方式。本章从作用原理介绍了螺旋式、偏心式和拉挂式三种类型连接件的结构特点和基本画法，希望学习者能从日新月异的新型连接件中选择更加便利、更加美观的连接方式，不断创新现代家具的结构设计。

　　本章详细分析了柜类家具中背板、层板、柜门、抽屉及脚架等重要部件的材料、类型和结构特征。背板可以封闭柜体和加固柜体结构的稳定性，其安装方式与背板的材料、柜体的体量有关，可设计成固定式和拆装式两种安装方式。层板是分割柜内垂直空间的水平板件，一般用于放置物品，选择层板材料要考虑材料的抗弯曲性能，根据层板的分隔空间是否可调，层板的安装分为固定层板和活动层板。柜门处于柜体的正立面，是影响柜类家具外观设计的重要因素，根据装配方式不同，柜门可分为对开门、翻门、移门和卷门等，它们的材料选择、尺寸设计及安装方式有较大的差异。本章结合不同实例对抽屉的功能、类型、结构和安装方式进行了有效分析。

# 作业与思考题

1. 榫接合的类型一般从哪些角度进行划分？如何分类？

2. 零件、部件的概念是什么？木家具中常用部件类型有哪些？

3. 按照原理不同，连接件可分为哪三种类型？各有什么特点？

4. 随着科技的发展，新型家具结构连接件层出不穷，试举例说明3～5种新型连接件的特点及应用。

5. 不同功能和体量的柜类家具对背板的要求不同，试从材料、安装方式两方面举例说明背板的安装方法。

6. 柜门是柜类家具的重要组成，其设计应考虑哪些因素？试说明对开门安装的注意事项。

7. 抽屉是典型的箱框部件，一般由哪些零件组成？试分析各零件的材料和连接方式。

8. 抽屉安装可采用形式多样的导轨或滑道，抽屉安装一般要考虑哪些因素？

9. 木家具的脚架结构有哪些类型？各有哪些特点？

10. 板件在柜类家具中要承载不同的受力，但名称和作用不完全一样，请联系"不同工作岗位的职责各不相同"，如何理解"为社会做贡献的初心应该是一样的？"

# 第四章 木家具常见形式与图样绘制

《木家具通用技术条件》（GB/T 3324—2017）规定，由于构成产品的主要材料不同，木家具可分为实木类家具、人造板家具（板式家具）、板木家具和综合类木家具。实木类家具指主要部位采用实木类材料制作、表面经（或未经）实木单板或薄木（木皮）贴面、经（或未经）涂饰处理的木家具。实木类材料包括原木、实木锯材及指接材、集成材等。家具中的主要部件是指在家具中起支撑、承载和纵向分隔作用的部件，如桌类家具的台面板、侧板脚架、抽屉面板、门板等，柜类家具的面板、顶板、侧板、隔板等，床类家具的床屏、床侧等。板式家具指主要部位采用纤维板、刨花板、胶合板、细木工板、层积材等人造板制作的家具。板木家具指产品框架采用实木制作，板件或框架内板面采用饰面人造板制作的木家具。而采用各类木质材料制作，不能界定为实木类家具、板式家具、板木家具的其他木家具则称为综合类木家具。

作为工艺文件之一的家具施工图，是指导工人进行零部件加工、检验与安装的重要依据。家具设计仅有设计图还无法合理组织生产，因为家具的内部详细结构，特别是零部件之间的连接方式在设计图中都未具体表达，所以家具产品正式投产前还需要绘制施工图，包括结构装配图、装配图、拆装示意图、部件图、零件图及大样图。以下用典型案例分别介绍实木类家具、板式家具、板木家具和综合类木家具的施工图绘制方法与内容。

##  第一节　实木家具图样

### 一、实木家具概述

实木家具以其特有的天然色泽和纹理在家具行业中占据着重要的位置，以绿色、自然、亲切、质朴、耐用等优点迎合了广大消费者回归自然、返璞归真的消费心理，在各类家具中独领风骚。市场上的实木家具包括实木锯材类家具和实木板材类家具，实木锯材类家具以中国传统风格、新中式风格、北欧风格、美式家具及日本和式的实木家具为主；实木板材类家具以现代简约风格的民用家具为主。

不同风格的实木家具将选择不同树种的实木材料制作，如中国传统风格的实木家具仍以红木中的酸枝、紫檀、鸡翅木为主要材料，它们质地坚硬、色彩沉稳、纹理精美，如图 4-1（a）所示；新中式风格采用巴西花梨木、缅甸花梨木、北美黑胡桃木橡木、榆木等树种，既蕴涵了中国传统文化的清雅含蓄、端庄丰华的东方精神境界，又增加了现代时尚的气息，如图 4-1（b）所示；美式家具选择红橡木、白橡木或松木作为基材，关键在涂装工艺中采用特殊的"做旧"处理，追求一种独特的肌理与质感，如图 4-1（c）所示；而北欧风格的实木家具充分利用了当地丰富的木材资源，采用松木、榉木、桦木等硬杂木作为基材，注重木材的材质和肌理，家具简洁大方、人性化，充满着雕塑感，如图 4-1（d）所示；日本和式风格的实木家具则以东北水曲柳、柞木、楸木等为主要材种，满足了人们对简洁自然、淡泊静雅、清新脱俗的生活方式的追求，如图 4-1（e）所示。

实木板材类家具以木材通过二次加工形成的指接材、集成材等实木类材料为基材，常用树种包括桦木、樟子松、巴西松、新西伯利亚松、东北红松等，适合于标准化、批量化生产。二次加工后的实木板材可将原木中存在的节子、裂痕等缺陷剔除、错开，使板材的质量稳定、强度均匀、材料变异性小，且材料的尺寸规格可以随意调整，是现代实木家具理想的结构材；指接材、集成材的木材利用率较高，符合原材料生态利用的原则。产品表面大多采用透明亚光硝基漆涂饰（NC），甚至只用清油和蜂蜡涂装，保持了天然木材自然清新的特点，产品造型简洁、朴实大方、线条饱满流畅，多采用直线造型，如图 4-2 所示。

实木家具与其他材料家具产品相比，最显著的特点是形态较复杂，整体成型的零件数量较少，多由基本零件组装的复杂部件组成。为避免产品结构强度降低或其他质量问题，实木家具一般采用部件装配或整体装配后销售。因此，零部件之间的连接是施工图绘制与生产制造的重要内容。传统的实木家具一般以榫接合的框架为主体结构，再嵌以拼板来分割空间，从而获得所需的功能与使用要求；现代实木家具多以连接件接合，设计成可拆装的结构，方便生产、运输及销售，具体的连接方式根据产品的功能、类型、体量大小、质量要求和生产方式而定。

(a) 中国古典家具

(b) 新中式风格

(c) 美式风格

(d) 北欧风格

(e) 日本和式风格

图 4-1　不同风格实木家具示例

图 4-2　实木板材类家具

## 二、柜类家具

### 1. 类型

柜类家具也称为贮藏性家具，是收藏、整理日常生活中的器物、衣物、消费品、书籍等的家具。在明清时期，贮藏性家具种类繁多，有橱、柜、橱柜之分。"橱"是案与柜的结合体，兼有案、抽屉和闷

图 4-3　明式柜类家具

仓三种功能，主要用于收藏日常衣物用品，有炕橱、闷户橱及三联橱等形制；"柜"一般形体较高大，又分为横式和竖式立柜两种，横式也称矮柜，其高多在 60cm 以下，如钱柜、箱柜、药柜等，竖式立柜最经典的有亮格柜、圆角柜、方角柜，如图 4-3 所示；"橱柜"是一种兼具柜和橱两种功能的家具，即在橱的下面装上柜门，具有橱、柜及桌案三种功能。

分析角度不同，柜类家具就有不同的名称与造型：从形式上分为柜类和屏架两大类，如图 4-4 所示；从造型上分为封闭式、开放式、综合式三种，如图 4-5 所示；从体量上分为小型、中型和大型三种，如图 4-6 所示。

图 4-4　柜与屏架示例

(a) 封闭式　　　　　　　　(b) 开放式　　　　　　　　(c) 综合式

图 4-5　不同造型的柜类家具

### 2. 柜类家具施工图实例

柜类家具在实木类家具中占有较大的比例，根据用途不同有衣柜、书柜、床头柜、电视柜、餐具柜、博古架、橱柜等称呼。根据主要部件结构形式不同，实木柜类家具可分为框架构成和板式构成，如图 4-7 所示。

图 4-6　不同体量的柜类家具

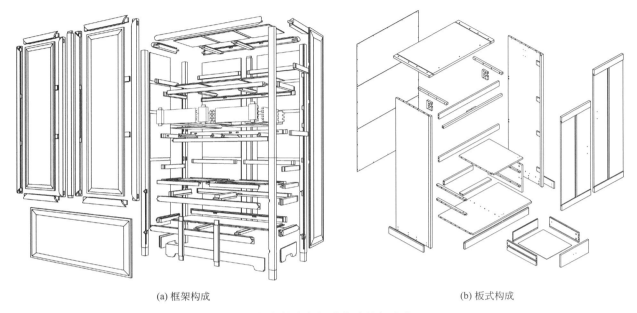

(a) 框架构成　　　　　　　　　　　　　　　　　(b) 板式构成

图 4-7　框架构成与板式构成的柜类家具

框架构成即所谓的框式家具，板式构成也称为现代的板式家具。以硬木为主要材料的传统柜类家具，主要部件为框架式部件结构，即以实木为基材，由立边和横档组成木框来支承全部载荷，木框内的芯板只起分隔与封闭空间的作用，这种结构成为框式家具的典型。以下以明式家具的方角柜为例说明框式家具的施工图绘制内容，如图 4-8～图 4-11 所示。

方角柜一般用方材作框架，四角见方，上下同大，没有上敛下伸的侧脚，柜顶没有柜帽，方角柜各角多用棕角榫，门扇与立柱之间用铜质合页连接，因外形而得名，是明式家具中的一类典型柜类家具。该柜有两个对开门，门框内镶板，柜门下方有柜肚，柜肚下镶牙板，并雕刻回纹图案。柜门上有铜面页作为拉手，由铜合页安装在柜体立柱上。因榫卯结构不可拆，其施工图以结构装配图为主，适当采用剖视方法，标注总体尺寸和主要零部件的尺寸（本案例考虑图面清晰，零部件尺寸省略标注，具体规格可参考配料表 4-1），并对所有零部件进行编号，其序号与配料表一一对应，个别复杂的曲线型零件画 1∶1 或 1∶2 的大样图。

表 4-1　方角柜配料表

| 序号 | 部件名称 | 零件名称 | 规格尺寸（单位：mm） | | | 数量 | 备注 |
| --- | --- | --- | --- | --- | --- | --- | --- |
| | | | 长度 | 宽度 | 厚度 | | |
| 1 | （柜脚） | 柜脚 | 1620 | 35 | 35 | 4 | |
| 2 | 柜门 | 横档 | 395 | 40 | 32 | 4 | |
| | | 立边 | 1036 | 40 | 32 | 4 | |
| | | 门穿带 | 375 | 25 | 18 | 4 | |
| | | 鼓板 | 976 | 335 | 16 | 2 | |

| 序号 | 部件名称 | 零件名称 | 规格尺寸（单位：mm） | | | 数量 | 备注 |
| --- | --- | --- | --- | --- | --- | --- | --- |
| | | | 长度 | 宽度 | 厚度 | | |
| 3 | （立柱） | 前立柱 | 1051 | 40 | 25 | 1 | |
| | | 后立柱 | 1066 | 40 | 25 | 1 | |
| 4 | （横枨） | 中横枨 | 900 | 43 | 32 | 2 | |
| | | 侧中横枨 | 355 | 43 | 32 | 2 | |
| | | 下横枨 | 900 | 43 | 32 | 2 | |
| | | 侧下横枨 | 355 | 43 | 32 | 2 | |
| 5 | （柜膛板） | 柜膛前板 | 850 | 375 | 16 | 1 | |
| | | 柜膛后板 | 850 | 375 | 8 | 1 | |
| | | 柜膛板穿带 | 385 | 25 | 20 | 2 | |
| 6 | （牙板） | 前牙板 | 850 | 60 | 11 | 1 | |
| | | 侧牙板 | 305 | 60 | 11 | 2 | |
| 7 | 柜膛盖板 | 立边 | 830 | 40 | 22 | 2 | |
| | | 横档 | 285 | 40 | 22 | 2 | |
| | | 鼓板 | 770 | 225 | 10 | 1 | |
| | | 盖板穿带 | 251 | 25 | 15 | 3 | |
| 8 | （侧板） | 侧上板 | 1056 | 305 | 11 | 2 | |
| | | 侧下板 | 375 | 305 | 11 | 2 | |
| | | 穿带条 | 331 | 25 | 20 | 4 | |
| 9 | （背板） | 上背板 | 1056 | 415 | 8 | 2 | |
| | | 背板穿带条 | 438 | 25 | 18 | 4 | |
| 10 | 顶板 | 立边 | 900 | 35 | 35 | 2 | |
| | | 横档 | 355 | 35 | 35 | 2 | |
| | | 鼓板（底鼓板） | 850 | 305 | 10 | 2 | |
| | | 顶底板穿带 | 331 | 25 | 20 | 4 | |

以指接材、集成材等实木类材料为基材的现代实木柜类家具在部件形式和结构方面与传统实木柜类家具有很大的不同。有的主要部件（侧板、门板、顶板、底板）为框架式部件结构，其他零部件（层板、背板等）采用板式结构；有的实木柜类所有零部件采用实木拼板或集成材制成，但它们零部件之间的连接方式完全一样，都采用类似于板式家具的五金件连接方法。以规模化生产的家具企业为例，他们的产品开发模式通常将产品开发分由两个不同的部门来承担：产品的款式外形由研发部完成；产品的结构与零件工艺由技术部负责，即产品研发部主要绘制设计草图、设计效果图，经过各部门人员的讨论、交流确定设计方案后，再将最终方案绘制成设计图；然后技术部才能开始绘制相应的结构装配图、部件图、零件图、安装示意图和包装图等。

现代实木柜类家具施工图的绘制可参阅本章第三节板木家具中柜类家具图样的画法。

## 三、桌类家具

桌类家具属凭倚性家具，与人们的日常生活、工作具有间接的关系，大多兼有支承人体和放置物品两方面的功能，主要应满足使用者在进行各种操作活动时，取得相对舒适而方便的辅助条件。

### 1. 桌类家具的组成与类型

桌类家具主要由支承物品的桌面和支承桌面的支架两大部分组成。有些桌类家具还带有存放物品的附加柜体，如图4-12所示。

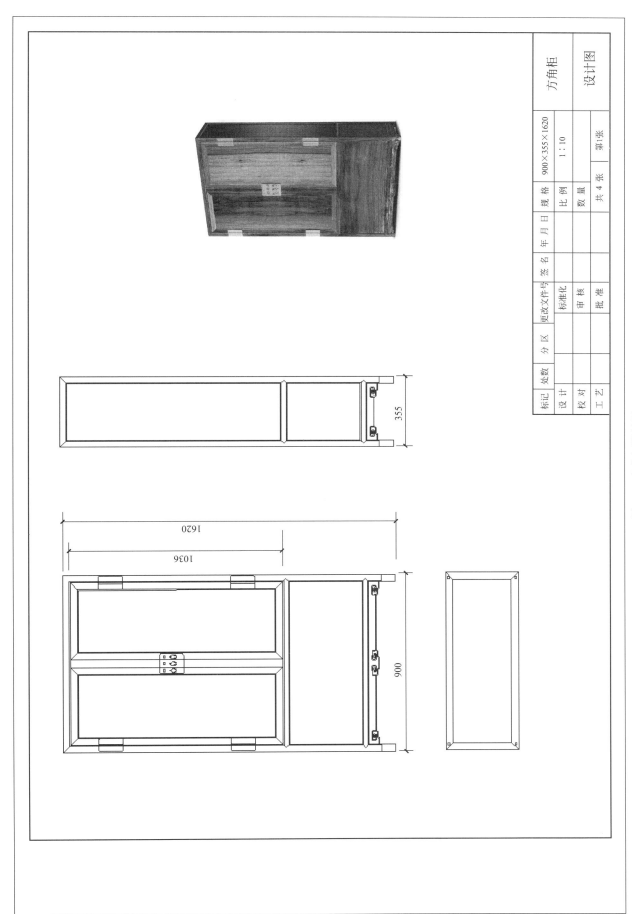

图 4-8　方角柜设计图

| 标记 | 处数 | 分区 | 更改文件号 | 签名 | 年 月 日 | 规 格 | 900×355×1620 | 方角柜 |
|---|---|---|---|---|---|---|---|---|
| 设 计 | | | 标准化 | | | 比 例 | 1：10 | |
| 校 对 | | | 审 核 | | | 数 量 | | 设计图 |
| 工 艺 | | | 批 准 | | | 共 4 张 | 第1张 | |

355

1620

1036

900

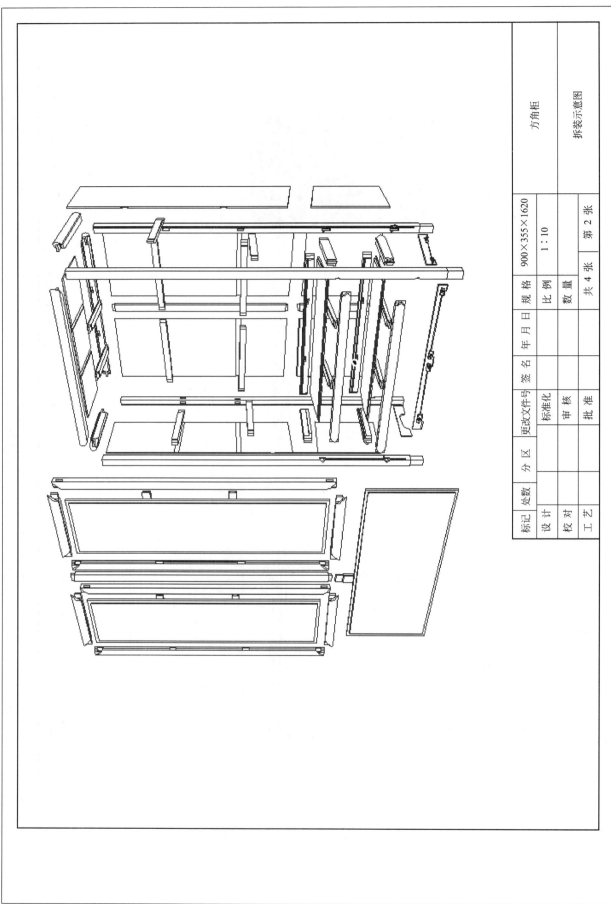

图 4-9 方角柜拆装示意图

| 标记 | 处数 | 分 区 | 更改文件号 | 签 名 | 年 月 日 | 规 格 | 900×355×1620 | | |
|---|---|---|---|---|---|---|---|---|---|
| 设 计 | | 标准化 | | | | 比 例 | 1：10 | | 方角柜 |
| 校 对 | | 审 核 | | | | 数 量 | | | |
| 工 艺 | | 批 准 | | | 共 4 张 | 第 2 张 | | | 拆装示意图 |

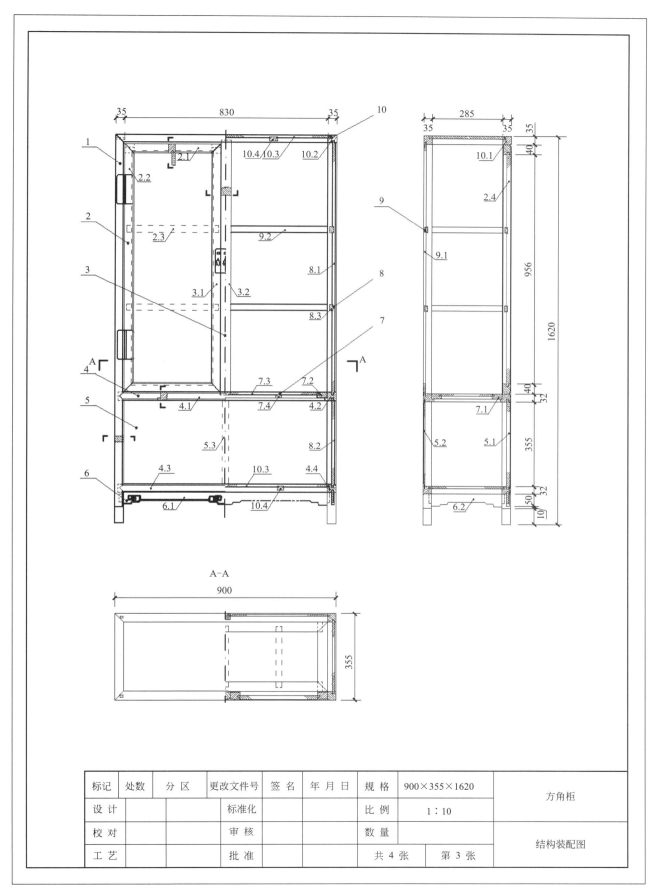

| 标记 | 处数 | 分区 | 更改文件号 | 签名 | 年 月 日 | 规格 | 900×355×1620 | 方角柜 |
|------|------|------|-----------|------|---------|------|--------------|--------|
| 设计 | | | 标准化 | | | 比例 | 1∶10 | |
| 校对 | | | 审核 | | | 数量 | | 结构装配图 |
| 工艺 | | | 批准 | | | 共 4 张 | 第 3 张 | |

图 4-10　方角柜结构装配图

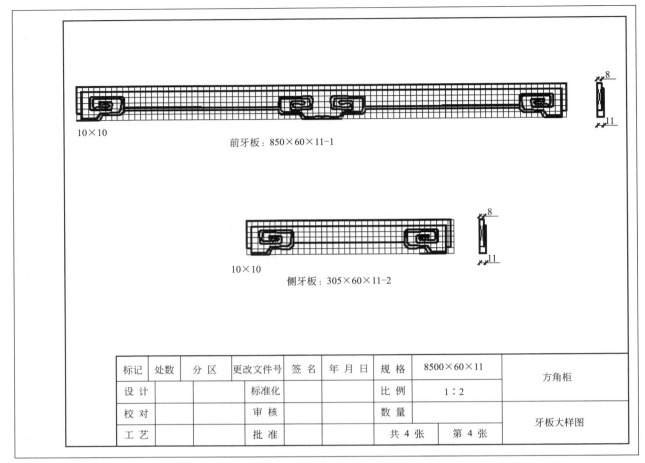

| 标 记 | 处 数 | 分 区 | 更改文件号 | 签 名 | 年 月 日 | 规 格 | 8500×60×11 | 方角柜 |
|---|---|---|---|---|---|---|---|---|
| 设 计 | | | 标准化 | | | 比 例 | 1 : 2 | |
| 校 对 | | | 审 核 | | | 数 量 | | 牙板大样图 |
| 工 艺 | | | 批 准 | | | 共 4 张 | 第 4 张 | |

图 4-11　方角柜牙板大样图

图 4-12　桌类家具组成示例

桌类家具由于使用场合与功能的区别，通常有办公桌、餐桌、梳妆台、茶几等名称，其中又以办公桌和茶几的构成形式最为丰富，如图 4-13 所示。

实木桌面一般是板式平面部件或木框嵌板结构，承重部分的支架对桌类家具的造型与功能具有举足

图 4-13　不同功能的桌类家具

轻重的作用，可以由线状或块状零件构成；也可以用板式零件或其他不规则的立体状零件构成，其类型如下。

（1）框架结构型，见图4-14(a)：即由桌腿和望板或横档等各零件构成桌子的框式支架，以支承桌面板的全部载荷，桌脚的形式丰富多彩。

（2）板状结构型，见图4-14(b)：桌子的支架由直接承重的各种实木拼板部件，通过榫接合或连接件接合的方法构成。

（3）组合结构型，见图4-14(c)：是由一系列单体桌相互连接而成，或是将一定规格化的桌子通用部件装配组合而成的一种形式，可以适应不同场合的使用需要，如会议室、餐厅。

（4）折动结构型，见图4-14(d)：桌子的支架，通过折动结构使桌子能够折动合拢，以便在不使用时收叠存放，最适于小面积住宅或野外使用。

（5）调节结构型，见图4-14(e)：桌、台家具通过折动结构，或采用抽、拉、翻等特殊结构，使家具部件的位置稍加调节就能变换桌面的幅度或高度，以灵活地组织不同的使用要求。其中桌、台面的扩伸常采用抽拉结构或折动结构。

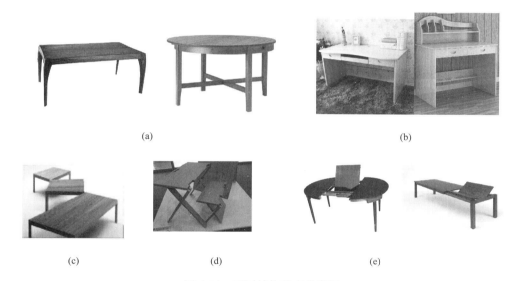

(a)　　　　　　　　　　　　　　　(b)

(c)　　　　　　(d)　　　　　　(e)

图4-14　不同结构的桌类家具

桌类支架不仅在静力负载作用下需平稳地支撑整体，而且要求具有正常使用的足够强度，在遇特殊外力情况下也有一定的稳定性，如被水平推动时，结构节点不致产生位移、错位变形等。尽管实木桌的支架可为框式、板式，单脚、三脚、四脚，或具象、抽象，但由不同脚型和横档组成的框架式脚架居多，它是一种最富于变化的脚型，特别是桌脚的形态千差万别，各具特色，可以是简单或复杂的几何形体，也可以是自然形体的仿生设计，如图4-15所示。

框架式脚架的连接方式要根据脚与横档（或望板）之间的受力情况、形状、零件断面尺寸等因素合理地选择。具体的连接方式类型与画法可参阅第三章第七节的内容。

**2. 桌类家具的尺寸**

人们在各种工作时都需要有足够的活动空间，工作位置上的活动空间设计与人体的功能尺寸密切相关。根据国家标准GB/T 3326—2016《家具　桌、椅、凳类主要尺寸》，桌类家具的常用尺寸见表4-2。

在实际应用时桌面的高低要根据不同的使用特点酌情增减，如设计中餐桌时，考虑进餐方式餐桌可略高一点；在设计西餐桌时，就要根据用刀叉的进餐方式，餐桌可低一点。设计站立用工作台高度，如讲台、陈列台、营业台等，要根据人站着自然屈臂的肘高来确定，按人体的平均身高，工作台高以910～965mm为宜，为适应于着力的工作，则桌面可稍降低20～50mm。

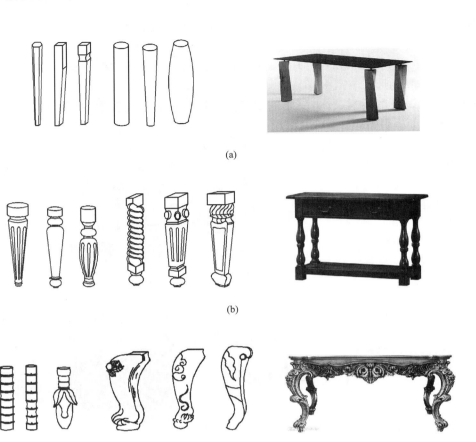

(a)

(b)

(c)

图 4-15　框架式脚型及示例

### 表 4-2　桌类家具主要尺寸

单位：mm

| 名称 | 用途 | 尺寸示意图 | 国标尺寸 |
|------|------|-----------|----------|
| 双柜桌 | 桌面较大，贮物较多，用于办公 | | 桌面宽 $B$：1200－2400<br>桌面深 $T$：600－1200<br>中间净空高 $H_3$：≥580<br>中间净空宽 $B_4$：≥520<br>侧柜抽屉内宽 $B_5$：≥230 |
| 单柜桌 | 用于书写、学习等 | | 桌面宽 $B$：900－1500<br>桌面深 $T$：500－750<br>中间净空高 $H_3$：≥580<br>中间净空宽 $B_4$：≥520<br>侧柜抽屉内宽 $B_5$：≥230 |

| 名称 | 用途 | 尺寸示意图 | 国标尺寸 |
|---|---|---|---|
| 梳妆桌<br>（梳妆台） | 用于梳妆、整理仪表 | 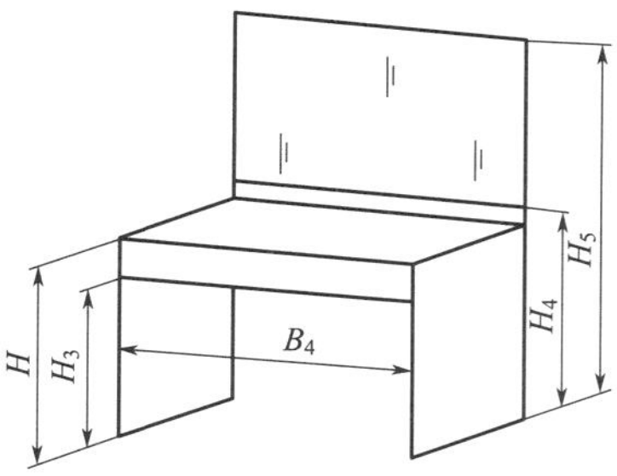 | 桌面高 $H$：$\leqslant 740$<br>中间净空高 $H_3$：$\geqslant 580$<br>中间净空宽 $B_4$：$\geqslant 500$<br>镜子下沿离地面高 $H_4$：$\leqslant 1000$<br>镜子上沿离地面高 $H_5$：$\geqslant 1400$ |
| 单层桌 | 长方桌 | 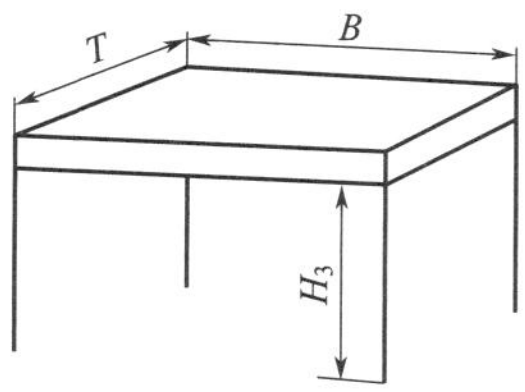 | 桌面宽 $B$：$\geqslant 600$<br>桌面深 $T$：$\geqslant 400$<br>中间净空高 $H_3$：$\geqslant 580$ |
| | 方桌 | 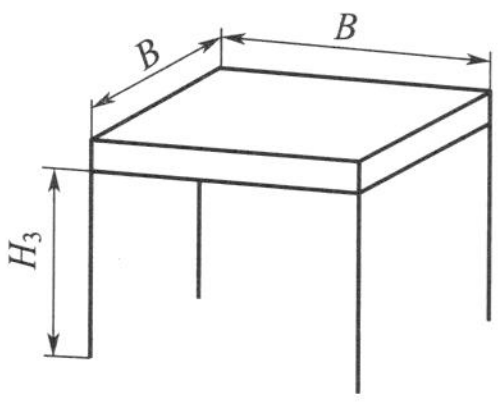 | 桌面宽 $B$：$\geqslant 600$<br>中间净空高 $H_3$：$\geqslant 580$ |
| | 圆桌 | 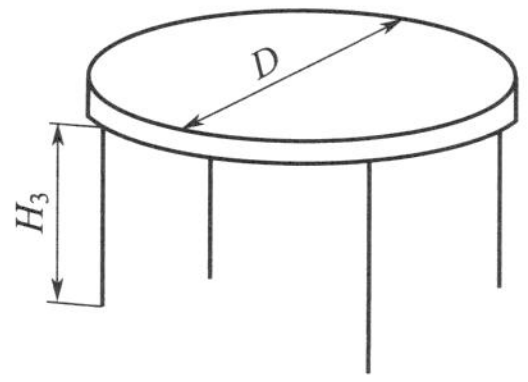 | 桌面直径 $D$：$\geqslant 600$<br>中间净空高 $H_3$：$\geqslant 580$ |

注：当有特殊要求或合同要求时，各类尺寸由供需双方在合同中明示，不受此限。

**3. 桌类家具施工图实例**

　　桌子的宽度和深度是根据人坐时手臂的活动范围，以及桌上放置物品的类型和方式来确定的，多人平行坐的桌子，应加长桌面，以相邻两人平行动作的幅度互不影响为宜。对于餐桌、会议桌之类的家具，应以人体占用桌边沿的宽度考虑，桌面尺寸可在 $550\sim 750\text{mm}$ 的范围内设计。面对面坐的桌子，应加宽桌面，在考虑相邻两人平行动作幅度的同时，还要考虑面对面两人对话中的卫生要求等。

　　实木桌类家具的结构较简单，包括桌面与支架两大部分，一般情况下，施工图用结构装配图就可以将其内外结构表达清楚，如图 4-16 所示。

　　在分工细化的规模化生产中，也可以把实木桌类家具的施工图绘制成设计图加部件图、零件图的形式，这样便于对零件、部件的形状、尺寸及其他质量提出详细的技术要求，也方便技术部门与不同零部件生产车间的交流与管理，提高生产效率和产品加工精度。如图 4-17～图 4-24 为家用办公桌的施工图，包括设计图、拆装示意图、装配图及零部件图。

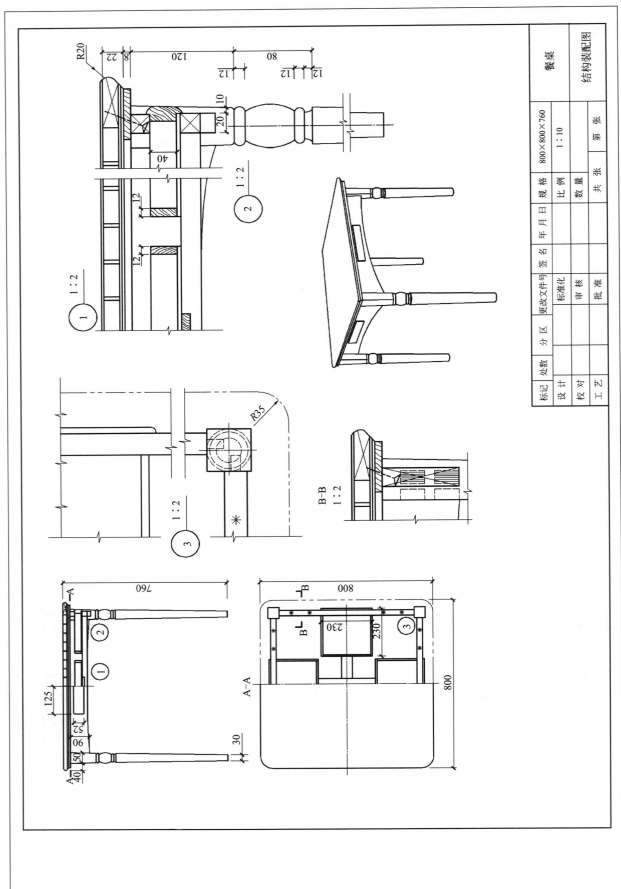

图 4-16　餐桌结构装配图

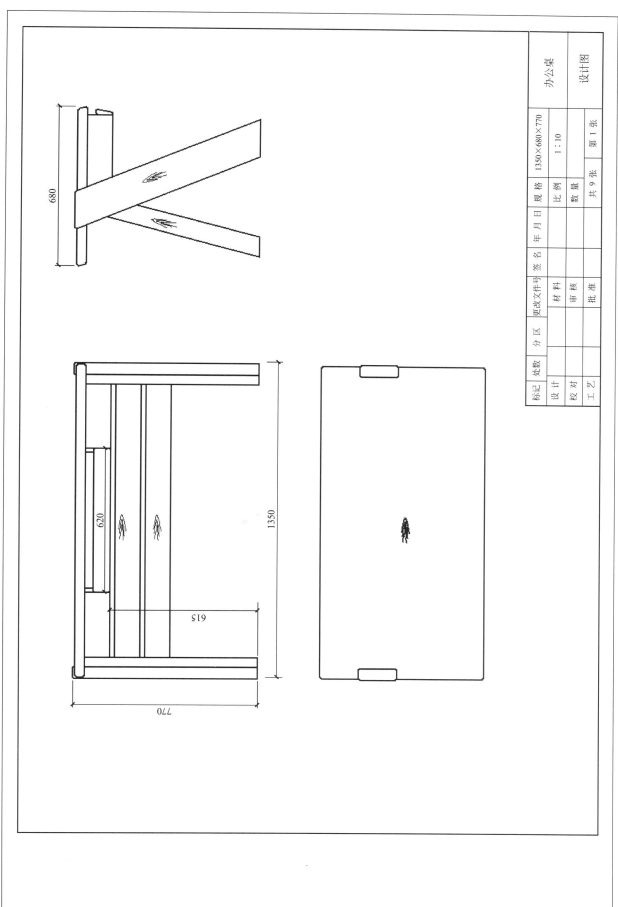

图 4-17　办公桌设计图

| 标记 | 处数 | 分区 | 更改文件号 | 签名 | 年 月 日 | 规格 | 1350×680×770 | 办公桌 |
|---|---|---|---|---|---|---|---|---|
| 设 计 | | | 材 料 | | | 比 例 | 1：10 | |
| 校 对 | | | 审 核 | | | 数 量 | | 设计图 |
| 工 艺 | | | 批 准 | | | 共 9 张 | 第 1 张 | |

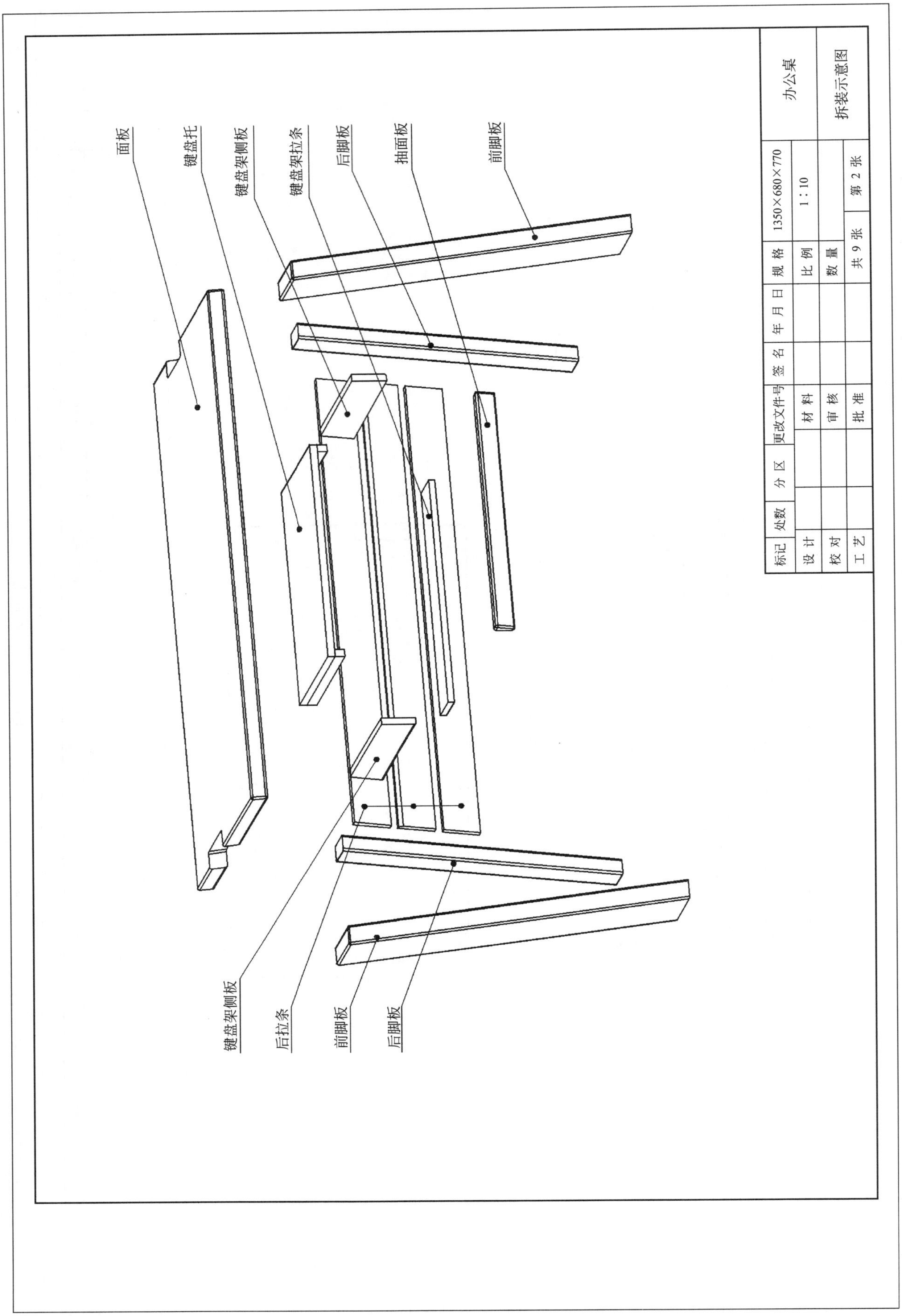

图 4-18　办公桌拆装示意图

| 面板 |
| 键盘托 |
| 键盘架侧板 |
| 键盘架拉条 |
| 后脚板 |
| 抽面板 |
| 前脚板 |

| 键盘架侧板 |
| 后拉条 |
| 前脚板 |
| 后脚板 |

| | | | | | | | 办公桌 |
| 标记 | 处数 | 分区 | 更改文件号 | 签名 | 年月日 | | |
| 设计 | | | 材料 | | 规格 | 1350×680×770 | 拆装示意图 |
| 校对 | | | 审核 | | 比例 | 1:10 | |
| 工艺 | | | 批准 | | 数量 | | |
| | | | | | 共9张 | 第2张 | |

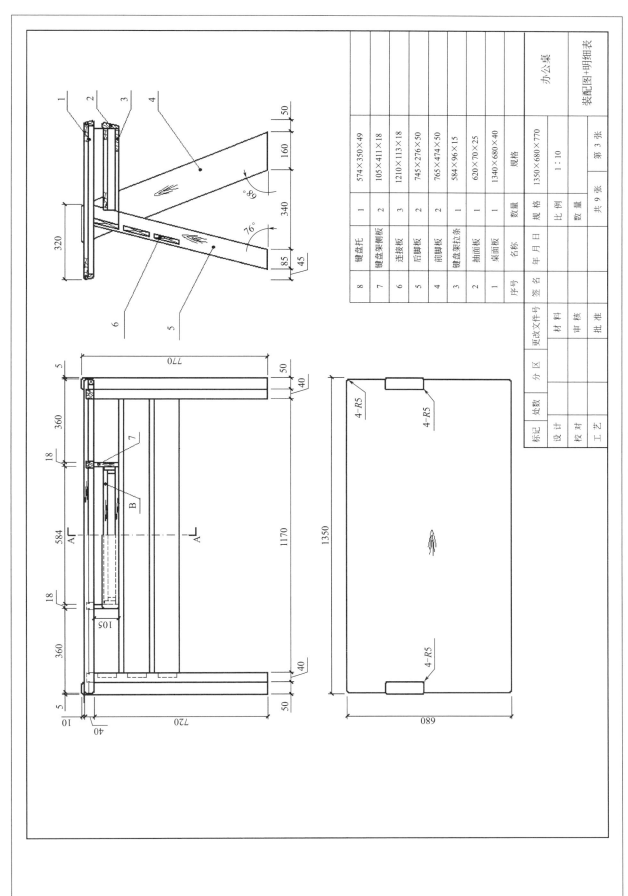

| 序号 | 名称 | 数量 | 规格 |
|---|---|---|---|
| 8 | 键盘托 | 1 | 574×350×49 |
| 7 | 键盘架侧板 | 2 | 105×411×18 |
| 6 | 连接板 | 3 | 1210×113×18 |
| 5 | 后脚板 | 2 | 745×276×50 |
| 4 | 前脚板 | 2 | 765×474×50 |
| 3 | 键盘架拉条 | 1 | 584×96×15 |
| 2 | 抽面板 | 1 | 620×70×25 |
| 1 | 桌面板 | 1 | 1340×680×40 |

| 签 名 | 年 月 日 | | 办公桌 | |
|---|---|---|---|---|
| 设 计 | | 更改文件号 | 装配图+明细表 | |
| 校 对 | | 材 料 | | |
| 工 艺 | | 审 核 | 比 例 | 1：10 |
| 标记 | 处数 | 分 区 | 批 准 | 数 量 |
| | | | 共 9 张 | 第 3 张 |

图 4-19　办公桌装配图

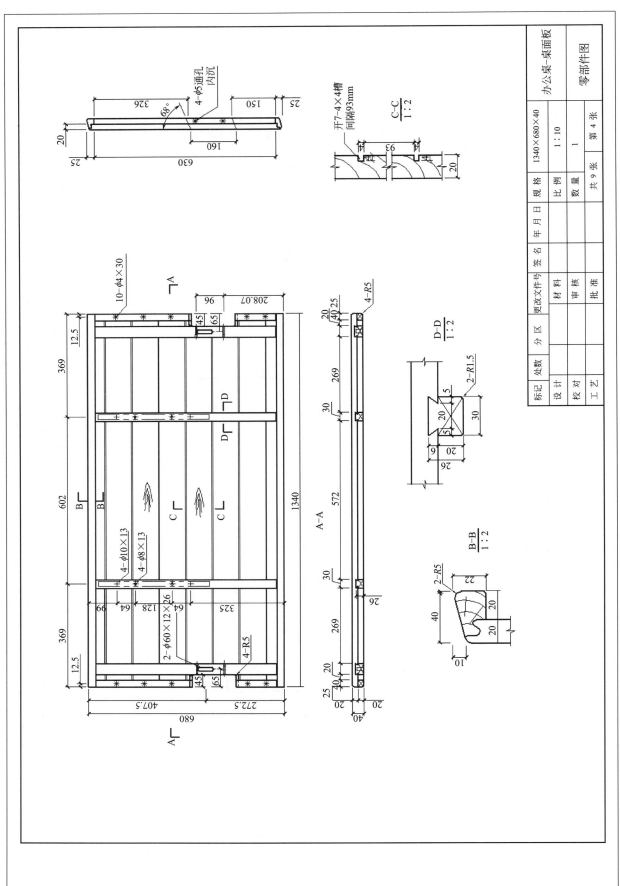

图 4-20 办公桌桌面板零部件图

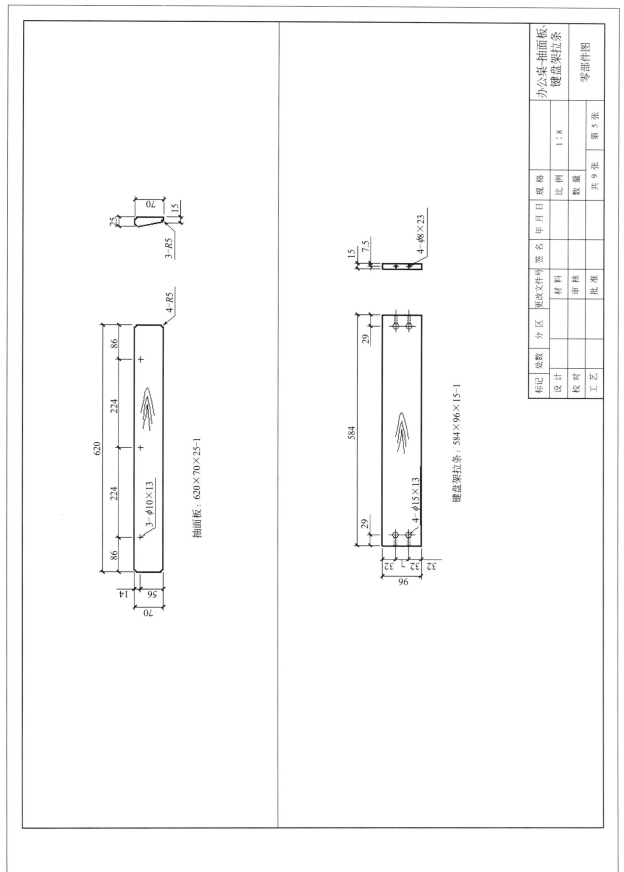

图 4-21　办公桌抽面板与键盘架拉条零部件图

| | | | | |
| --- | --- | --- | --- | --- |
| | | | 办公桌-抽面板、 键盘架拉条 | |
| | | | 零部件图 | |
| 标记 | 处数 | 分区 | 更改文件号 | 签名 | 年月日 | 规格 | 比例 | 1：8 |
| 设计 | | | | 材料 | | 数量 | | |
| 校对 | | | | 审核 | | | 共9张 | 第5张 |
| 工艺 | | | | 批准 | | | | |

抽面板：620×70×25-1

键盘架拉条：584×96×15-1

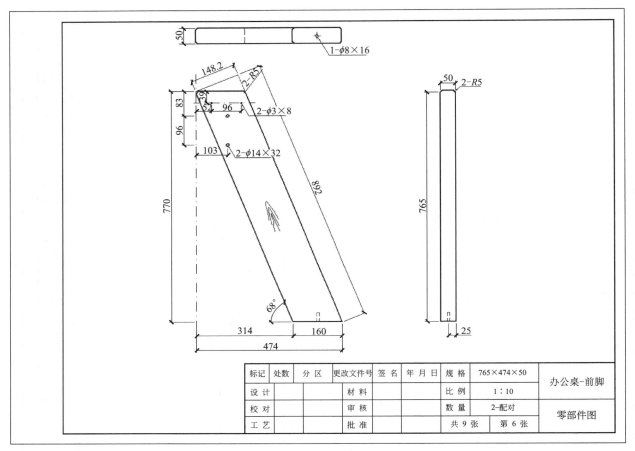

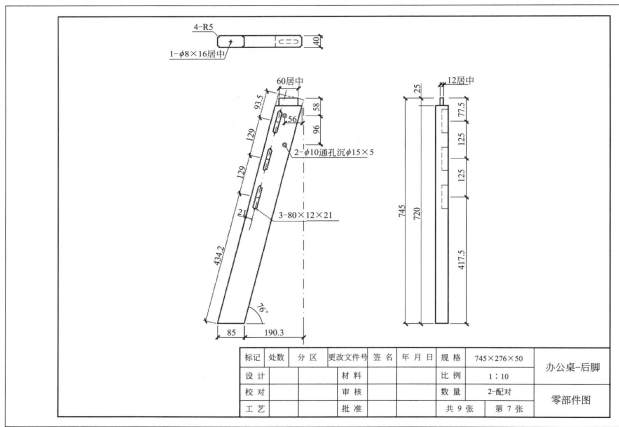

图 4-22　办公桌桌腿零部件图

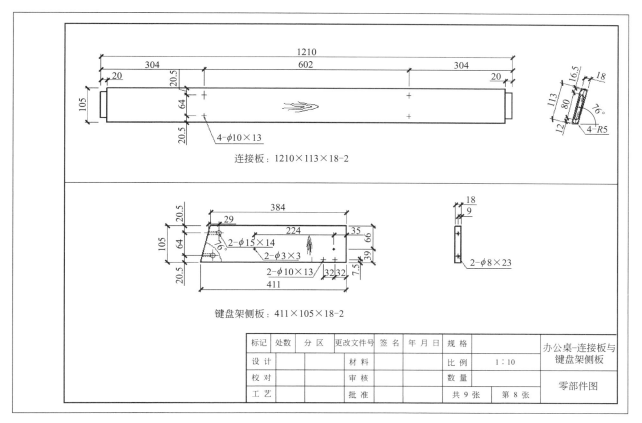

图 4-23 办公桌连接板与键盘架侧板零部件图

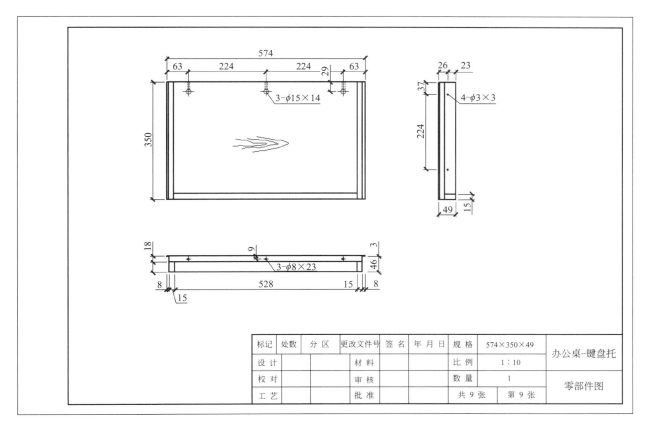

图 4-24 办公桌键盘托零部件图

　　实木家具的零部件常常因含水率的变化而出现收缩开裂或膨胀变形，从而引起家具结构甚至外观的损坏。桌面板是平板结构，且尺寸较大，为了防止实木面板变形，实木桌的面板多为木框嵌板结构，这种结构还方便在桌面边缘加工出各种型面，以丰富桌类家具的造型，常见的装饰线型如图4-25所示。

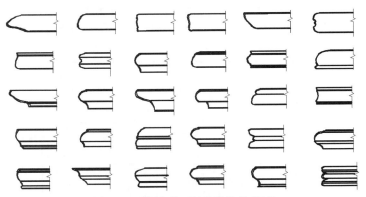

图4-25　常见桌面板边缘装饰线型

　　在具有扩展功能的桌类家具中，经常在面板结构中增加辅助面板，通过折动或联动装置改变面板的形状，如由方形变圆形、由方形变矩形、由圆形调节成椭圆形等，或者在桌面上增加一些贮物功能，如图4-26所示。多功能家具可以适应不同的使用要求。

图4-26　多功能实木桌示例

## 四、椅类家具

### 1. 实木椅的类型

　　实木椅类家具以天然的纹理，变化多端的色彩，质轻、强度高、耐用、保值的特点而长盛不衰，成为日常生活中最常见、应用最广泛的类型。从材料角度来说，家具的历史也是实木椅的发展史，工业革命之前的椅类家具所用材料几乎为实木锯材，锯材易于塑型的特性赋予椅类家具多姿多彩的造型与品类繁多的式样，也成就了无数经典的实木椅。

　　举世闻名的明式家具中最具时代特色和文化特点的代表就是椅类家具，主要有靠背椅、扶手椅、圈椅及交椅，如图4-27所示。线、面为主构成的椅类家具，通过方、圆零件断面，曲、直线形的舒急紧缓，零、部件布局的高低错落，诠释了明式家具简洁清秀、比例适度、结构严谨、工艺精湛的风格特征。

　　国外历代古典椅子式样中也不乏实木椅的经典之作，它们对每个细节精益求精，在庄严气派中追求奢华与优雅。以欧式古典家具为例，主要包括巴洛克、洛可可、新古典主义三种风格，如图4-28所示。

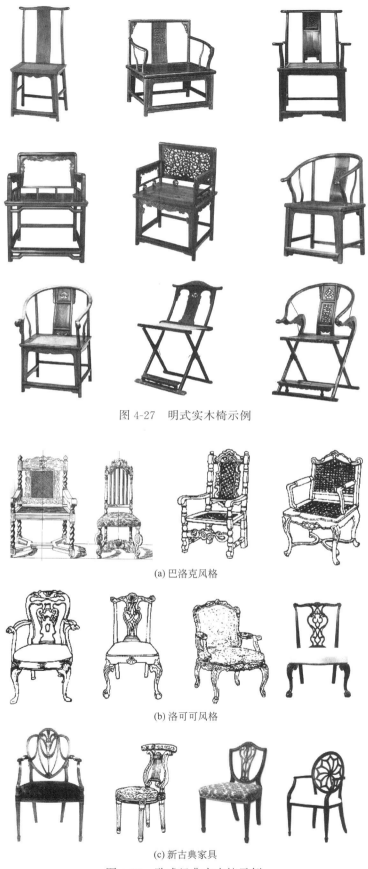

图 4-27　明式实木椅示例

(a) 巴洛克风格

(b) 洛可可风格

(c) 新古典家具

图 4-28　欧式经典实木椅示例

巴洛克家具在运用直线的同时也强调线形流动变化的特点，用线形的曲直、流动、波折、穿插等灵活多变的夸张手法创造特殊的艺术效果，以呈现神秘的宗教气氛和浮动幻觉的美感，见图 4-28（a）。

洛可可样式以不均衡的、轻快纤细的曲线而著称，具有轻快、流动、向外扩展的视觉效果。多运用贝壳的曲线皱褶和弯曲进行构图、分割，如椅背的帽头采用玲珑起伏的"C"形和"S"形的涡卷纹，弧弯式的椅腿配有兽爪抓球的椅脚。椅子结合细致典雅的雕刻、镶嵌等工艺手法，体现了洛可可样式的尊贵、华丽之美，见图 4-28（b）。

新古典主义家具摒弃了过于复杂的肌理和装饰，简化了线条，将古典风范和个人的独特风格结合起来。具体表现为以直线为基调，不作过密的细部装饰；以直角为主体，追求整体比例的和谐与呼应，做工考究，造型精炼而朴素，见图 4-28（c）。

20 世纪的北欧设计师，更是将独特的原木情结与椅子严谨的结构进行完美的结合，显示出对手工艺传统和天然材料的尊重与偏爱。大量选用桦木、枫木、橡木、松木等木料，尽量不破坏原本的质感，将木材与生俱来的个性纹理、温润色泽和细腻质感注入椅类家具，用最直接的线条进行勾勒，展现北欧家具独有的朴实、淡雅、纯粹的原始韵味与艺术美感。最有代表性的伟大设计师之一——汉斯・瓦格纳（Hans Wegner），被称为"椅子大师"，他的一生创作了 500 多件椅类作品，其中大量的实木椅都成为"永恒"的经典，如图 4-29 所示。

图 4-29　汉斯・瓦格纳部分作品

风格各异的实木椅在功能上满足了人们办公、休闲、娱乐及进餐的要求，现代实木椅中餐椅所占比重最大，一般采用较硬材质的树种加工，如桦木、柚木、枫木、橡木、水曲柳、柞木、榆木、松木等，其中以桦木、水曲柳、柞木应用最多。

随着科技的发展，木材的加工技术日新月异，尤其是 20 世纪中期出现的木材弯曲技术、多层薄板胶合成型技术，为实木椅的设计提供了更大的创造空间，也为椅子造型与结构的多样性提供了可能，如图 4-30 所示。根据使用功能和人体工效尺度设计的椅子，适合于机械化与自动化的现代工业生产方式，极大提高了椅类家具的生产效率与质量。

**2. 实木椅的尺寸**

从科学的角度出发，椅类家具尺寸的确定要以人体的尺度为依据。椅类家具在功能、尺寸的设计应考虑以下几个参数：座高、座宽、座深、靠背倾斜度、椅面倾斜度、扶手高度、座面形状及弹性等。这些参数与人体的构造、尺度、体感、动作等人体机能紧密相关。根据 GB/T 3326—2016《家具桌、椅、凳类主要尺寸》规定，不同功能椅类家具的基本尺寸有所不同。

（1）桌面高、座高、配合高差  椅类家具的设计不仅与功能有关，还需要考虑与之相配套的桌类家具的高度，才能更好地为使用者提供舒适的使用条件，如图 4-31 所示。根据国标规定，合理的桌面高、座高、配合高差见表 4-3。

图 4-30  弯曲成型技术生产的椅类家具

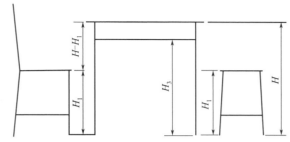

图 4-31  桌面高、座高、配合高差示意图

表 4-3  桌面高、座高、配合高差　　　　　　　　　　　　单位：mm

| 桌面高 $H$ | 座高 $H_1$ | 桌面与椅凳座面高差 $H-H_1$ | 中间净空高与椅凳座面高差 $H_3-H_1$ | 中间净空高 $H_3$ |
|---|---|---|---|---|
| 680~760 | 400~440<br>软面的最大座高 460（含下沉量） | 250~320 | ≥200 | ≥580 |

注：当有特殊要求或合同要求时，各类尺寸由供需双方在合同中明示，不受此限。

（2）靠背椅  只有靠背，没有扶手的椅类家具，用途最广泛。其尺寸参数如图 4-32 和表 4-4 所示。

表 4-4  靠背椅尺寸　　　　　　　　　　　　单位：mm

| 座前宽 $B_2$ | 座深 $T_1$ | 背长 $L_2$ | 座倾角 $\alpha$ | 背倾角 $\beta$ |
|---|---|---|---|---|
| ≥400 | 340~460 | ≥350 | 1°~4° | 95°~100° |

注：当有特殊要求或合同要求时，各类尺寸由供需双方在合同中明示，不受此限。装饰用靠背不受此限制，并应在使用说明中明示。

（3）扶手椅  兼有靠背和扶手的椅类家具，提高了使用的舒适性。其尺寸参数如图 4-33 和表 4-5 所示。

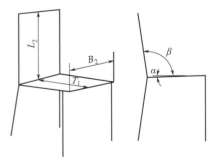

图 4-32  靠背椅尺寸示意图

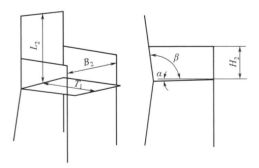

图 4-33  扶手椅尺寸示意图

表 4-5  扶手椅尺寸　　　　　　　　　　　　单位：mm

| 扶手内宽 $B_2$ | 座深 $T_1$ | 扶手高 $H_2$ | 背长 $L_2$ | 座倾角 $\alpha$ | 背倾角 $\beta$ |
|---|---|---|---|---|---|
| ≥480 | 400~480 | 200~250 | ≥350 | 1°~4° | 95°~100° |

注：当有特殊要求或合同要求时，各类尺寸由供需双方在合同中明示，不受此限。

（4）折叠椅  指设计有折动结构的椅类家具，不使用时，可折叠收藏，便于存放。其尺寸参数如图 4-34 和表 4-6 所示。

表4-6　折叠椅尺寸　　　　　　　　　　　　　　　　　　　　　　　　单位：mm

| 座前宽 $B_2$ | 座深 $T_1$ | 背长 $L_2$ | 座倾角 $\alpha$ | 背倾角 $\beta$ |
|---|---|---|---|---|
| 340~420 | 340~440 | ≥350 | 3°~5° | 100°~110° |

注：当有特殊要求或合同要求时，各类尺寸由供需双方在合同中明示，不受此限。

（5）坐凳　指没有靠背与扶手的坐具，具有方便移动，使用时占地小的特点。其尺寸参数如图4-35和表4-7所示。

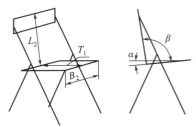
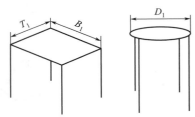

图4-34　折叠椅尺寸示意图　　　　　　　　　　图4-35　坐凳尺寸示意图

表4-7　坐凳尺寸　　　　　　　　　　　　　　　　　　　　　　　　　单位：mm

| 凳面宽 $B_1$ | 凳面直径 $D_1$ |
|---|---|
| ≥300 | ≥300 |

注：当有特殊要求或合同要求时，各类尺寸由供需双方在合同中明示，不受此限。

人的坐姿大体可分为三种：向前坐、笔直端坐和向后靠，如图4-36所示。向前坐的姿势主要是书写、绘图、操作键盘等工作的姿势，这种姿势要求双脚平放于地面，其座高宜比休息用椅稍高，最好设计成调节式的，以适应多数人的使用要求。笔直端坐多数用于进餐、绘画等状态，其座高比工作椅略高一些；向后靠是休息放松的姿势，其座高可取标准值的下限，入座后应使腿部向前舒适地伸展，这种状态的椅子必须有较大倾角的座面和有衬垫支撑的靠背，使躯干后倾（与大腿成115°左右），让脊柱保持自然，可减轻腰椎负荷，让腰、腹、背等处肌肉放松，如图4-37所示。

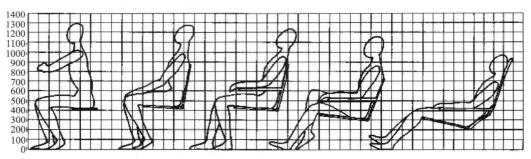

图4-36　不同状态的坐姿

图4-37　不同功能的座椅

### 3. 实木椅的构成

椅类家具的结构正似人体的骨骼系统，用以支承外力和自重，并将荷重传到椅腿结构支点及直至地面。椅类家具除了满足家具的功能要求之外，还必须寻求一种结构简洁，牢固而经济有效的结构形式，并安排和组织它们各自之间的变化和多样性，以赋予椅类家具丰富的表现力。

实木椅类家具一般是由支架、座面、靠背、扶手等部件构成，也有的是由几个相邻部件连接组合而成，如支架连扶手或座面连靠背等。它们通过各种结构方式，协同完成功能上的不同要求。

（1）支架　支架结构是否合理，直接影响椅子使用功能、接合强度及使用寿命。椅类家具除了直接承受人体重量，还要经受不断变化的动、静载荷，比如人坐在椅子上，经常前后摆动或摇晃，或使用者经常有拖动椅子的习惯等，因此，要求椅子的支架结构要有足够的稳定性和牢固性。基于造型的多样化与不同功能的需求，实木椅的支架有不同的形式，如图4-38所示，其中稳定性最好的结构还是由四脚和多根横档组成的框架结构，这也是日常生活中应用最广泛的一种形式。

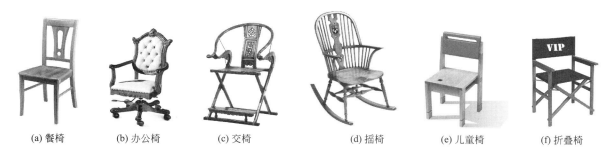

(a) 餐椅　　　(b) 办公椅　　　(c) 交椅　　　　　(d) 摇椅　　　(e) 儿童椅　　　(f) 折叠椅

图4-38　木质支架类型

（2）座面　座面的设计，在功能与装饰上有重要的作用，结构上要根据家具的风格与用途，并紧密配合椅子支架的不同结构形式，既可以设计成易于移动的或是固定的形式，也可以设计成质感或轻或重的形式。实木椅的座面材料与结构大体上可分硬面和软面两种，材料包括木条、拼板、皮革、帆布、竹藤编织、纸藤编织，或座面板上加海绵包覆皮革、织物等，如图4-39所示。

图4-39　不同材料与结构的座面示例

（3）靠背　靠背的作用是使躯干得到充分的支持，使背部不成弓形。椅背结构虽比座面简单，但使用功能和装饰要求更高。椅背的外形处于人们视线的显要位置，是最能体现椅子美学效果与艺术价值的部位，因而椅背的装饰形式对椅子的外观质量至关重要，通常要与坐面的材料与式样相呼应。同样功能尺寸的椅背可以有多种多样的椅背造型，如图4-40所示。靠背的基部最好有一段空隙，以利于人体在保持坐姿时，臀肌不致受到挤压。因此，无论在材料选择、结构形式和造型处理等方面，都同样需要根据功能和工艺的不同要求进行合理的设计。

图 4-40　椅背结构形式与材质示例

　　不同功能与造型的椅类家具，靠背的高度差异较大，如吧椅靠背高一般在 250～310mm，只在腰椎处有支撑，即一点支撑；对于专供操作的工作椅，为了便于上肢前后、左右活动，靠背高度上沿一般低于肩胛骨，以肩胛的内角碰不到椅背为宜；对于高背休息椅和躺椅，靠背高度须增高至头部的颈椎。也就是说，根据不同的功能要求，椅靠背高要有腰椎、胸椎、颈椎三个支撑点，其中以腰椎的支撑点最为重要，因为人体采取坐姿时，上半身的重量主要靠腰部来支撑。支撑点位置和角度数值可参考表 4-8。

表 4-8 椅类家具支撑点位置与角度参考

| 支撑点个数 | 上体的角度/(°) | 上部 | | 下部 | |
|---|---|---|---|---|---|
| | | 支撑点高度/mm | 支撑点角度/(°) | 支撑点高度/mm | 支撑点角度/(°) |
| 1个支撑点 | 90 | 250 | 90 | — | — |
| | 100 | 310 | 98 | — | — |
| | 105 | 310 | 104 | — | — |
| | 110 | 310 | 105 | — | — |
| 2个支撑点 | 100 | 400 | 95 | 190 | 100 |
| | 100 | 400 | 98 | 250 | 94 |
| | 100 | 310 | 105 | 190 | 94 |
| | 110 | 400 | 110 | 250 | 104 |
| | 110 | 400 | 104 | 190 | 105 |
| | 120 | 500 | 94 | 250 | 129 |

（4）扶手 休息椅通常设扶手，可减轻两肩、背部和上肢肌肉的疲劳，以加强其休息功能。根据人体自然屈肩的肘高与座面的距离，扶手的实际高度以 200~250mm 为宜。扶手也可随座面与靠背的夹角变化而略有倾斜，这有助于加强舒适的休息效果，通常取 10°~20°范围内。由于扶手有助立作用，扶手的弹性处理不宜过软，注意其触感效果和处理好棱角的细部。

扶手的构造是基于椅子的造型和构造的，扶手不但本身应具有一定的强度，而且扶手与椅子的连接在反复受到撑力的作用时，要有足够的结构强度。根据扶手与其他部分之间的关系看，主要有两种结构形式：整体式与部件式。

① 整体式结构，扶手与椅背、支架、座面中的某个部件连为一体，甚至可以三者、四者连成一体，如图 4-41 所示。

② 部件式结构，扶手以部件形式安装在支架和椅靠背上，强度要求较高，适于批量化生产。

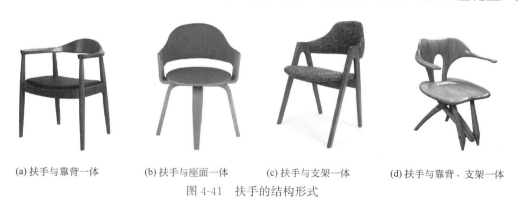

(a) 扶手与靠背一体  (b) 扶手与座面一体  (c) 扶手与支架一体  (d) 扶手与靠背、支架一体

图 4-41 扶手的结构形式

（5）支架与座面、靠背、扶手的连接 实木椅的支架、座面、靠背之间的连接方式较多，归纳起来主要有三种，如图 4-42 所示。

① 固定式结构。支架的望板（横档）与脚之间多采用暗榫接合，为了增加强度，常在椅腿与望板（或横档）之间用木质三角块（三角形状）或金属角铁进行互成角度的零部件之间的固定和连接；椅背用木条或板条直接与后腿（或支架）用圆榫、螺钉连接；座面板与支架采用螺钉吊面法固定。该结构强度大，质量稳定性好，但不可再次拆装。

② 嵌入式结构。椅子分解成若干个零、部件，单独组装后再组成制品，如坐垫与靠背分别制成木框后包软面，再嵌入椅支架的座框内。该结构加工较方便，多用于软面椅结构中。

③ 拆装式结构。支架与座面、靠背等零部件采用金属连接件接合，有时也用圆榫、椭圆形榫起定位作用。这种结构可多次拆装，所以一般先涂饰后组装，便于包装、运输，稳定性略差一些。

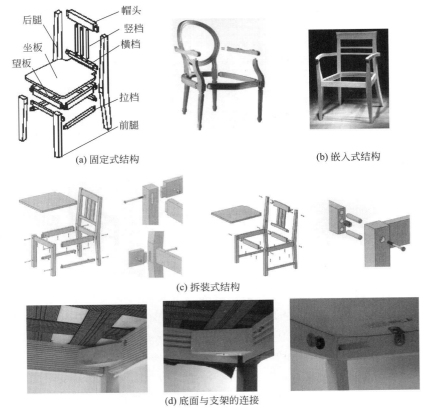

图 4-42　支架与座面、靠背的结构示例

### 4. 实木椅施工图实例

实木椅的结构设计要重点考虑以下几个问题：

① 支架的强度、刚度、稳定性等力学性能；

② 零部件的加工工艺性；

③ 椅子的储存、包装与运输性；

④ 对于拆装式结构要考虑装配的简捷与可靠性。

实木椅相对于其他材料的椅类而言，在结构上具有以下特点：整体构成较复杂，曲线或曲面形状零部件多，零部件的数量与规格较多；两个零部件之间的接合有直角接合、斜接接合及多向交叉接合；有时还有小端面零件接合、开放式 L 形接合等特殊结构，且强度要求高。因此，实木椅的结构多以固定式连接，其施工图绘制通常以结构装配图为主，再加上一些特殊形状的大样图。下面以中国传统家具中经典的南官帽椅为例说明实木椅的施工图内容与画法。

图 4-43 所示南官帽椅是明式扶手椅的代表式样之一，其特点是搭脑的两端和两个扶手的前端均不出头，但搭脑的弧度向后凸，形似官帽，故称之为南官帽椅。本例南官帽椅椅背立柱和搭脑相接处为圆角，由立柱作榫头、横梁作榫眼的烟袋锅式做法接合，椅背为整板形式，浮雕一组简单图案，美观大方。该椅子为各零件之间固定式安装，因此，施工图包括设计图、拆装示意图、装配图和零件图（本例零部件图省略）配合用料明细表即可，如图 4-44～图 4-46 及表 4-9 所示。

表 4-9　南官帽椅用料表　　　　　　　　　　　　　　　　单位：mm

| 序号 | 零件名称 | 规格尺寸 | | | 数量 | 备注 |
| --- | --- | --- | --- | --- | --- | --- |
| | | 长度 | 宽度 | 厚度 | | |
| 1 | 搭脑 | 535 | 90 | 46 | 1 | |
| 2 | 靠背板 | 540 | 150 | 39 | 1 | |
| 3 | 后腿 | 1034 | 36 | 36 | 2 | |
| 4 | 扶手 | 422 | 64 | 35 | 2 | |

续表

| 序号 | 零件名称 | 规格尺寸 | | | 数量 | 备注 |
|---|---|---|---|---|---|---|
| | | 长度 | 宽度 | 厚度 | | |
| 5 | 联帮棍 | 228 | 29 | 25 | 2 | |
| 6 | 前腿 | 718 | 50 | 36 | 2 | |
| 7 | 座面框大边 | 600 | 75 | 25 | 2 | |
| 8 | 前牙条 | 505 | 69 | 8 | 1 | |
| 9 | 前牙头 | 372 | 55 | 8 | 2 | |
| 10 | 脚踏 | 591 | 46 | 32 | 1 | |
| 11 | 前下牙条 | 526 | 43 | 8 | 1 | |
| 12 | 步步高后枨 | 587 | 32 | 32 | 1 | |
| 13 | 后牙条 | 506 | 70 | 8 | 1 | |
| 14 | 座板 | 470 | 350 | 10 | 1 | |
| 15 | 座板穿带 | 400 | 32 | 21 | 1 | |
| 16 | 座面框抹头 | 480 | 75 | 25 | 2 | |
| 17 | 侧牙条 | 385 | 69 | 8 | 2 | |
| 18 | 侧牙头 | 333 | 55 | 8 | 4 | |
| 19 | 步步高侧枨 | 469 | 32 | 32 | 2 | |
| 20 | 侧下牙条 | 403 | 43 | 8 | 2 | |

图 4-43　南官帽椅示例

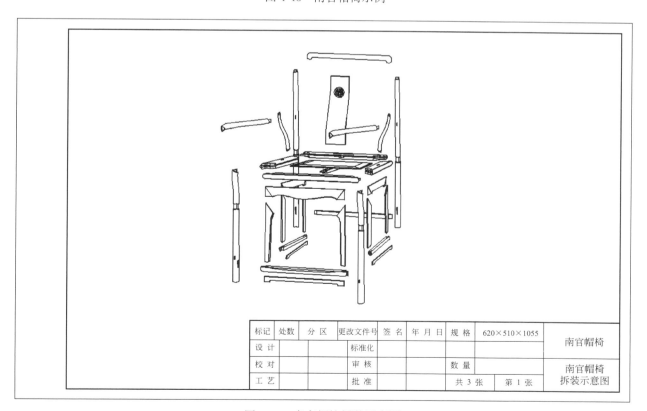

图 4-44　南官帽椅拆装示意图

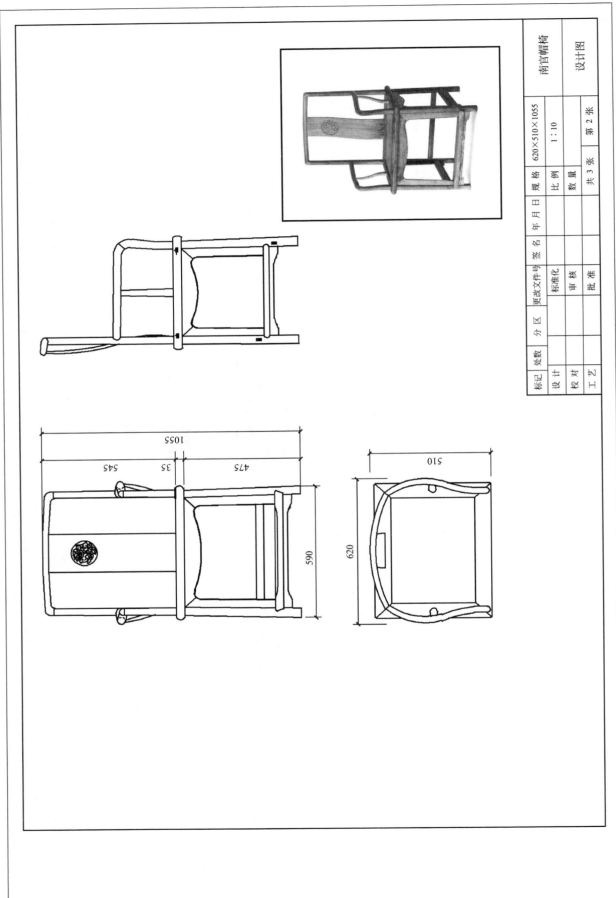

| 标记 | 处数 | 分区 | 更改文件号 | 签名 | 年月日 | | 规格 | 620×510×1055 | 南官帽椅 |
|---|---|---|---|---|---|---|---|---|---|
| 设计 | | | 标准化 | | | | 比例 | 1：10 | 设计图 |
| 校对 | | | 审核 | | | | 数量 | | |
| 工艺 | | | 批准 | | | | 共3张 | 第2张 | |

图 4-45　南官帽椅设计图

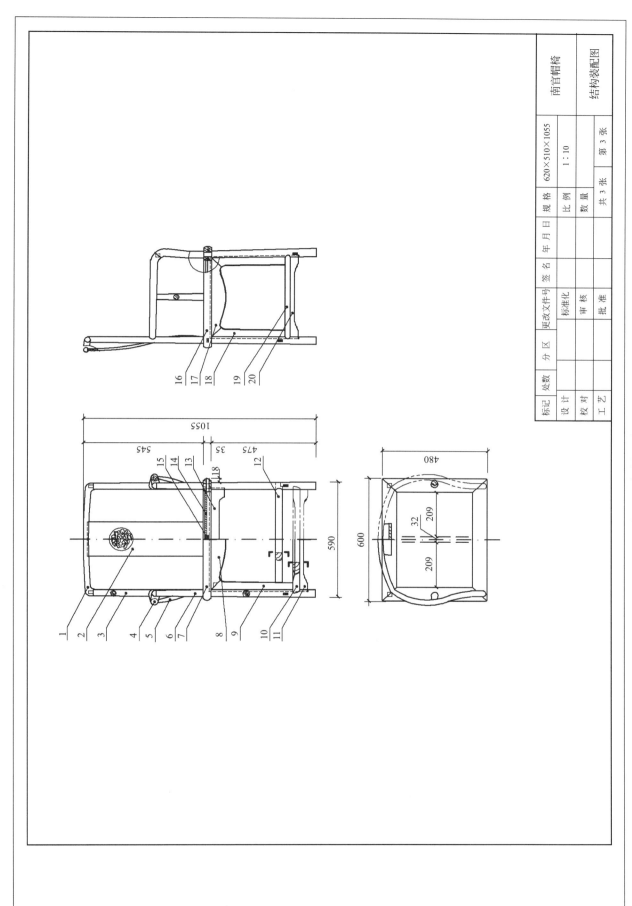

图 4-46　南官帽椅装配图

### 五、床类家具

#### 1. 实木床类型

人的一生，约有 1/3 的时间与床打交道，在现代人眼里，床是家、是归宿，也是情趣所在。据考证，早在 4000 年前就有了床的雏形，那时床类似于今日的箱子，经过漫长的岁月，床演变成了如今多姿多彩的形式。实木床按尺寸大小，有单人床、双人床、婴儿床之分；从结构上看，有框式、板式、拉伸式和组合式等多种形式，它们或简单实用、或豪华奢侈、或精致典雅、或简约时尚。现代实木床中较常见的形式有屏板床、双层床、架子床，其中屏板床又有单屏板、高低屏板及等高双屏板，目前大多数的实木床为高低屏形式，如图 4-47 所示。

(a) 单屏板　　　　(b) 高低屏板　　　　(c) 等高双屏板

(d) 双层床　　　　(e) 四柱床　　　　(f) 架子床

图 4-47　实木床类型

图 4-48　床类主要尺寸示意图

#### 2. 床的尺寸

床的尺寸设计不能像其他家具那样直接以人体某个尺寸为准，而必须考虑人在睡眠时身体的活动空间，如翻身所需的幅宽约为肩宽的 2.5～3.0 倍。据相关试验，人在小于 700mm 宽的床上睡眠将会使睡眠深度大大降低。根据 GB/T 3328—2016《家具　床类主要尺寸》，如图 4-48 所示，不同类型床的标准值参考表 4-10 和表 4-11。但床屏的宽度不受此限制，往往要根据造型的需要而定，最大宽度可为床宽＋床头柜宽×2。

表 4-10　单层床主要尺寸　　　　　　　　　　　　　　　　　　单位：mm

| 床铺面长 $L_1$ | | 床铺面宽 $B_1$ | | 床铺面高 $H_1$ 不放置床垫(褥) |
| --- | --- | --- | --- | --- |
| 嵌垫式 | 非嵌垫式 | | | |
| | | 单人床 | 700～1200 | |
| 1900～2220 | 1900～2200 | 双人床 | 1350～2000 | ≤450 |

注：当有特殊要求或合同要求时，各类尺寸由供需双方在合同中明示，不受此限。嵌垫式的床铺面宽应该增加 5～20。

表 4-11　双层床主要尺寸

单位：mm

| 床铺面长 $L_1$ | 床铺面宽 $B_1$ | 底床面高 $H_2$ | 层间净高 $H_3$ | | 安全栏板缺口长度 $L_2$ | 安全栏板高度 $H_4$ | |
| --- | --- | --- | --- | --- | --- | --- | --- |
| | | 不放置床垫（褥） | 放置床垫（褥） | 不放置床垫（褥） | | 放置床垫（褥） | 不放置床垫（褥） |
| 1900～2020 | 800～1520 | ≤450 | ≥1150 | ≥980 | ≤600 | 床褥上表面到安全栏板的顶边距离应不少于200 | 安全栏板的顶边与床铺面的上表面应不少于300 |

### 3. 床的构成

（1）**床屏**　实木床一般由床屏、床侧、铺板及连接板等零部件组成。床屏是床类家具的主要部件，是卧室家具中最重要、最活跃的装饰要素之一，它的形式往往决定着卧室家具的装饰风格。从材料的结构上有框式和板式之分，如图 4-49 所示，其中框式床屏的造型十分丰富，可采用雕刻、镶嵌、软包等装饰手法来满足不同风格与个性化的需求。

图 4-49　床屏的结构示例

（2）**床侧**　床侧，即连接床头与床尾的零部件，通常由硬质木材制作，它与床屏之间的接合一般采用四合一连接件或拉挂式连接件，如图 4-50 所示。挂接主要有两种方式：一种是端部挂接，另一种是侧部挂接，它们都有利于床类家具的包装、运输与搬动。为了支撑床铺板和增加床架的稳定性，两床侧之间要用若干条床横条连接，用于支撑床垫。

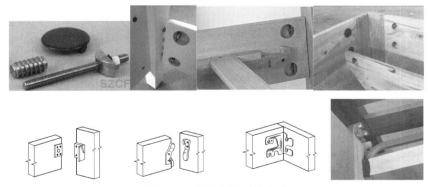

图 4-50　床侧与床屏的连接

（3）**铺板**　铺板辅助床架起支撑作用，通常铺设在床架与床垫之间。传统床具中铺板通常采用木质材料制作，并以韧性较好的木材为主，可以直接采用木条与床侧榫接合而成，如图 4-51（a）所示；或者制作成拼板结构，如图 4-51（b）所示；高档家具中也制作成木框嵌板结构，如图 4-51（c）所示。后两者可以直接平放在两床侧之间的床横条上或用钉子、连接件固定。现代床具中的铺板多制作成有弹性的拱形结构，即排骨架。排骨架一般由纹理笔直、硬度较大的木材，采用曲木工艺配合铝塑材料制作完成。

111

与传统的铺板相比，排骨架更符合人体的力学原理，承受力更大、受力更均匀；排骨架通常采用气压棒与床箱之间实现连接，这种结构牢固可靠，还具有可掀起、可折叠的功能，如图4-51(d) 所示。

| (a) 木条 | (b) 拼板 | (c) 木框嵌板 | (d) 排骨架 |

图 4-51　床的铺板类型示例

### 4. 床的施工图实例

儿童床是家庭中必不可少的家具，家长对儿童床的选择最注重安全与健康，所以原木是制造儿童家具的最佳材料。优质的实木具有色调自然、木纹清晰、材质肉眼可见的自然属性；易于加工成边角圆滑，触感圆润的零部件；实木床结构坚固，稳定性良好，承载力大，能很好地满足儿童天性好动、好玩的使用要求。为了便于运输和适于工业化生产，现代双层儿童床一般设计成连接件接合的可拆结构，其中主要部件的结构仍以圆榫接合为主。本例松木双层儿童床的施工图如图4-52～图4-54所示。

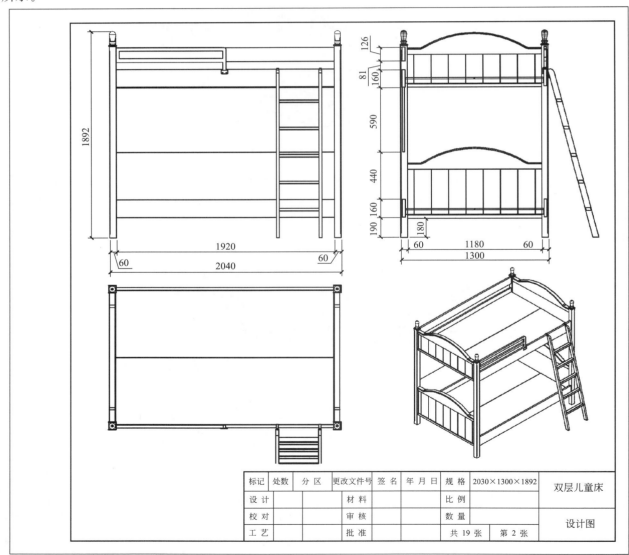

| 标记 | 处数 | 分区 | 更改文件号 | 签 名 | 年 月 日 | 规 格 | 2030×1300×1892 | 双层儿童床 |
| 设 计 | | | 材 料 | | | 比 例 | | |
| 校 对 | | | 审 核 | | | 数 量 | | 设计图 |
| 工 艺 | | | 批 准 | | | 共 19 张 | 第 2 张 | |

图 4-52　双层儿童床设计图

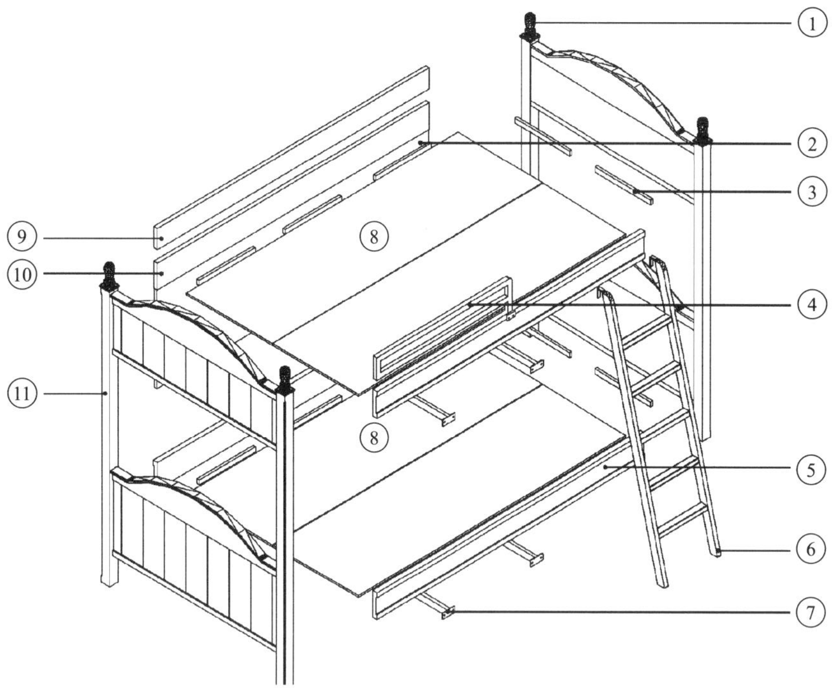

| 序号 | 名称 | 数量 | 规格 |
|---|---|---|---|
| 11 | 侧框架 | 2 | 1892×1300×60 |
| 10 | 上背档 | 1 | 1920×126×25 |
| 9 | 上外床母 | 1 | 1920×160×25 |
| 8 | 床底板 | 4 | 1925×606×12 |
| 7 | 床铁架 | 4 | 1220×90×40 |
| 6 | 梯子 | 1 | 400×490×1557 |
| 5 | 下内床母 | 1 | 1920×160×25 |
| 4 | 铁护栏 | 1 | 972.5×245×32 |
| 3 | 床托条 | 20 | 395×30×16 |
| 2 | 背板 | 1 | 1920×590×16 |
| 1 | 柱头 | 4 | φ58×130 |

| 标记 | 处数 | 分区 | 更改文件号 | 签名 | 年月日 | | |
|---|---|---|---|---|---|---|---|
| 设计 | | | 材料 | | 比例 | | 双层儿童床 |
| 校对 | | | 审核 | | 数量 | 2030×1300×1892 | 拆装图+明细表 |
| 工艺 | | | 批准 | | 共 19 张 | 第 3 张 | |

图 4-53　双层儿童床拆装示意图

113

图 4-54（a） 双层儿童床床下屏板零部件图

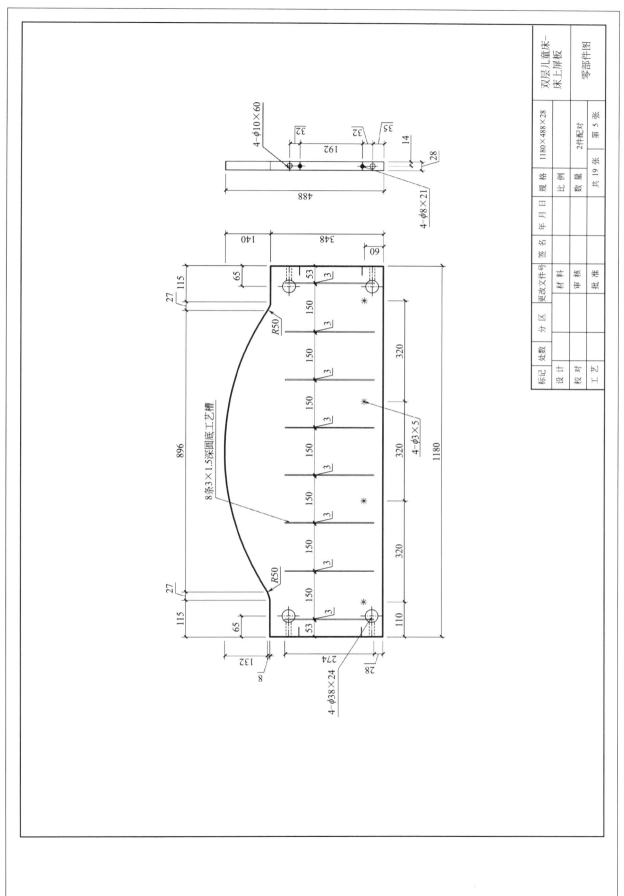

图4-54(b)　双层儿童床床上屏板零部件图

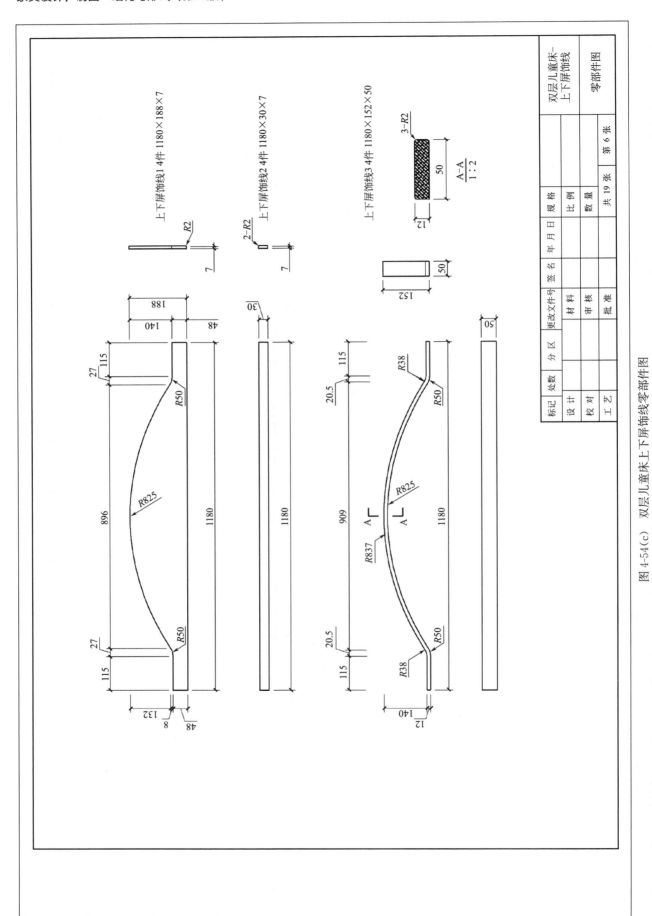

图 4-54（c）　双层儿童床上下屏饰线零部件图

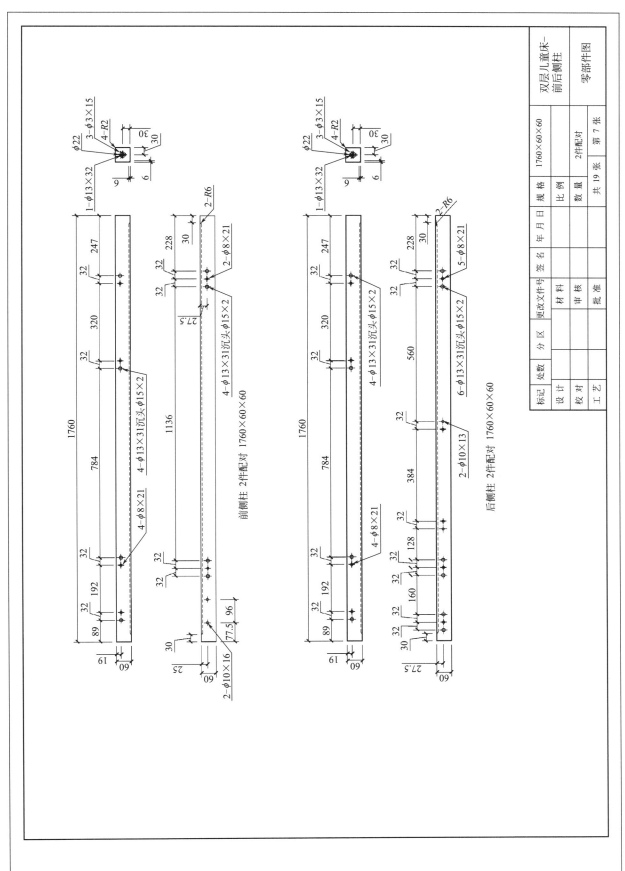

图 4-54（d）　双层儿童床前后侧柱零部件图

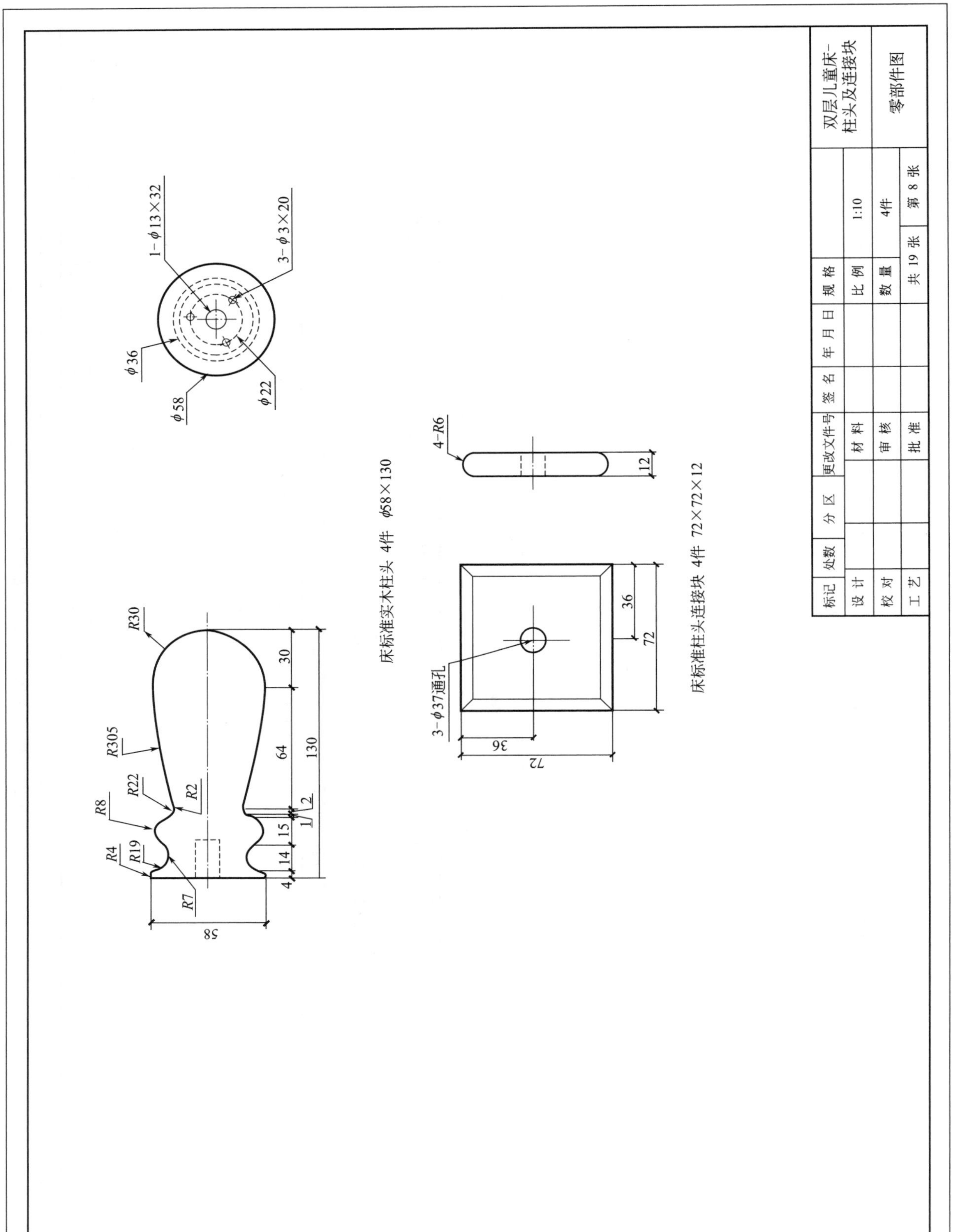

床标准实木柱头 4件 φ58×130

床标准柱头连接块 4件 72×72×12

图 4-54（e） 双层儿童床柱头及连接块零部件图

| 标记 | 处数 | 分区 | 更改文件号 | 签 名 | 年 月 日 | | 双层儿童床柱头及连接块 | |
|------|------|------|------------|-------|----------|----------|----------|----------|
| 设 计 | | | 材 料 | | | 规 格 | | 零部件图 |
| 校 对 | | | 审 核 | | | 比 例 | 1:10 | |
| 工 艺 | | | 批 准 | | | 数 量 | 4件 | |
| | | | | | | 共 19 张 | | 第 8 张 |

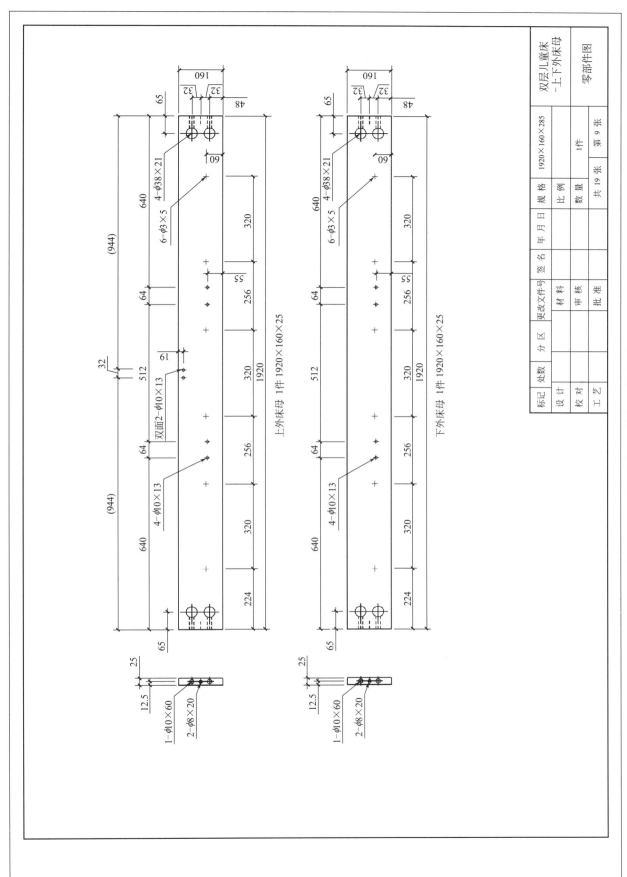

图 4-54（f）　双层儿童床上下外床母零部件图

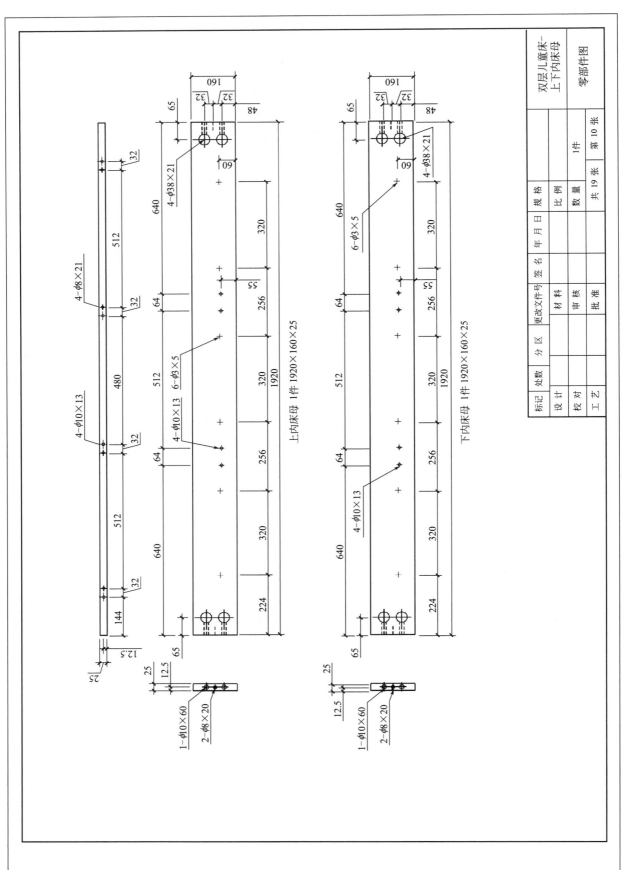

图 4-54（g） 双层儿童床上下内床母零部件图

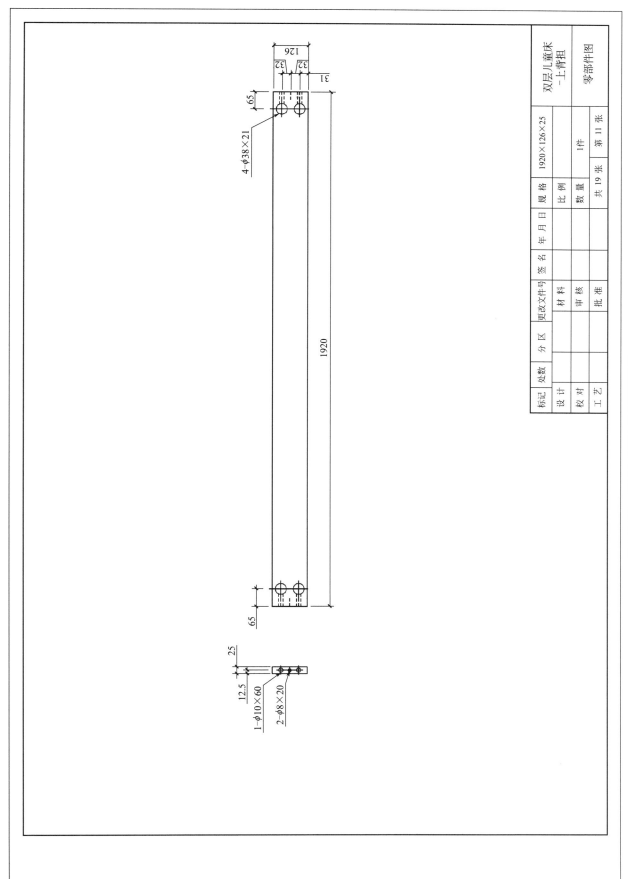

图 4-54(h)　双层儿童床上背担零部件图

図 4-54（i） 双层儿童床背板零部件图

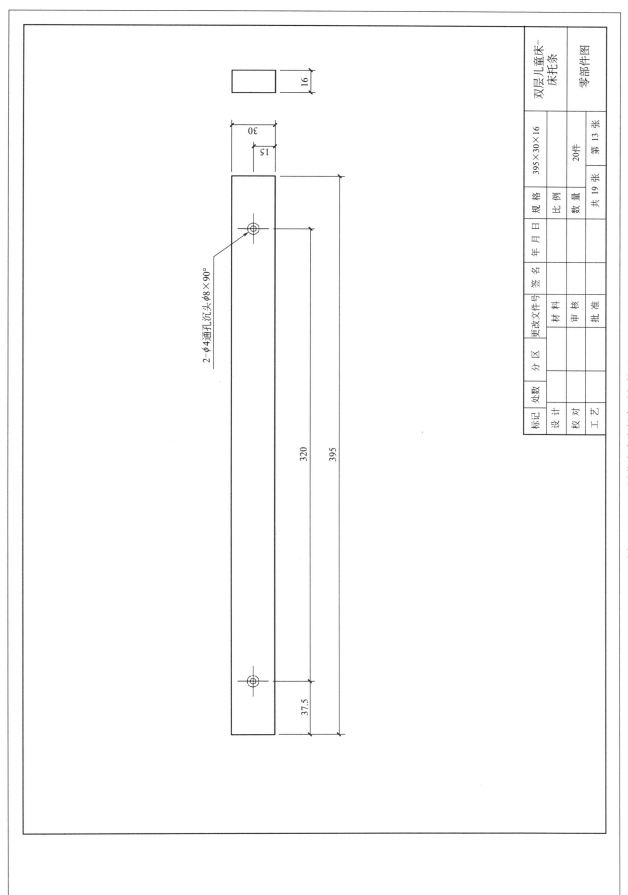

图 4-54（j）　双层儿童床托条零部件图

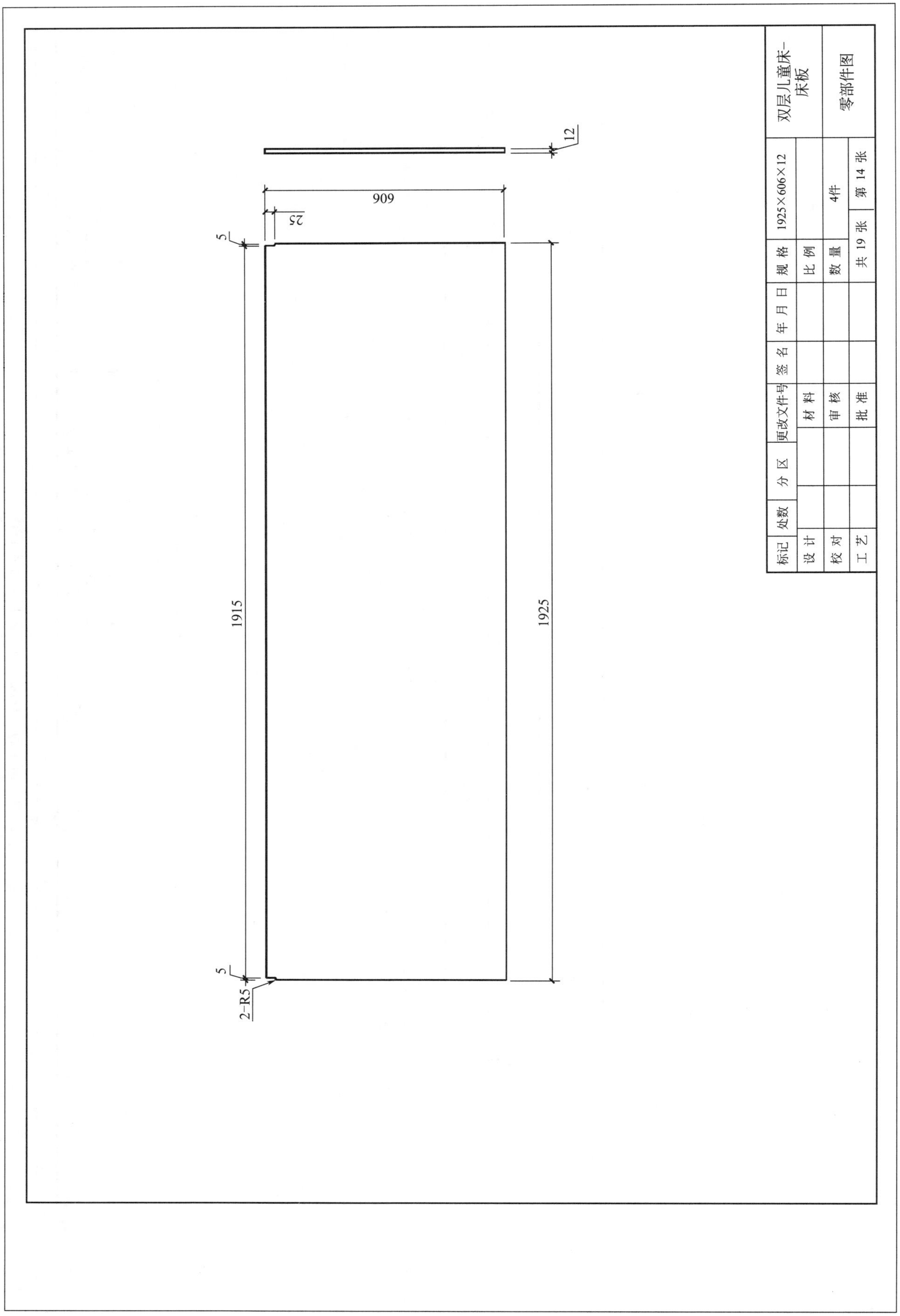

| 标记 | 处数 | 分区 | 更改文件号 | 签名 | 年 月 日 | | 双层儿童床－床板 | |
|---|---|---|---|---|---|---|---|---|
| 设 计 | | | 材 料 | | | 规 格 | 1925×606×12 | 零部件图 |
| 校 对 | | | 审 核 | | | 比 例 | | |
| 工 艺 | | | 批 准 | | | 数 量 | 4件 | |
| | | | | | | 共 19 张 | 第 14 张 | |

图 4-54(k) 双层儿童床床板零部件图

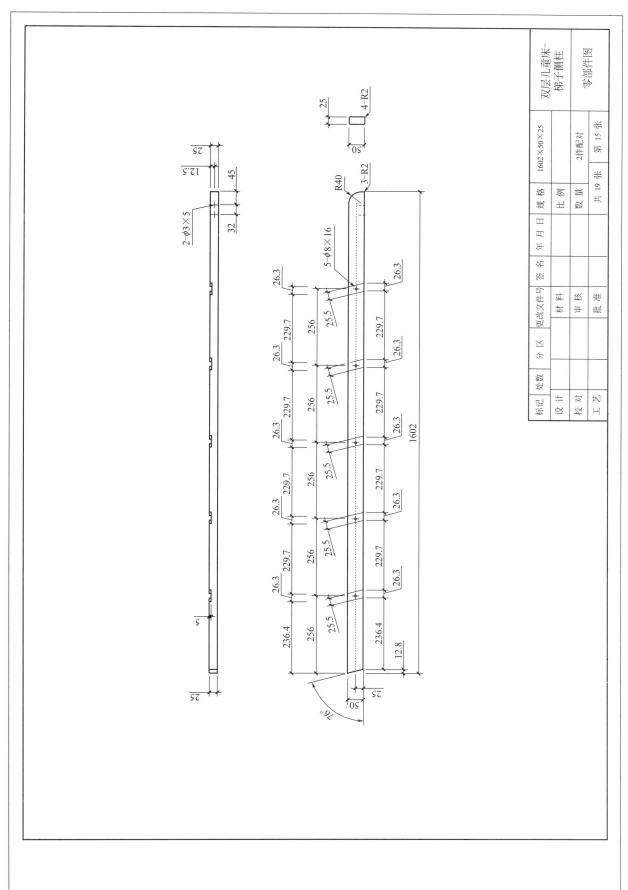

图 4-54(1)　双层儿童床梯子侧柱零部件图

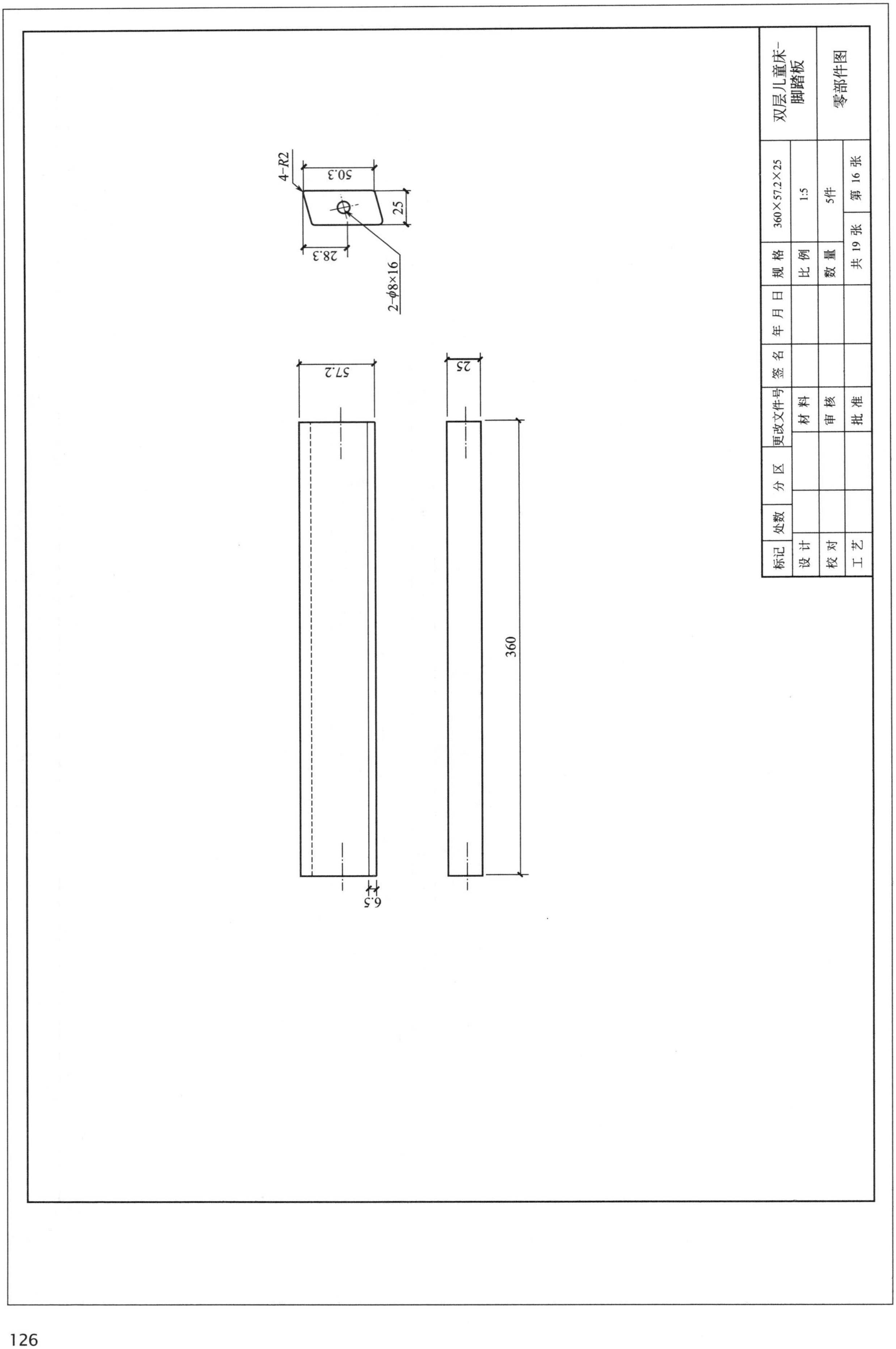

| 标记 | 处数 | 分区 | 更改文件号 | 签名 | 年月日 | | 规格 | 360×57.2×25 | 双层儿童床-脚踏板 |
|------|------|------|-----------|------|--------|---|------|-------------|------|
| 设计 | | | 材料 | | | | 比例 | 1:5 | 零部件图 |
| 校对 | | | 审核 | | | | 数量 | 5件 | |
| 工艺 | | | 批准 | | | | 共19张 | 第16张 | |

图4-54(m)　双层儿童床脚踏板零部件图

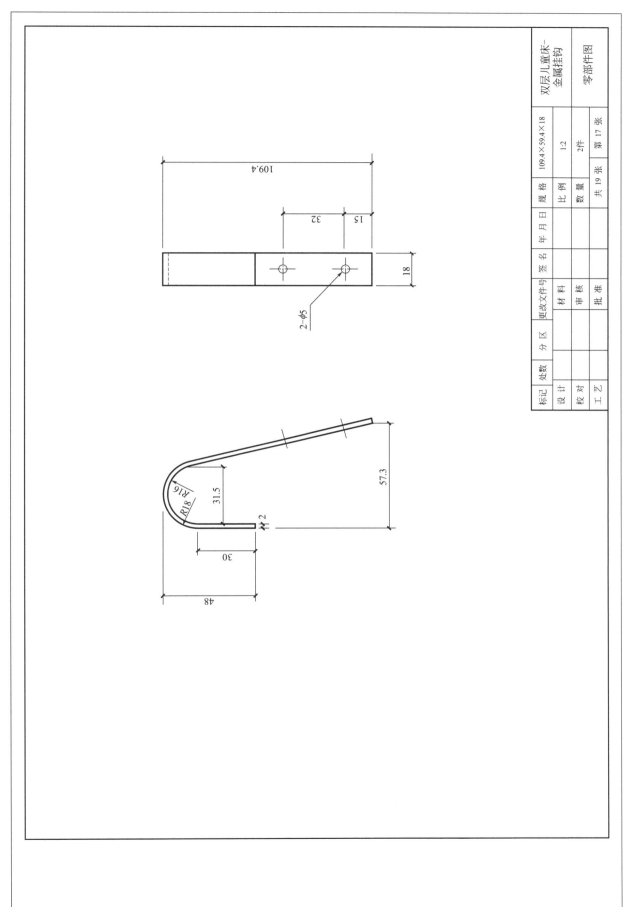

图 4-54（n）　双层儿童金属挂钩零部件图

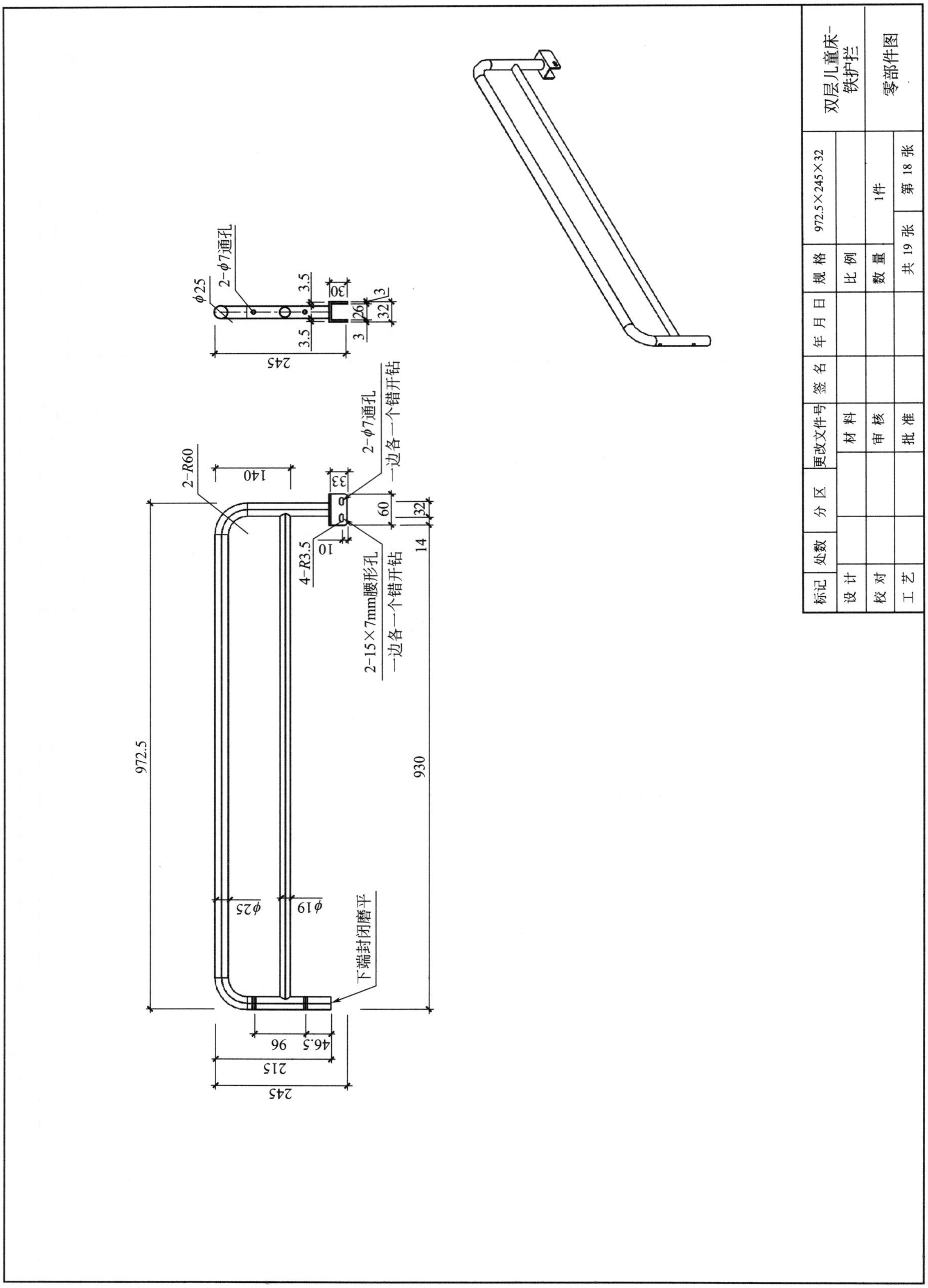

图 4-54(o) 双层儿童床铁护栏零部件图

| 标记 | 处数 | | 分区 | | 更改文件号 | 签名 | 年 月 日 | 规 格 | 972.5×245×32 | | 双层儿童床－铁护栏 |
|------|------|--|------|--|-----------|------|---------|------|-------------|--|------------------|
| 设计 | | | | | 材料 | | | 比 例 | | | 零部件图 |
| 校对 | | | | | 审核 | | | 数 量 | 1件 | 第 18 张 | |
| 工艺 | | | | | 批准 | | | | 共 19 张 | | |

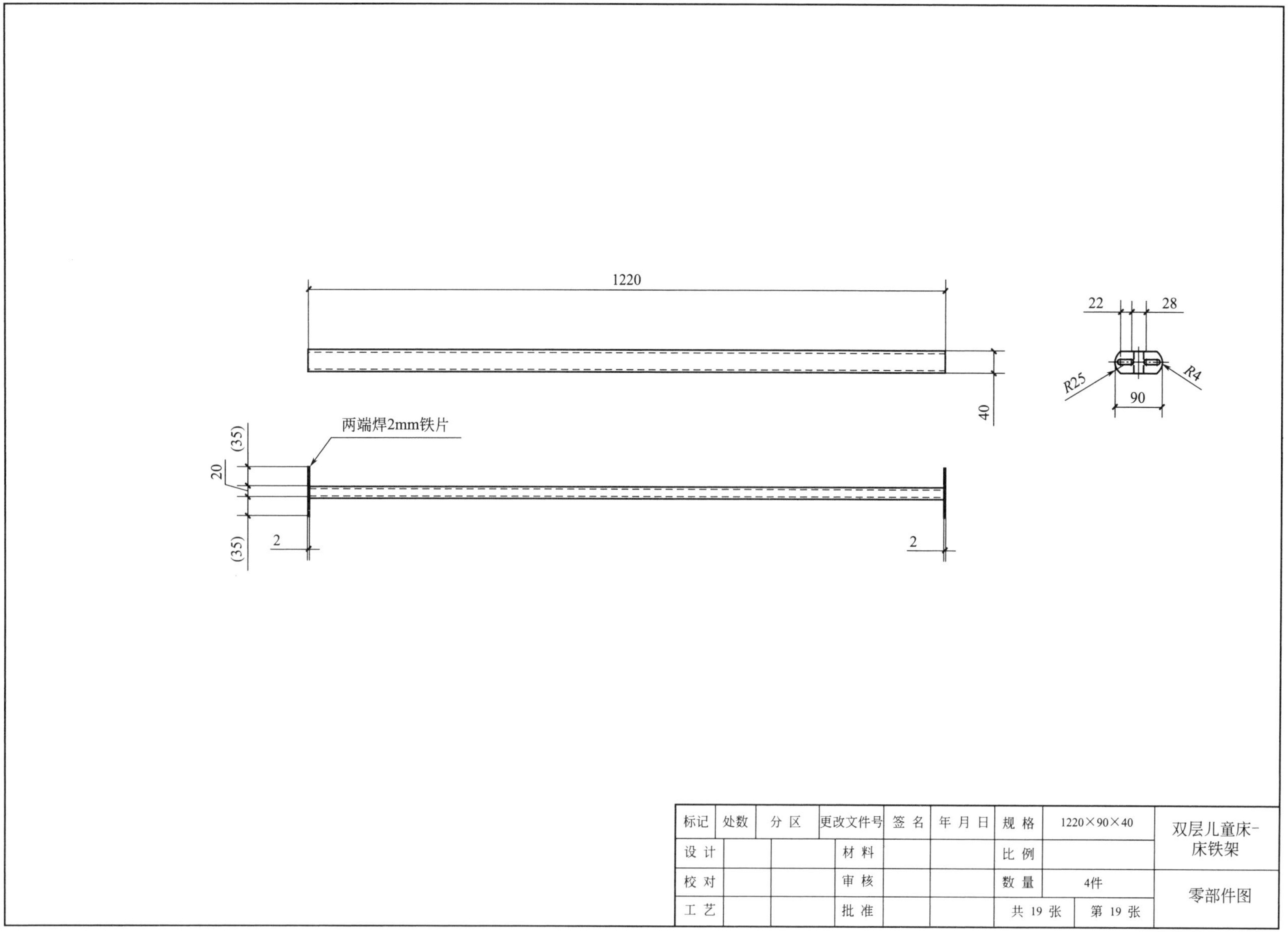

| 双层儿童床-床铁架 | | | | | | |
|---|---|---|---|---|---|---|
| 零部件图 | | | | | | |
| | | | | | 1220×90×40 | |
| 标记 | 处数 | 分区 | 更改文件号 | 签名 | 年月日 | 规格 |
| 设计 | | | 材料 | | | 比例 |
| 校对 | | | 审核 | | | 数量 |
| 工艺 | | | 批准 | | | 共19张　第19张 |

两端焊2mm铁片

图 4-54（p）　双层儿童床床架零部件图

**第二节　板式家具图样**

《木家具通用技术条件》（GB/T 3324—2017）中规定：板式家具指以人造板为主要基材，通过标准接口以圆棒或连接件接合而成的家具。随着板式家具的基材类型、制造设备、应用五金、生产工艺的全面提升，板式家具的品类、生产效率及质量不断提高，其应用空间已从住宅公寓发展到办公领域、星级酒店和大型公共场所，成为现代人的消费主流产品。板式家具以柜类、桌类和床类家具为主，如图 4-55 所示。

图 4-55　板式家具类型示例

与实木家具相比，板式家具具有诸多优点：基材以速生人工林为原料，可以提高木材综合利用率，保护天然森林资源；经过温度、压力洗礼的人造板性能稳定、不易变形，可以保证板件的加工精度；品种繁多的贴面材料，赋予板件丰富多彩的色泽和质感，满足现代消费者个性化的需求；可拆卸的五金件连接，使板式家具产品结构简化，方便拆装、贮运，更便于实现全球化销售；"部件即产品"的设计模式，可实现产品部件标准化，系列化、专业化，生产方式高度机械化、自动化、协作化。但有些质量较差的人造板基材制作的板式家具环保性能还有待进一步提高。

板式家具的生产通常以部件为基本单元，并逐渐实现"部件即是产品"的观念。随着拆装结构为主的家具五金件的大量应用，现代板式家具的设计向定制化、自装配式方向发展，家具的生产方式向流水线、自动化作业的方式转变。现代化的生产方式要求以零部件图作为生产的主要依据，自装式家具要求企业必须为消费者提供易于理解的家具拆装示意图。因此，板式家具的设计与生产图样，主要有设计图、拆装示意图、装配图、零部件图，有些企业还要求绘制板材开料图和包装示意图。

下面分别介绍板式柜类家具、桌类家具、椅类家具和床类家具的施工图内容与画法。

### 一、柜类家具

**1. 类型**

板式家具的材料与结构特点决定了柜类成为板式家具的主角，也是板式家具中品类最丰富的一种，包括衣柜、文件柜、床头柜、地柜、鞋柜、壁柜、橱柜等类型。由于多数柜类家具的体量很大，现代柜类家具以拆装家具 KD（Knock-Down）和待装家具 RTA（Ready-To-Assemble）为主要形式。从外观上可分为平直型板式家具和艺术型板式家具两大类。

平直型板式家具，即不带框架的家具，是板式家具中结构较简单的形式，是现代技术和工业化生产的产物。它的外形以平直为特征，部件讲究尺寸精确，标准化程度高，互换性强。其式样变化主要借助表面色彩，材料质感与肌理，柜内空间的虚实对比和尺度比例等手段进行调度和应用，如图 4-56所示。

图 4-56　平直型板式柜类家具示例

艺术型板式家具以平直型家具为基本单体，外表附加饰条（起装饰作用的条形零件）或在表面进行艺术构型来营造不同的家具风格，它是技术和艺术相结合的产物。饰条可用实木或中纤板制作，也可采用合成材料模压件或模塑成形制品进行镶嵌装饰。它是应用现代工业材料和加工技术制作古典家具的一种有效方法，如图 4-57 所示。

**2. 构成**

板式柜类家具的组成单元——各种板式部件，既是承重构件，也是分隔和封闭空间的构件。由于板件在柜类结构中所处位置不同而有不同的专业名称，如图 4-58 所示。根据 GB/T 28202—2020《家具工业专用术语》规定，衣柜主要零部件的专业术语与作用如下。

图 4-57 艺术型板式柜类家具示例

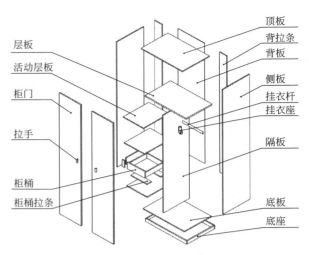

图 4-58 板式衣柜的构成

① 侧板：最外侧的垂直放置的板件，是柜体最重要的信息载体。

② 顶板：家具最上边的一块水平放置的平板，高于视平线。

③ 台面板：家具最上边的一块水平放置的平板，低于视平线，表面质量要求较高。

④ 底板：家具最下部的水平板件。

⑤ 背板：家具最后面的一块板，起封闭空间、加强柜体整体刚度作用的板件。

⑥ 隔板：垂直放置，分割水平空间的板件。

⑦ 活动层板：柜内水平放置，用来分层放置物品、分割垂直空间的活动板件。

⑧ 固定层板：柜内水平放置，用来分层放置物品、分割垂直空间的固定板件。

⑨ 底座：柜类产品最底部的支撑部件。

⑩ 挂衣座：固定挂衣杆的零部件。

⑪ 挂衣杆：柜内挂衣架用的杆状零件。

⑫ 柜桶：即抽屉，用来存放物品的箱框式活动部件。

⑬ 柜门：用于封闭家具的活动板件，分开门、翻门、移门、卷门。

不同功能与体量的柜类家具，这些零部件的数量各不相同，但术语名称大同小异。对于艺术型柜类家具的设计，顶板的边缘型面是设计重点，对柜类的造型与风格起着举足轻重的作用，如图 4-59 所示。

由于柜门处于柜体的正立面，是现代柜类家具造型创意的重要元素之一，设计师常常通过门板的形式、色彩、肌理和结构的变化来丰富柜类的造型，以产生奇特的装饰效果，如图 4-60 所示。

图 4-59 顶板型面示例

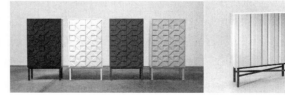

图 4-60 创意柜门设计示例

现代柜类家具各零部件之间的连接与安装离不开各种各样的家具五金件，如图 4-61 所示。质量良好的五金件应具有表面电镀处理好、配合件精度高的特点，使用中的受力部位要有力度和弹性，且开关自如、没有噪声等。其中用于顶板、底板与侧板之间安装的结构连接件有螺旋式、偏心式、拉挂式等类型，它们的形式与具体画法可参阅第三章第二节的内容。

### 3. 柜类施工图实例

板式柜类家具的板件之间连接有两种：固定连接和可拆装连接，以拆装式为主。制造板件的材料可分为实心板和空心板两大类，多数企业采用实心板，主要为覆面刨花板和中密度纤维板。图 4-62 所示床头柜即为覆面刨花板为基材的可拆装柜类家具，设计定位为电商商品，方便消费者自行安装。因此，该柜类施工图的内容应包括：设计图、开料图、拆装示意图、装配图、零部件图和包装示意图。

（1）设计图　设计图主要反映床头柜的正面造型和装饰方法及主要功能，以三视图为主，并结合效果图直观表达床头柜的风格特点与使用方法，如图 4-63 所示。

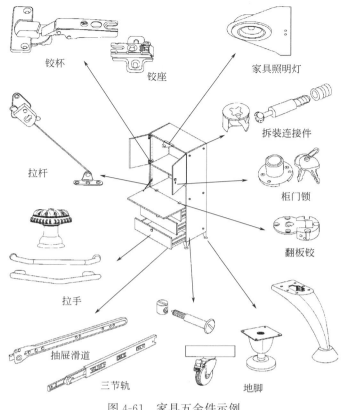

图 4-61　家具五金件示例

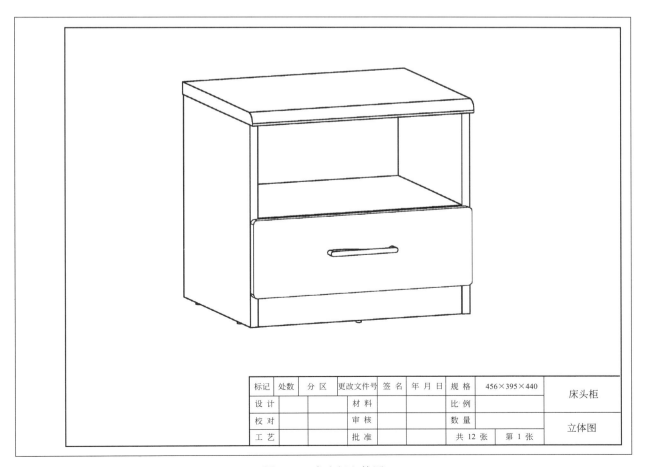

| 标记 | 处数 | 分区 | 更改文件号 | 签名 | 年 月 日 | 规格 | 456×395×440 | 床头柜 |
| --- | --- | --- | --- | --- | --- | --- | --- | --- |
| 设计 | | | 材料 | | | 比例 | | |
| 校对 | | | 审核 | | | 数量 | | 立体图 |
| 工艺 | | | 批准 | | | 共 12 张 | 第 1 张 | |

图 4-62　床头柜立体图

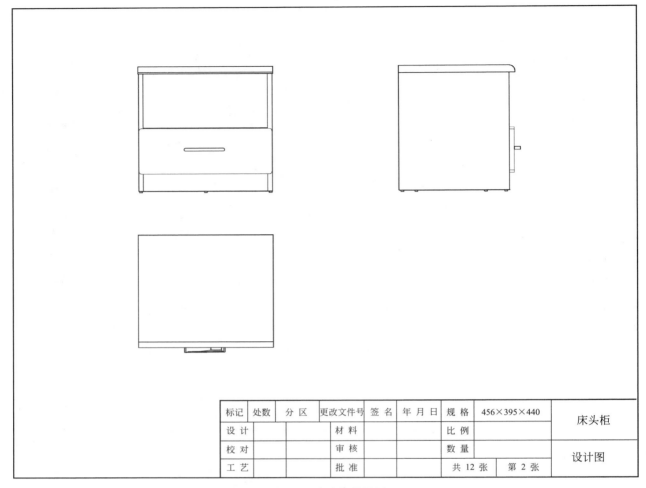

| 标记 | 处数 | 分区 | 更改文件号 | 签 名 | 年 月 日 | 规 格 | 456×395×440 | 床头柜 |
|------|------|------|------------|-------|----------|--------|-------------|--------|
| 设 计 | | | 材 料 | | | 比 例 | | |
| 校 对 | | | 审 核 | | | 数 量 | | 设计图 |
| 工 艺 | | | 批 准 | | | 共 12 张 | 第 2 张 | |

图 4-63　床头柜设计图

（2）板材开料图　开料图，也称裁板图，即在标准幅面的人造板上设计最佳锯口位置图，以提高板材出材率。开料图采用一个平面视图即可，开料尺寸直接标注在图上或图外。在图上还可注明每种板件的总数及锯解工艺路线。根据床头柜各类板件的规格和数量，结合板件最后要进行封边处理和锯路宽度，本例床头柜的侧板开料图设计如图 4-64 所示，做到开料规格尺寸尽量少，可以减少锯机调整次数，提高效率，保证板件质量。有时也可以把不同规格的零部件一起考虑进行开料图设计。

（3）拆装示意图　为了让消费者更加清楚地了解床头柜的安装顺序，方便消费者自行安装，所以在床头柜的包装中要配套拆装示意图，反映出各板件之间的装配关系，如图 4-65 所示。

（4）装配图　该床头柜以零部件图作为生产的主要依据，所以施工图不画结构装配图，只画较简单的装配图，即只需要指明零件、部件在家具中的位置及与其他零部件之间的装配关系，不需要准确、完整地表达零部件之间的接合细节，尺寸标注也只考虑与安装有关的尺寸要求，如图 4-66 所示。

（5）零件、部件图　板式家具对各个零部件的结构尺寸要求很严格，所以每个零件必须要有相应的零部件图指导生产。零部件图一般可用一个视图或两个视图表示，需要表达的细节画局部详图，图中应注明零件的各种形状尺寸和结构尺寸并说明封边类型、工艺流程。该床头柜的主要零部件包括 2 块侧板、1 块台面板、1 块层板、1 个抽屉、1 块背板和和 2 块连接板，如图 4-67 所示。

（6）安装图　为适应电商需要和方便消费者自行安装家具，厂家要提供家具安装示意图，表达家具各零部件的位置关系与安装顺序，只需要配备简单的工具就能完成床头柜的安装，如图 4-68 所示。

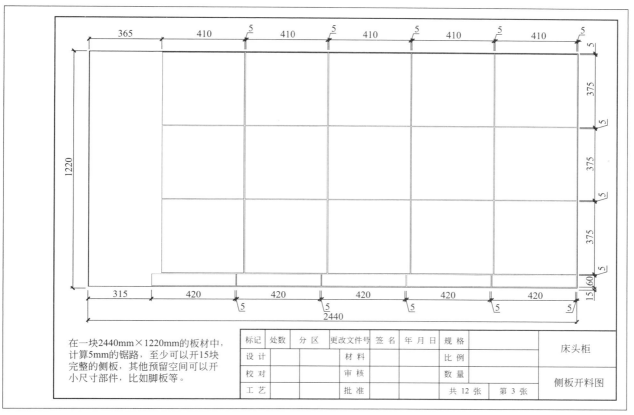

| 标记 | 处数 | 分区 | 更改文件号 | 签名 | 年 月 日 | 规格 | | 床头柜 |
|---|---|---|---|---|---|---|---|---|
| 设　计 | | | 材料 | | | 比例 | | |
| 校　对 | | | 审核 | | | 数量 | | 侧板开料图 |
| 工　艺 | | | 批准 | | | 共 12 张 | 第 3 张 | |

在一块2440mm×1220mm的板材中，计算5mm的锯路，至少可以开15块完整的侧板，其他预留空间可以开小尺寸部件，比如脚板等。

图 4-64　床头柜侧板开料图

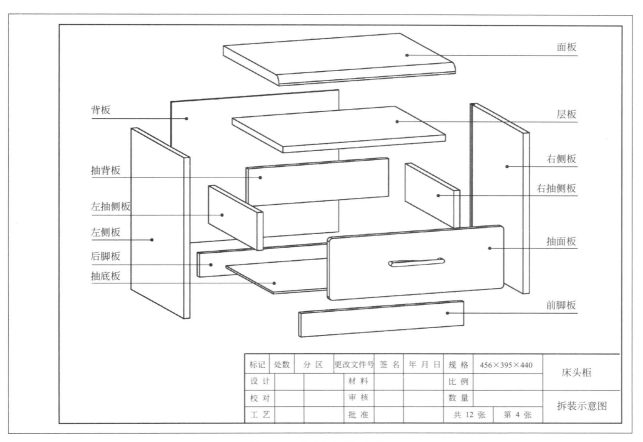

背板　面板　层板　右侧板　抽背板　右抽侧板　左抽侧板　左侧板　抽面板　后脚板　抽底板　前脚板

| 标记 | 处数 | 分区 | 更改文件号 | 签名 | 年 月 日 | 规格 | 456×395×440 | 床头柜 |
|---|---|---|---|---|---|---|---|---|
| 设　计 | | | 材料 | | | 比例 | | |
| 校　对 | | | 审核 | | | 数量 | | 拆装示意图 |
| 工　艺 | | | 批准 | | | 共 12 张 | 第 4 张 | |

图 4-65　床头柜拆装示意图

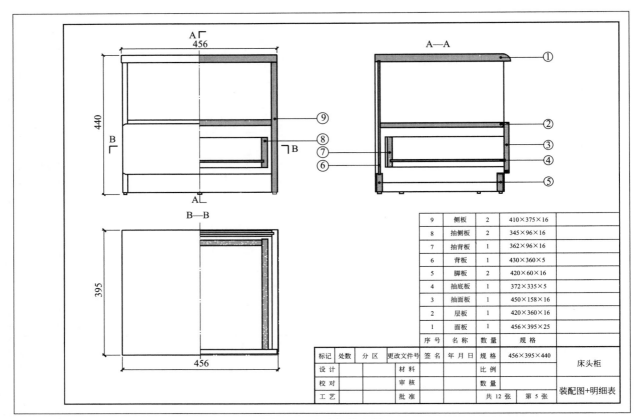

| 9 | 侧板 | 2 | 410×375×16 |
| 8 | 抽侧板 | 2 | 345×96×16 |
| 7 | 抽背板 | 1 | 362×96×16 |
| 6 | 背板 | 1 | 430×360×5 |
| 5 | 脚板 | 2 | 420×60×16 |
| 4 | 抽底板 | 1 | 372×335×5 |
| 3 | 抽面板 | 1 | 450×158×16 |
| 2 | 层板 | 1 | 420×360×16 |
| 1 | 面板 | 1 | 456×395×25 |
| 序 号 | 名 称 | 数 量 | 规 格 |

| 标记 | 处数 | 分 区 | 更改文件号 | 签 名 | 年 月 日 | 规 格 | 456×395×440 | 床头柜 |
|---|---|---|---|---|---|---|---|---|
| 设 计 | | | 材 料 | | | 比 例 | | |
| 校 对 | | | 审 核 | | | 数 量 | | 装配图+明细表 |
| 工 艺 | | | 批 准 | | | 共 12 张 | 第 5 张 | |

图 4-66　床头柜装配图

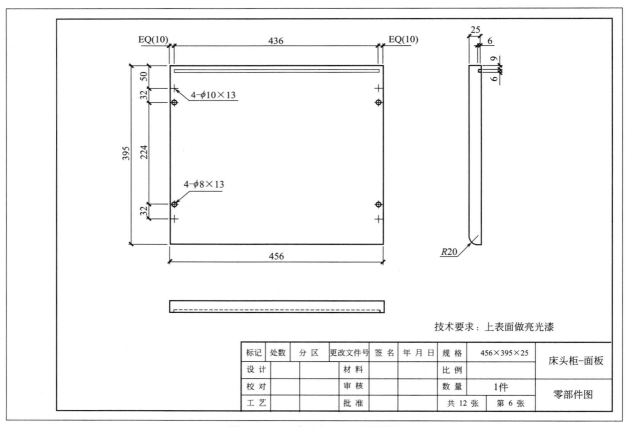

技术要求：上表面做亮光漆

| 标记 | 处数 | 分 区 | 更改文件号 | 签 名 | 年 月 日 | 规 格 | 456×395×25 | 床头柜-面板 |
|---|---|---|---|---|---|---|---|---|
| 设 计 | | | 材 料 | | | 比 例 | | |
| 校 对 | | | 审 核 | | | 数 量 | 1件 | 零部件图 |
| 工 艺 | | | 批 准 | | | 共 12 张 | 第 6 张 | |

图 4-67（a）　床头柜面板零部件图

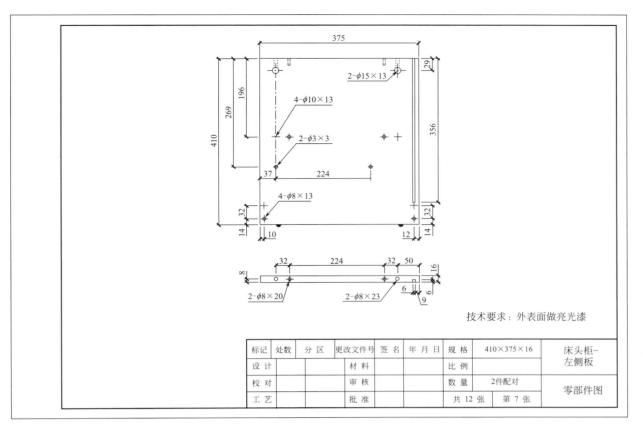

技术要求：外表面做亮光漆

| 标记 | 处数 | 分区 | 更改文件号 | 签名 | 年 月 日 | 规格 | 410×375×16 | 床头柜－ |
|------|------|------|-----------|------|---------|------|-----------|------|
| 设 计 | | | 材料 | | | 比例 | | 左侧板 |
| 校 对 | | | 审核 | | | 数量 | 2件配对 | 零部件图 |
| 工 艺 | | | 批准 | | | 共 12 张 | 第 7 张 | |

图 4-67（b） 床头柜左侧板零部件图

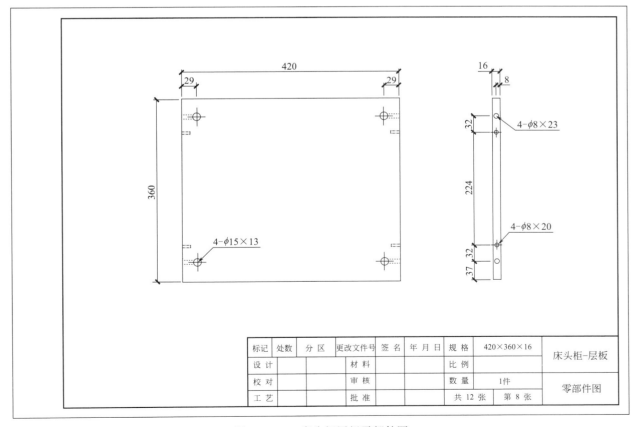

| 标记 | 处数 | 分区 | 更改文件号 | 签名 | 年 月 日 | 规格 | 420×360×16 | 床头柜－层板 |
|------|------|------|-----------|------|---------|------|-----------|------|
| 设 计 | | | 材料 | | | 比例 | | |
| 校 对 | | | 审核 | | | 数量 | 1件 | 零部件图 |
| 工 艺 | | | 批准 | | | 共 12 张 | 第 8 张 | |

图 4-67（c） 床头柜层板零部件图

137

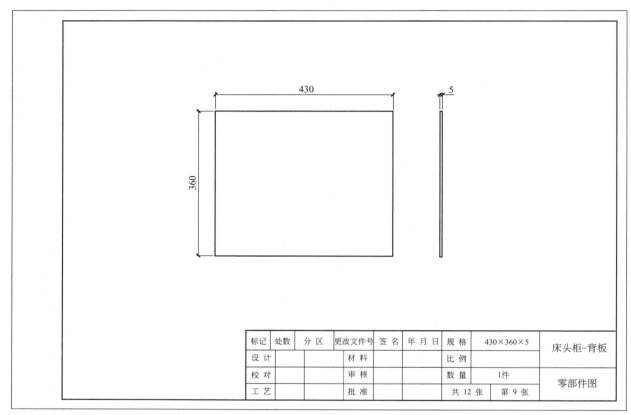

图 4-67(d)　床头柜背板零部件图

| 标记 | 处数 | 分 区 | 更改文件号 | 签 名 | 年 月 日 | 规 格 | 430×360×5 | 床头柜-背板 |
|---|---|---|---|---|---|---|---|---|
| 设 计 | | | 材 料 | | | 比 例 | | |
| 校 对 | | | 审 核 | | | 数 量 | 1件 | 零部件图 |
| 工 艺 | | | 批 准 | | | 共 12 张 | 第 9 张 | |

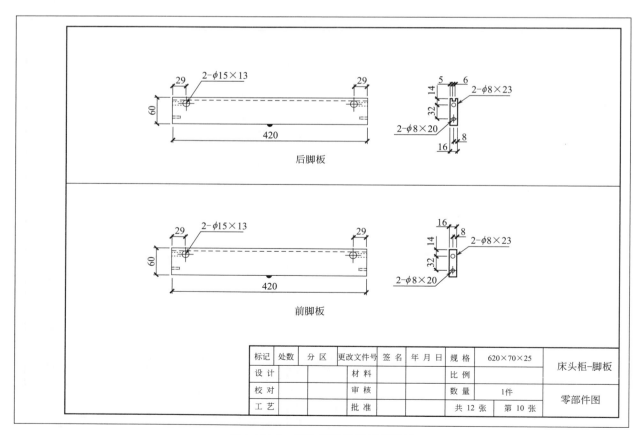

后脚板

前脚板

| 标记 | 处数 | 分 区 | 更改文件号 | 签 名 | 年 月 日 | 规 格 | 620×70×25 | 床头柜-脚板 |
|---|---|---|---|---|---|---|---|---|
| 设 计 | | | 材 料 | | | 比 例 | | |
| 校 对 | | | 审 核 | | | 数 量 | 1件 | 零部件图 |
| 工 艺 | | | 批 准 | | | 共 12 张 | 第 10 张 | |

图 4-67(e)　床头柜连接板零部件图

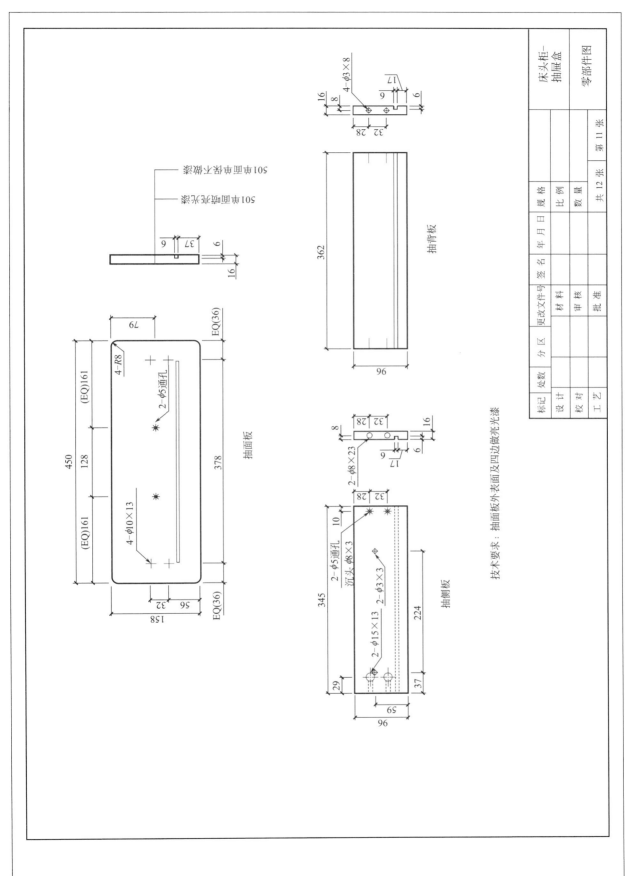

技术要求：抽面板外表面及四边凹边做高光漆

图 4-67 (f)　床头柜抽屉盒零部件图

| 床头柜-抽屉盒 | | | |
|---|---|---|---|
| 零部件图 | | | |

| 标记 | 处数 | 分 区 | 更改文件号 | 签 名 | 年 月 日 | | 规 格 | | | |
|---|---|---|---|---|---|---|---|---|---|---|
| 设 计 | | | | | | | 比 例 | | | |
| 校 对 | | | | | | 材 料 | 数 量 | | | |
| 工 艺 | | | | | | 审 核 | | | 共 12 张 | 第 11 张 |
| | | | | | | 批 准 | | | | |

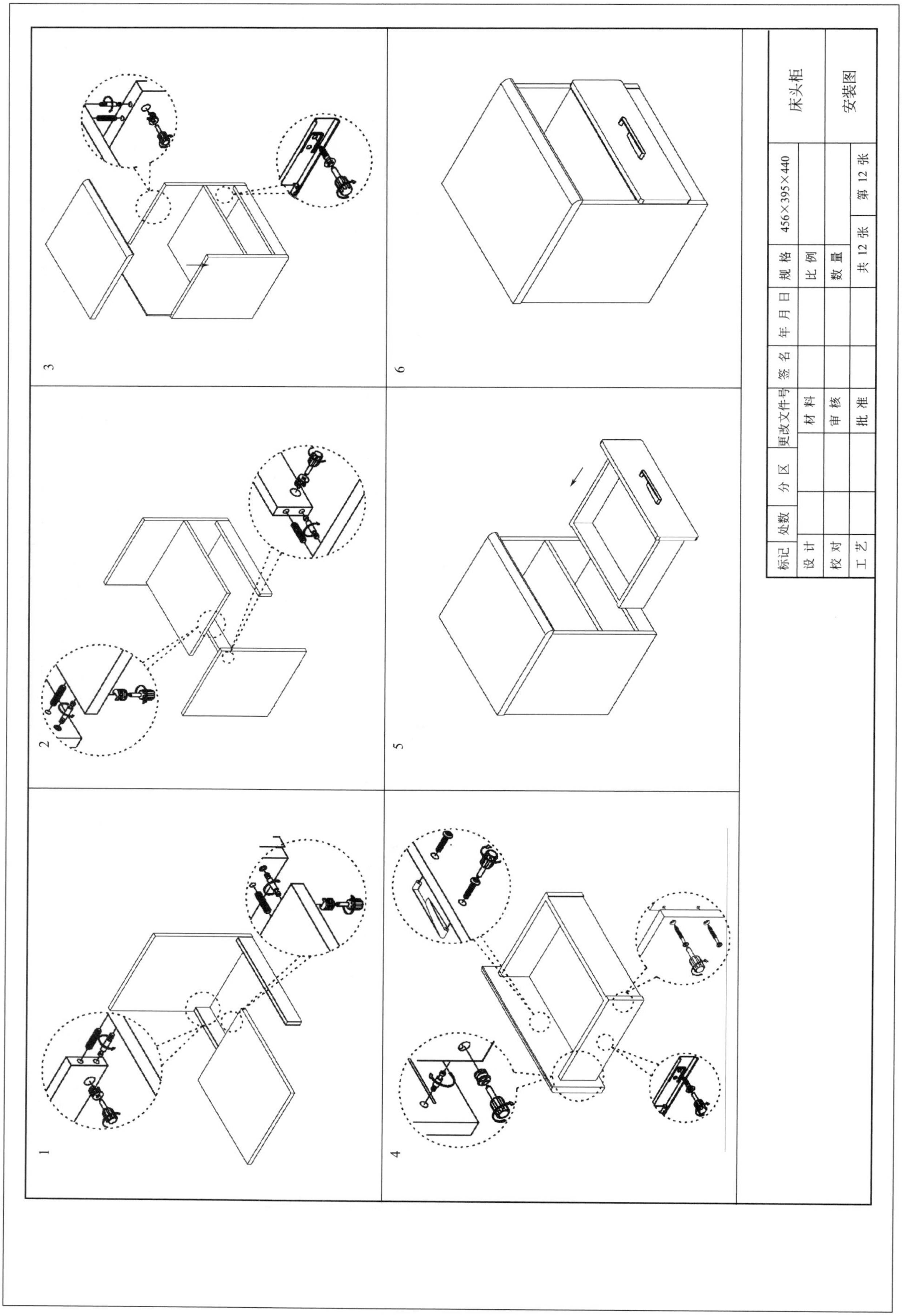

| 标记 | 处数 | 更改文件号 | 分区 | 签名 | 年月日 | 规格 | 456×395×440 | 床头柜 |
|---|---|---|---|---|---|---|---|---|
| 设计 | | | 材料 | | | 比例 | | |
| 校对 | | | 审核 | | | 数量 | | 安装图 |
| 工艺 | | | 批准 | | | 共12张 | 第12张 | |

图 4-68　床头柜安装图

### 二、桌类家具

#### 1. 类型

桌类家具是人们日常生活中不可缺少的家具类型，为人类的工作、生活、娱乐及社会实践提供了辅助条件，同时具备了一定的贮物功能。但受限于板件基材的平板状结构和工业化的生产要求，板式桌无法像实木桌那样设计成灵活多变的曲线形状，板式桌类家具的外观装饰多以贴面材料的色彩和肌理来点缀，使其造型与品类受到一定的限制，如图 4-69 所示。

图 4-69　板式桌类家具示例

#### 2. 构成

板式桌类家具也一样由平板状桌面板和支架组成。常用桌面板的形状有方形、圆形、椭圆形、L 形及不规则形状，多由饰面刨花板、细木工板制作，有些厚度较大的桌面板可采用空心板制作，以降低面板的重量，方便移动、运输。支架的结构有两大类，一类考虑桌子的附加功能，其外观类似柜体，零部件分别有侧板、底板、背板、抽屉、门板等，如图 4-70(a) 所示；另一类桌面下不具备贮物功能的桌子通常直接由两块板件作为支架。为加强支架的稳定性，两板件之间再用连接板加固，如图 4-70(b) 所示。

(a) 具有附加功能桌子示例

(b) 板状支架桌子示例

图 4-70　板式桌构成示例

为了丰富板式桌类家具的造型，满足现代消费者个性化的需求，在现代桌类家具中大量采用金属支架与板式桌面板相结合进行设计，其脚型不受材料限制，可以设计为单脚、双脚、三脚、四脚及其他立体构型，如图 4-71 所示。

#### 3. 板式桌类家具施工图实例

中国传统家具中桌子的分类通常从用途上考虑，分为供桌、宴桌、酒桌、画桌、琴桌、炕桌等。而现代桌类家具的设计更多地从使用空间的特点来考虑，如课桌、阅读桌、餐桌、茶几、梳妆台、办

图 4-71　金属支架桌子示例

公桌、电脑桌等，分别在教室、阅览室、餐厅、客厅、卧室、办公室及机房中使用，它们的尺寸与造型设计有较大的区别，具体标准可参阅本章第一节内容。图 4-72 所示为简易板式办公桌，多用于公共办公空间，其施工图的绘制内容与画法见图 4-73～图 4-76，包括设计图、拆装示意图、装配图及零部件图。

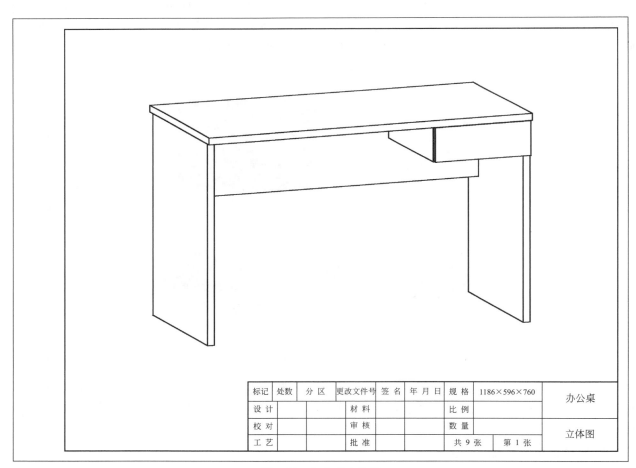

| 标记 | 处数 | 分区 | 更改文件号 | 签名 | 年月日 | 规格 | 1186×596×760 | 办公桌 |
|---|---|---|---|---|---|---|---|---|
| 设计 | | | 材料 | | | 比例 | | |
| 校对 | | | 审核 | | | 数量 | | |
| 工艺 | | | 批准 | | | 共 9 张 | 第 1 张 | 立体图 |

图 4-72　办公桌立体图

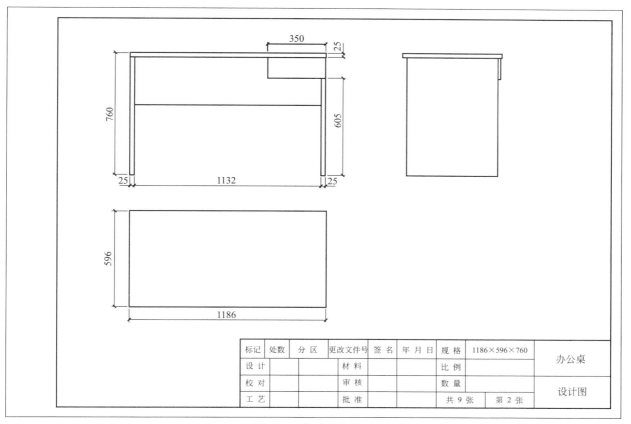

| 标记 | 处数 | 分区 | 更改文件号 | 签名 | 年月日 | 规格 | 1186×596×760 | 办公桌 |
|---|---|---|---|---|---|---|---|---|
| 设计 | | | 材料 | | | 比例 | | |
| 校对 | | | 审核 | | | 数量 | | 设计图 |
| 工艺 | | | 批准 | | | 共9张 | 第2张 | |

图 4-73　办公桌设计图

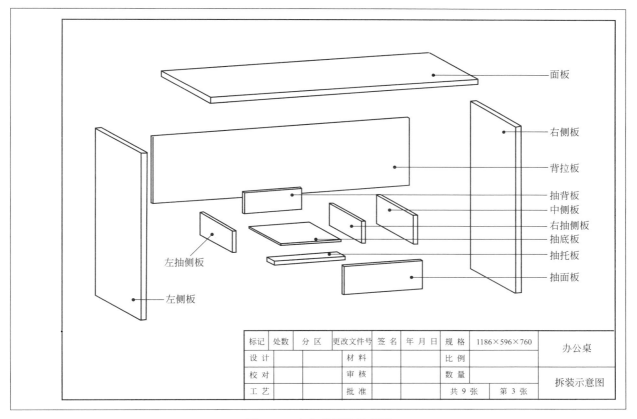

| 标记 | 处数 | 分区 | 更改文件号 | 签名 | 年月日 | 规格 | 1186×596×760 | 办公桌 |
|---|---|---|---|---|---|---|---|---|
| 设计 | | | 材料 | | | 比例 | | |
| 校对 | | | 审核 | | | 数量 | | 拆装示意图 |
| 工艺 | | | 批准 | | | 共9张 | 第3张 | |

图 4-74　办公桌拆装示意图

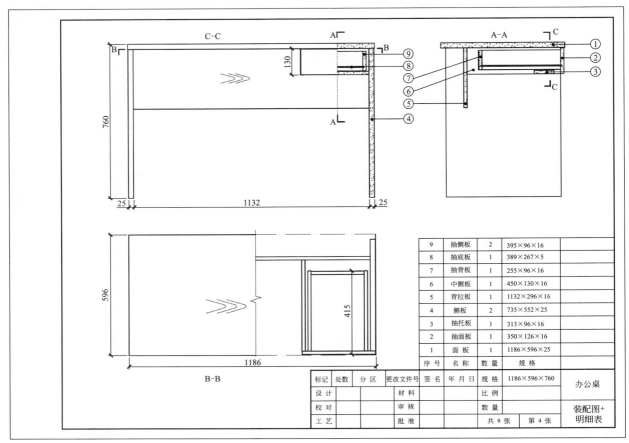

图 4-75　办公桌装配图

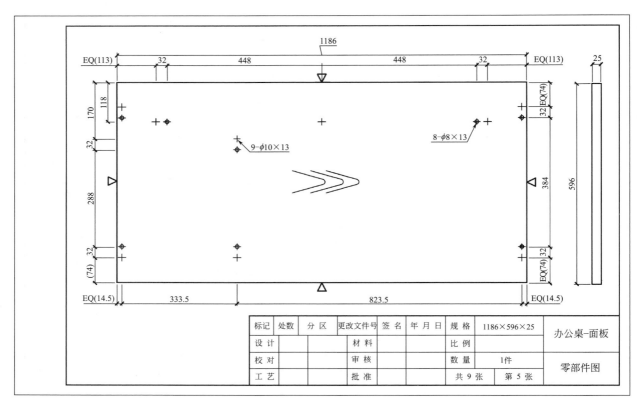

图 4-76(a)　办公桌面板零部件图

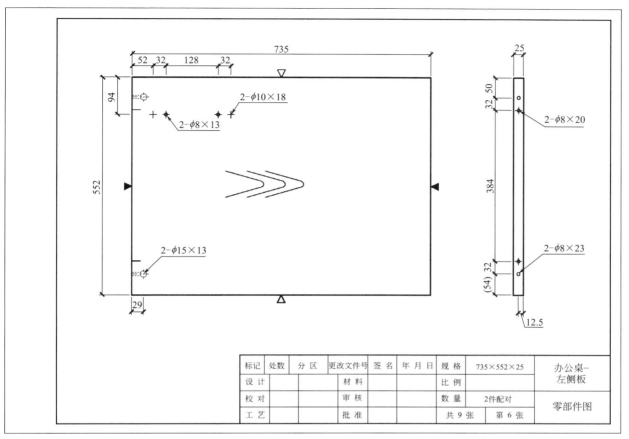

图 4-76（b）　办公桌左侧板零部件图

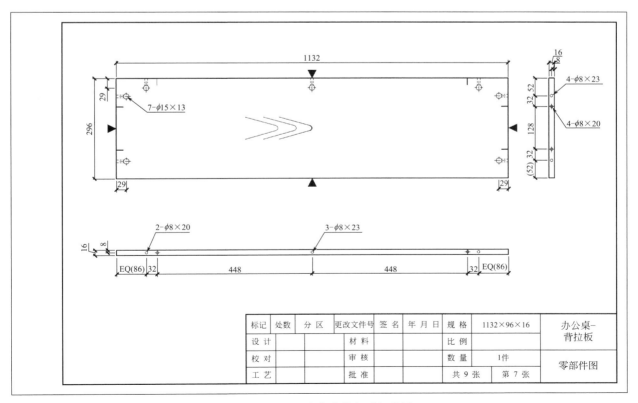

图 4-76（c）　办公桌背拉板零部件图

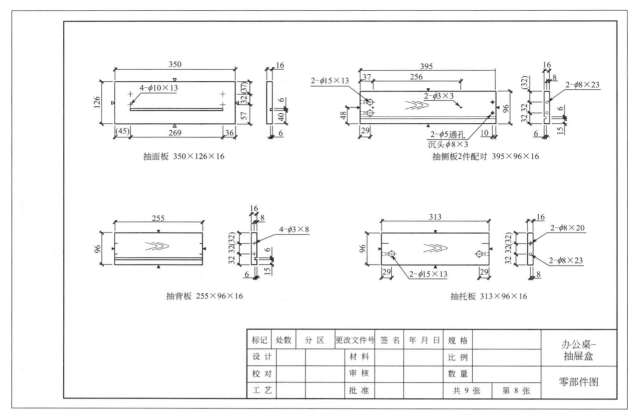

图 4-76(d)　办公桌抽屉盒零部件图

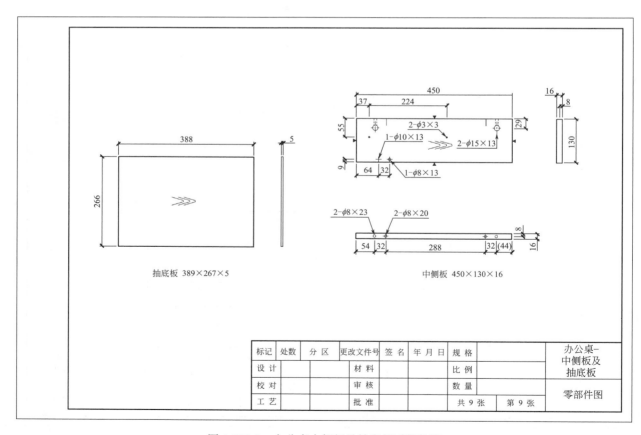

图 4-76(e)　办公桌中侧板及抽底板零部件图

### 三、椅类家具

#### 1. 类型

人造板基材的平板结构和不易加工成曲面状零件的特点，使刨花板、纤维板、细木工板等材料只能作为椅类家具中的座面或靠背，全部零部件由这些材料制作的椅类家具较少。但源于胶合板生产工艺和弯曲技术的多层薄板弯曲胶合工艺在椅类家具中的应用非常广泛。即以木材单板为主要原料，通过涂胶、组坯等工序，在特定的模具中加压弯曲、胶合成型而制成各种曲线形、曲面状零部件。该工艺可以根据椅子的使用功能和人体工程学原理要求，设计、制造线条优美流畅、受力均匀、坐感舒适、造型独特的椅类家具，如图 4-77 所示。

图 4-77 多层薄板弯曲胶合椅子示例

#### 2. 构成

弯曲胶合工艺制造的椅子形态各异，椅子的支架、座面、靠背和扶手之间常常一次性模压成型，有的椅子支架与座面一体，有的靠背与座面一体，有的靠背与扶手一体，还有的支架、座面与靠背连为一体，甚至整张椅子一次性模压成型。可见，弯曲胶合工艺制作的板式椅类家具没有统一的构成方法与模式。

随着数控加工中心（CNC 加工中心）在家具行业的应用，目前市场上有一种既不用钉，也不用连接件的板式结构家具，称为插接结构或插挂式结构，就是通过构件之间的插接和拉挂组合，借助于构件自身的互相牵制拉合而形成的结构，如图 4-78 所示。该结构家具可以反复拆装，其零部件的生产可应用计算机辅助进行裁板图的设计与"接口"加工，因此，适合于使用人造板材料。但考虑两构件之间"接口"部位的强度，通常只选用多层胶合板或层积材作为原材料。

从接合方式上说，插接结构是榫接合的扩展与延伸，榫头与榫眼（或榫槽）的公差多用过渡配合，接合后往往要通过拉挂才能使两构件牢固连接，如图 4-79（a）所示；也可以借助销钉或突块对榫头进行限位，如图 4-79（b）所示；最常用的是类似于横向与垂直扣榫的结构，榫槽的宽度略小于板件的厚度，可使两构件紧密接合，如图 4-79（c）所示；直角多榫的形式可用于大角度部件的接合，如图 4-79（d）所示。

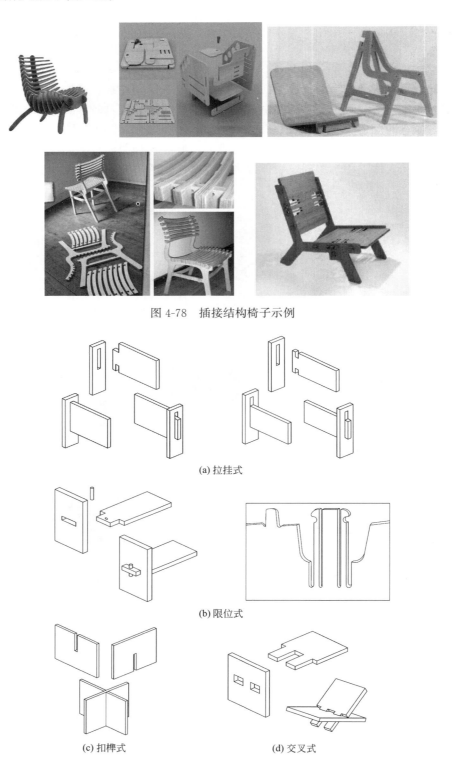

图 4-78　插接结构椅子示例

(a) 拉挂式

(b) 限位式

(c) 扣榫式　　　　　　　　　(d) 交叉式

图 4-79　插接结构类型

插接结构也可以应用于柜类、桌类、凳类家具中，如图 4-80 所示。

**3. 板式椅类家具施工图**

插接结构的板式椅类家具零部件的厚度一致，沿长度、宽度方向具有曲线；或以平板状为主，其施工图绘制比较简单，只需要提供设计图、拆装示意图和零部件图即可加工。如果采用 CNC 加工中心生产，应把零部件图与计算机辅助制造程序相结合。图 4-81 所示为学生课程设计的案例，其施工图如图 4-82～图 4-85 所示。

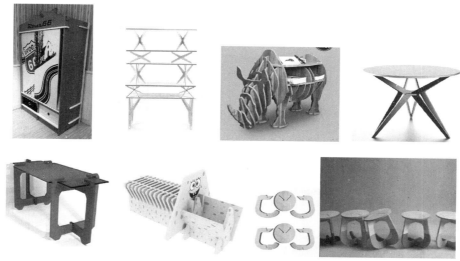

图 4-80　插接结构家具示例

图 4-81　DIY 休闲椅（设计：罗爱华）

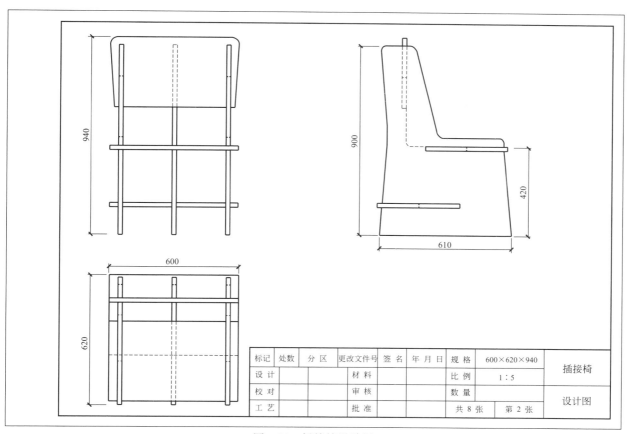

图 4-82　插接椅设计图

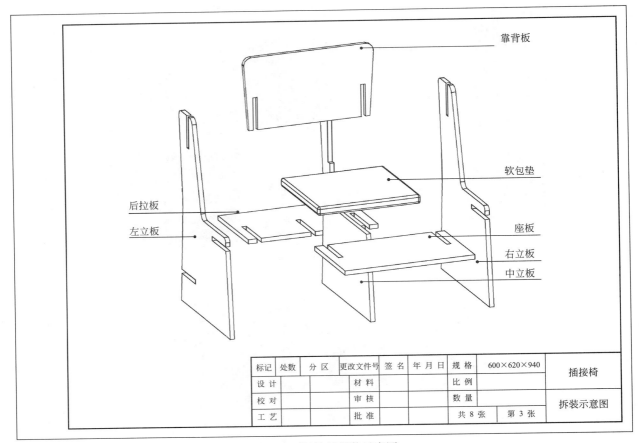

| 标记 | 处数 | 分区 | 更改文件号 | 签名 | 年 月 日 | 规格 | 600×620×940 | 插接椅 |
|---|---|---|---|---|---|---|---|---|
| 设 计 | | | 材料 | | | 比 例 | | |
| 校 对 | | | 审核 | | | 数 量 | | 拆装示意图 |
| 工 艺 | | | 批 准 | | | 共 8 张 | 第 3 张 | |

图 4-83　插接椅拆装示意图

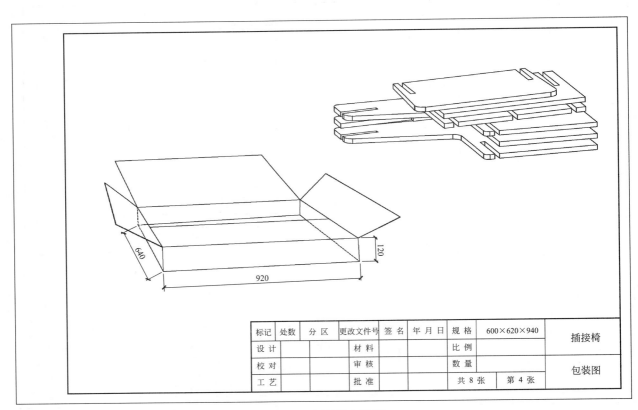

| 标记 | 处数 | 分区 | 更改文件号 | 签名 | 年 月 日 | 规格 | 600×620×940 | 插接椅 |
|---|---|---|---|---|---|---|---|---|
| 设 计 | | | 材料 | | | 比 例 | | |
| 校 对 | | | 审核 | | | 数 量 | | 包装图 |
| 工 艺 | | | 批 准 | | | 共 8 张 | 第 4 张 | |

图 4-84　插接椅包装图

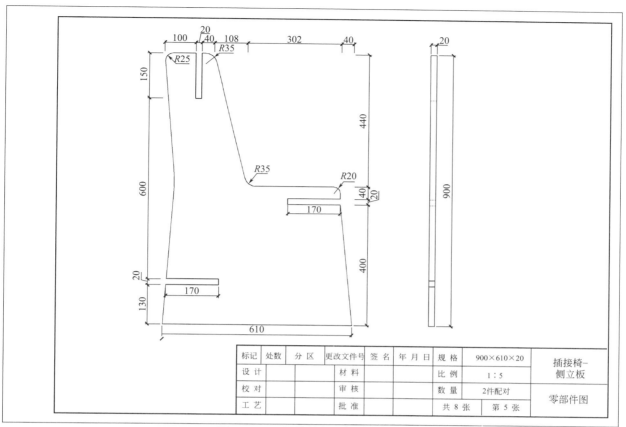

| 标记 | 处数 | 分区 | 更改文件号 | 签名 | 年 月 日 | 规格 | 900×610×20 | 插接椅－ |
|------|------|------|------------|------|----------|------|------------|----------|
| 设 计 | | | 材 料 | | | 比 例 | 1：5 | 侧立板 |
| 校 对 | | | 审 核 | | | 数 量 | 2件配对 | |
| 工 艺 | | | 批 准 | | | 共 8 张 | 第 5 张 | 零部件图 |

图 4-85(a)　插接椅侧立板零部件图

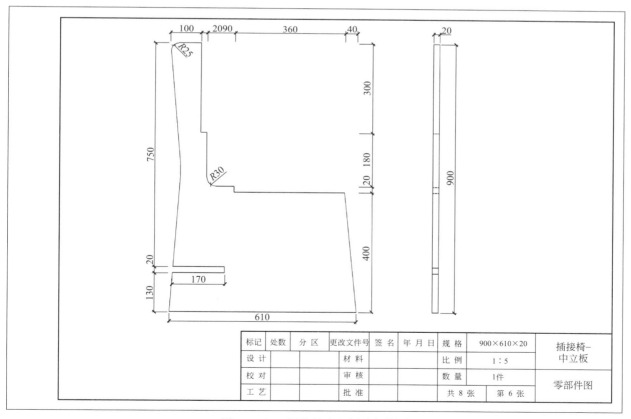

| 标记 | 处数 | 分区 | 更改文件号 | 签名 | 年 月 日 | 规格 | 900×610×20 | 插接椅－ |
|------|------|------|------------|------|----------|------|------------|----------|
| 设 计 | | | 材 料 | | | 比 例 | 1：5 | 中立板 |
| 校 对 | | | 审 核 | | | 数 量 | 1件 | |
| 工 艺 | | | 批 准 | | | 共 8 张 | 第 6 张 | 零部件图 |

图 4-85(b)　插接椅中立板零部件图

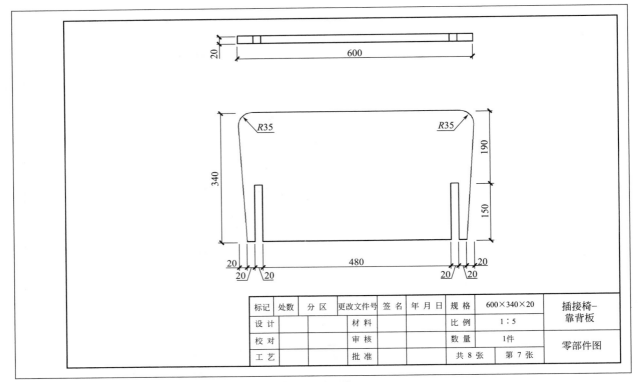

| 标记 | 处数 | 分区 | 更改文件号 | 签名 | 年 月 日 | 规 格 | 600×340×20 | 插接椅– |
|------|------|------|------------|------|---------|------|------------|--------|
| 设 计 | | | 材 料 | | | 比 例 | 1：5 | 靠背板 |
| 校 对 | | | 审 核 | | | 数 量 | 1件 | 零部件图 |
| 工 艺 | | | 批 准 | | | 共 8 张 | 第 7 张 | |

图 4-85（c） 插接椅靠背板零部件图

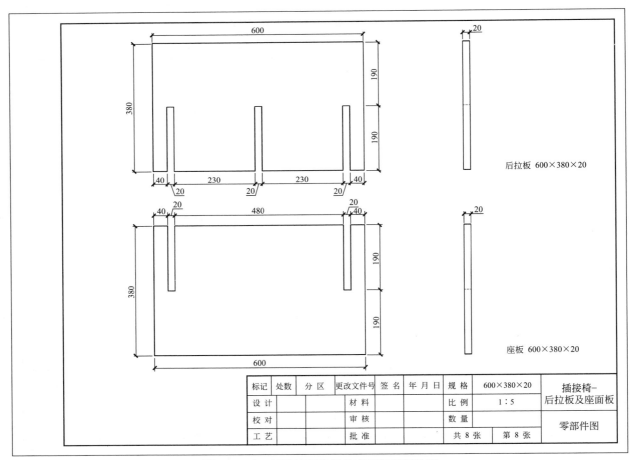

| 标记 | 处数 | 分区 | 更改文件号 | 签名 | 年 月 日 | 规 格 | 600×380×20 | 插接椅– |
|------|------|------|------------|------|---------|------|------------|--------|
| 设 计 | | | 材 料 | | | 比 例 | 1：5 | 后拉板及座面板 |
| 校 对 | | | 审 核 | | | 数 量 | | 零部件图 |
| 工 艺 | | | 批 准 | | | 共 8 张 | 第 8 张 | |

图 4-85（d） 插接椅后拉板及座面板零部件图

## 四、床类家具

### 1. 类型

板式床类家具以现代简约风格为主，床的主要零部件采用实木板、纤维板、胶合板和细木工板等基材，以五金件连接实现拆装结构，其中以高密度纤维板加工较为简单。从不同角度也有不同的分类方法，如按床的大小分，有单人床、双人床、双层床、沙发床、婴儿床；从造型上分，有单屏床、双屏床、架子床、双层床，如图 4-86 所示，以单屏床应用最为广泛，主要通过床屏的设计突出床的风格与装饰效果。

图 4-86　板式床示例

在单身公寓、儿童房等小面积空间中，常常把床与床头柜、写字桌、书架、衣柜、储物柜等家具组合在一起，成为一种多功能组合床，可以满足不同的功能需要，方便使用、节省家具的占地面积，提高空间的有效使用率，如图 4-87 所示。

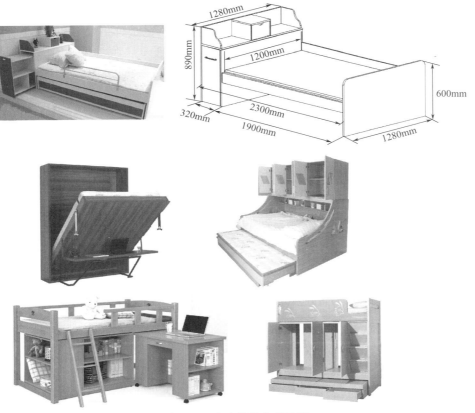

图 4-87　多功能组合床示例

### 2. 构成

多功能组合床的构成较复杂，不同组合形式的家具在尺寸、结构、零部件的数量上有很大的区别，这里不作介绍。

对单体式床的设计，其构成一般分两种情况：框架式床架与箱体式床架，它们的床屏结构基本一样，但床身零部件的组成与连接不同。框架式床架由床屏、床侧、脚和床横条构成，床身之间的连接多用四合一的连接件，床脚常用金属脚，用螺钉固定于专用的金属角铁和床横条上，该结构床架的铺板多用排骨架，如图 4-88（a）所示。如果铺板使用胶合板或拼板，则床身结构要增加若干床横条进行加固，如图 4-88（b）所示。

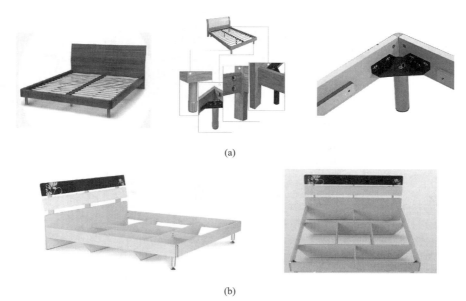

(a)

(b)

图 4-88　框架式床架示例

箱体式床架（箱式床架）就是典型的箱框结构，由数量不等的板件借助偏心式连接件配合圆榫安装成可拆装的箱体，根据需要设计成抽屉、翻板、液压拉杆等形式，使床箱满足不同的储物需求，如图 4-89 所示。其中液压拉杆床体具备较大的储物空间，而且启闭方便、省力，所以在现代板式床类家具中广泛应用，有不同的配件规格适应不同大小的床类家具的需求，如图 4-90 所示。

图 4-89　箱体式床架示例

### 3. 板式床施工图实例

框架式床架外观简约、大方，有利于室内空间的卫生清洁；箱体式床架结构稳定，承重大，有较大的收纳空间，有利于消费者分类收藏物品，提高室内空间的使用效率。可见，板式床的设计除了满足睡眠的使用要求，还要考虑室内环境的风格和空间特点。

图 4-91 为现代简约风格的箱体式床架，采用液压拉杆启闭床下空间，具有较大的储物空间，其零部件以三聚氰胺饰面中纤板为主，以偏心式连接件配合圆榫完成安装，可拆装。因此，施工图的绘制内容包括设计图、拆装示意图、装配图、零部件图及安装示意图，如图 4-92～图 4-96 所示。

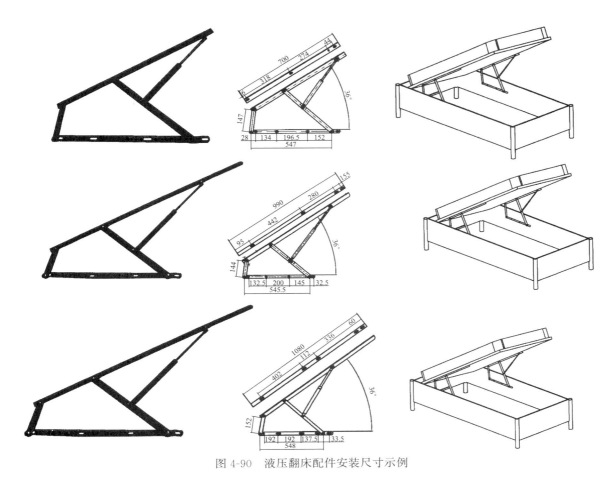

图 4-90　液压翻床配件安装尺寸示例

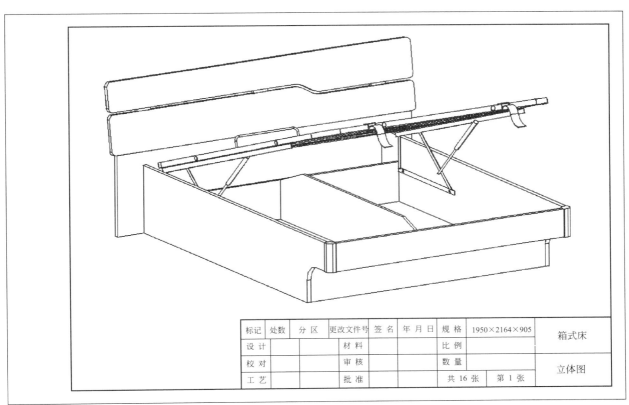

| 标记 | 处数 | 分区 | 更改文件号 | 签名 | 年 月 日 | 规格 | 1950×2164×905 | 箱式床 |
|---|---|---|---|---|---|---|---|---|
| 设计 | | | 材料 | | | 比例 | | |
| 校对 | | | 审核 | | | 数量 | | 立体图 |
| 工艺 | | | 批准 | | | 共 16 张 | 第 1 张 | |

图 4-91　箱式床立体图

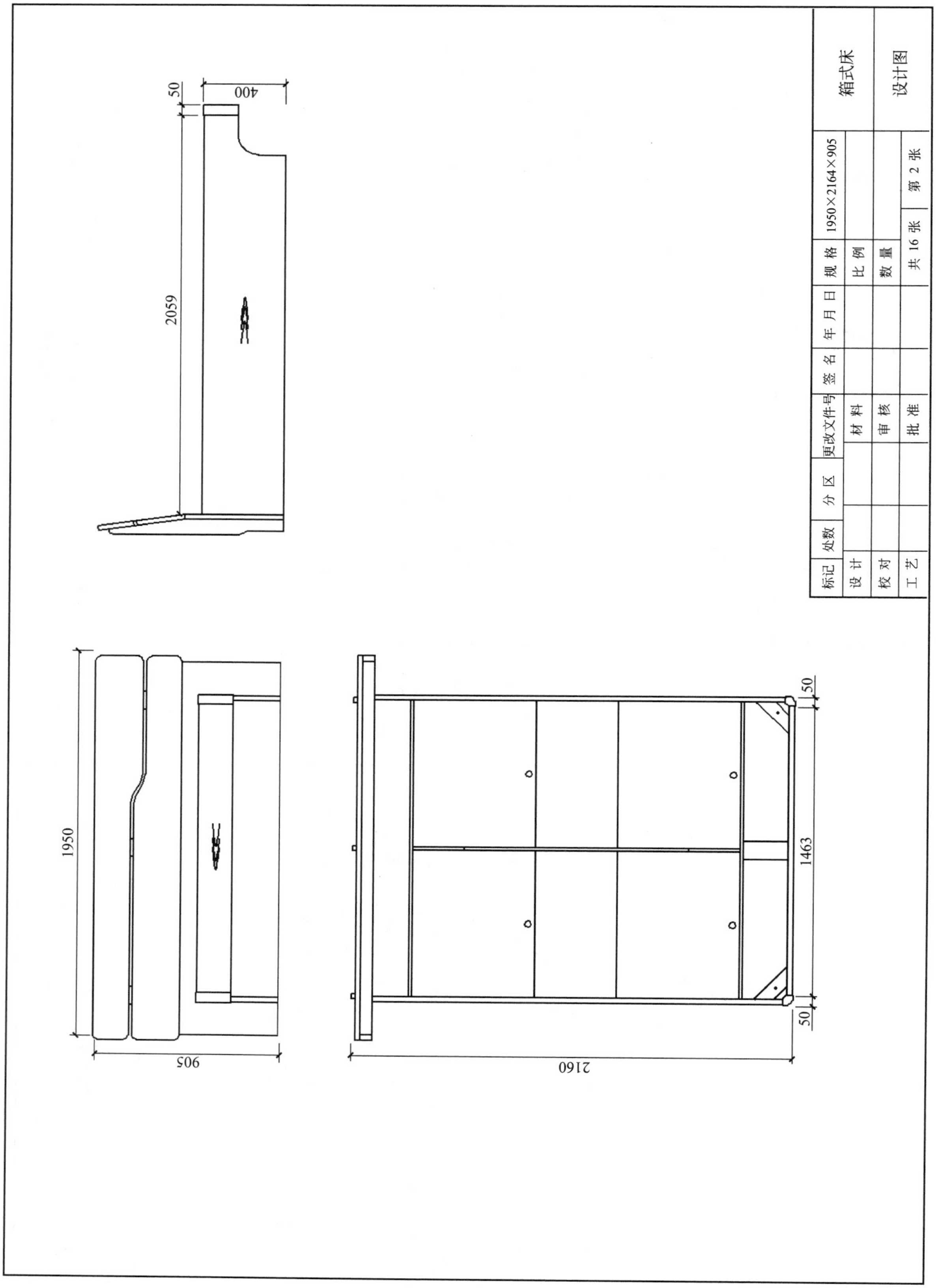

| 标记 | 处数 | 分区 | 更改文件号 | 签名 | 年 月 日 | | 规 格 | 1950×2164×905 | 箱式床 |
|---|---|---|---|---|---|---|---|---|---|
| 设计 | | | 材料 | | | | 比例 | | |
| 校对 | | | 审核 | | | | 数量 | | 设计图 |
| 工艺 | | | 批准 | | | | 共 16 张 | 第 2 张 | |

图 4-92 箱式床设计图

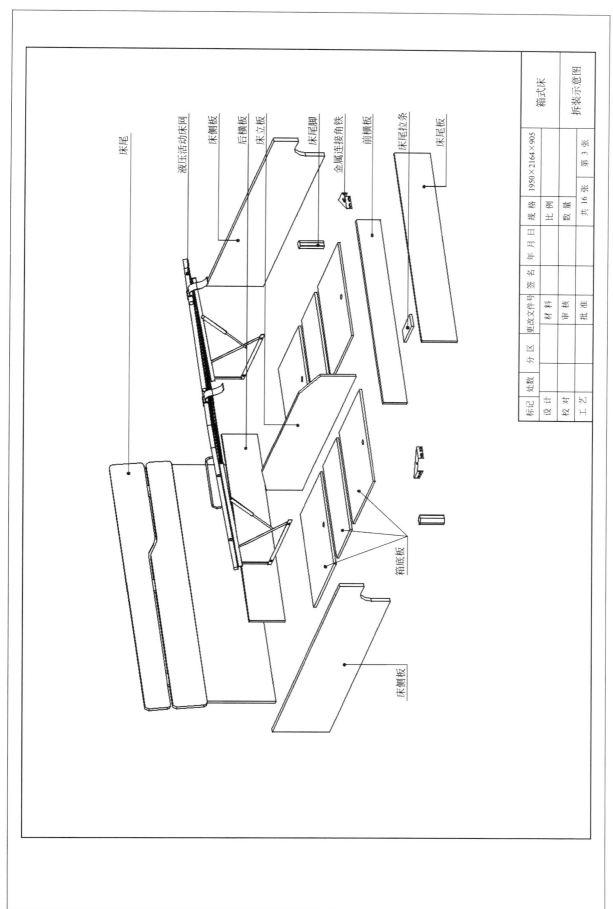

图 4-93　箱式床拆装示意图

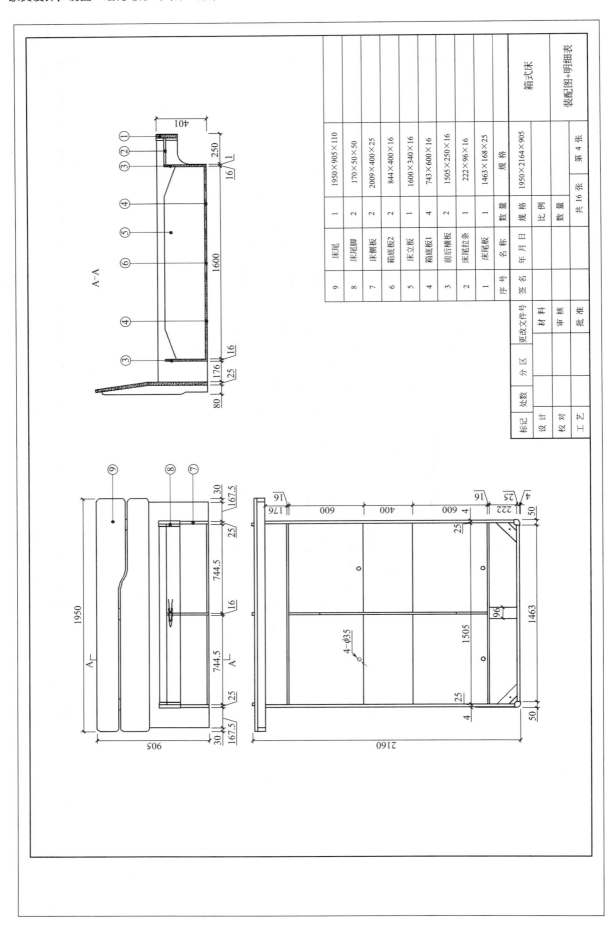

| 序号 | 名 称 | 数 量 | 规 格 |
|---|---|---|---|
| 9 | 床尾 | 1 | 1950×905×110 |
| 8 | 床尾脚 | 2 | 170×50×50 |
| 7 | 床侧板 | 2 | 2009×400×25 |
| 6 | 箱底板2 | 2 | 844×400×16 |
| 5 | 床立板 | 1 | 1600×340×16 |
| 4 | 箱底板1 | 4 | 743×600×16 |
| 3 | 前后横板 | 2 | 1505×250×16 |
| 2 | 床尾拉条 | 1 | 222×96×16 |
| 1 | 床尾板 | 1 | 1463×168×25 |

| 标记 | 处数 | 分区 | 更改文件号 | 签 名 | 年 月 日 | | | |
|---|---|---|---|---|---|---|---|
| 设 计 | | | 材 料 | | 规 格 | 1950×2164×905 | | 箱式床 |
| 校 对 | | | 审 核 | | 比 例 | | | 装配图+明细表 |
| 工 艺 | | | 批 准 | | 数 量 | | 共 16 张 | 第 4 张 |

图 4-94　箱式床装配图

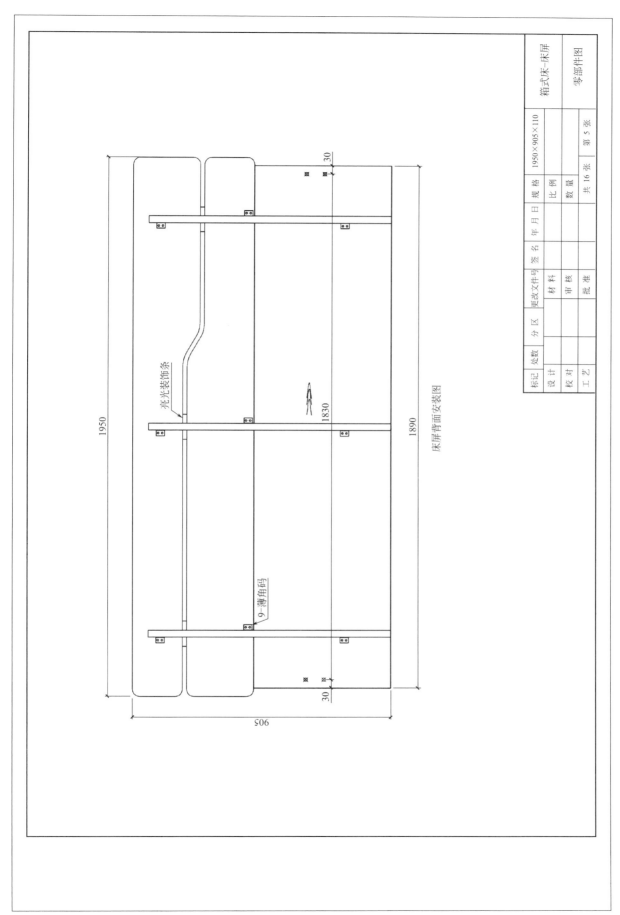

图 4-95（a）　箱式床屏零部件图

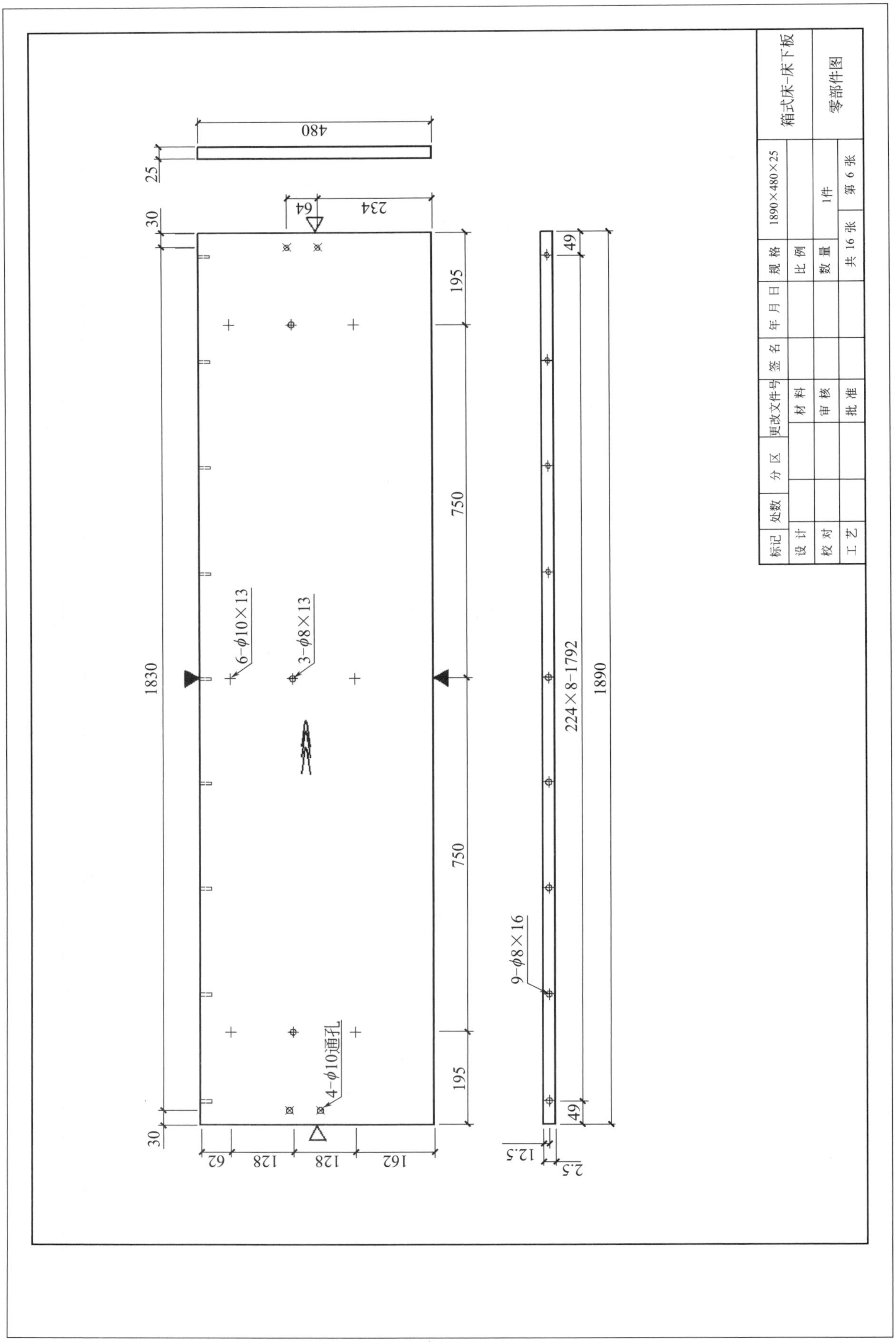

图 4-95（b） 箱式床床下板零部件图

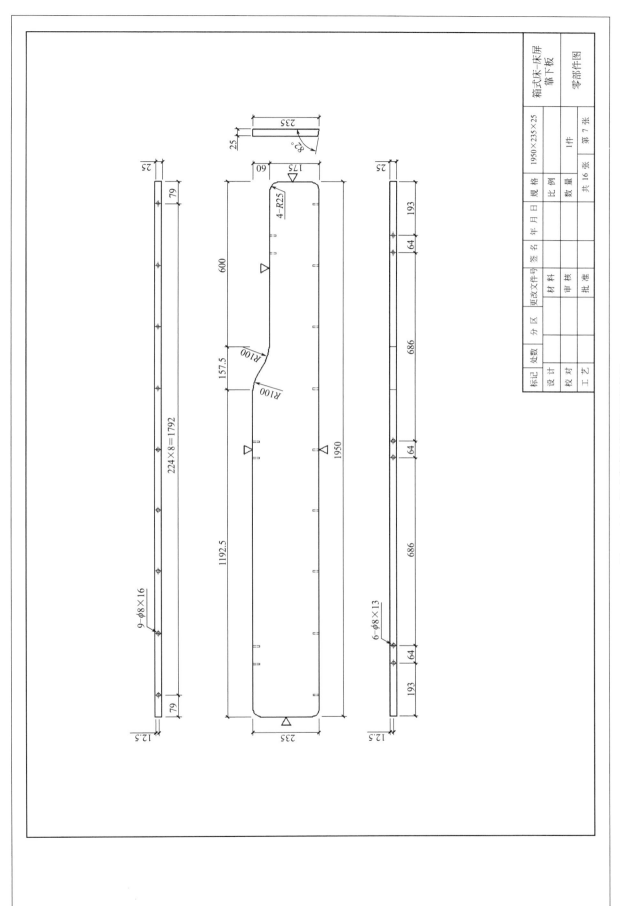

图 4-95（c） 箱式床床屏靠下板零部件图

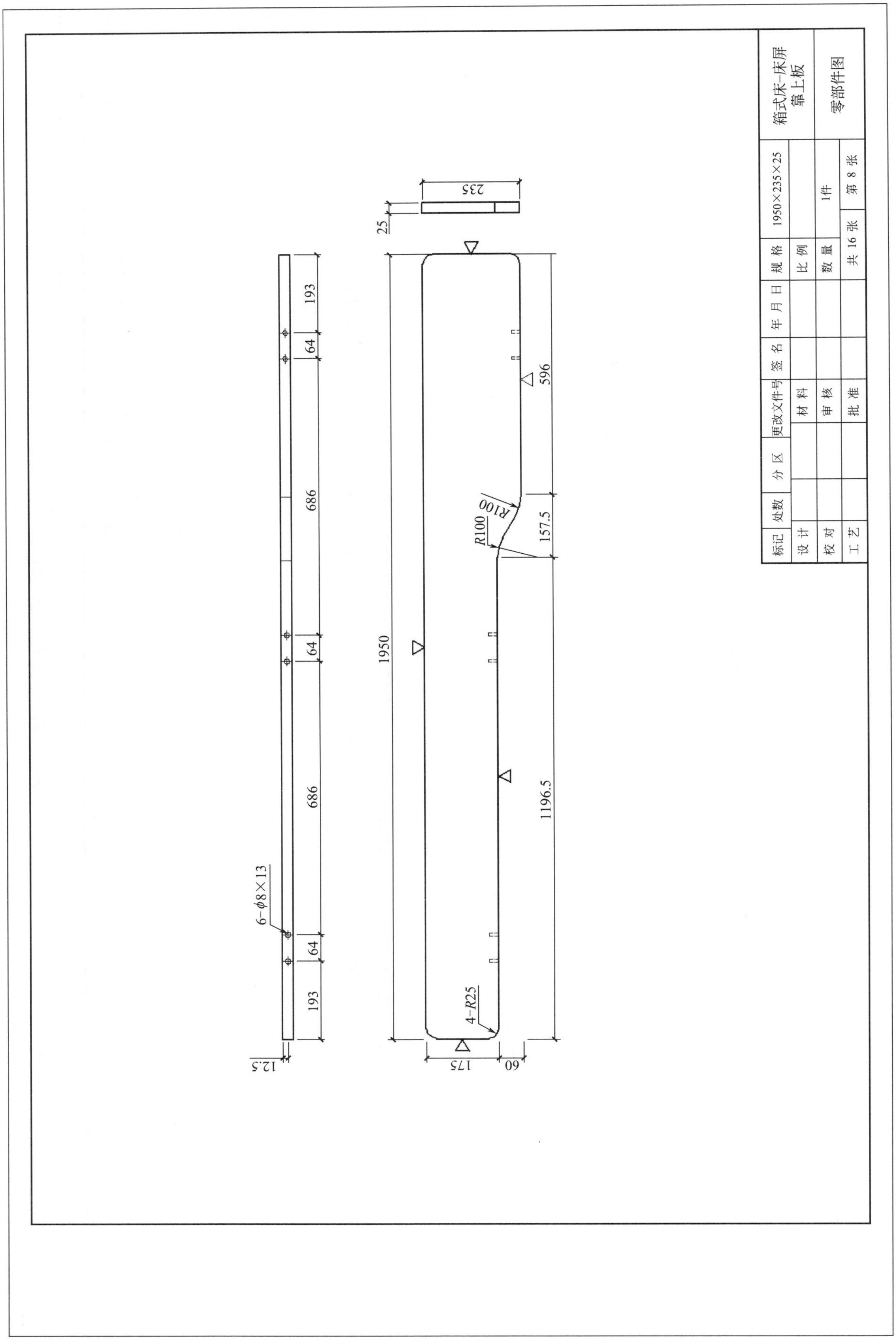

图 4-95（d） 箱式床床屏靠上板零部件图

| 箱式床-床屏 | | |
|---|---|---|
| 靠上板 | | |
| 零部件图 | | |

| 规 格 | 1950×235×25 | |
|---|---|---|
| 比 例 | | |
| 数 量 | 1件 | |
| 共 16 张 | | 第 8 张 |

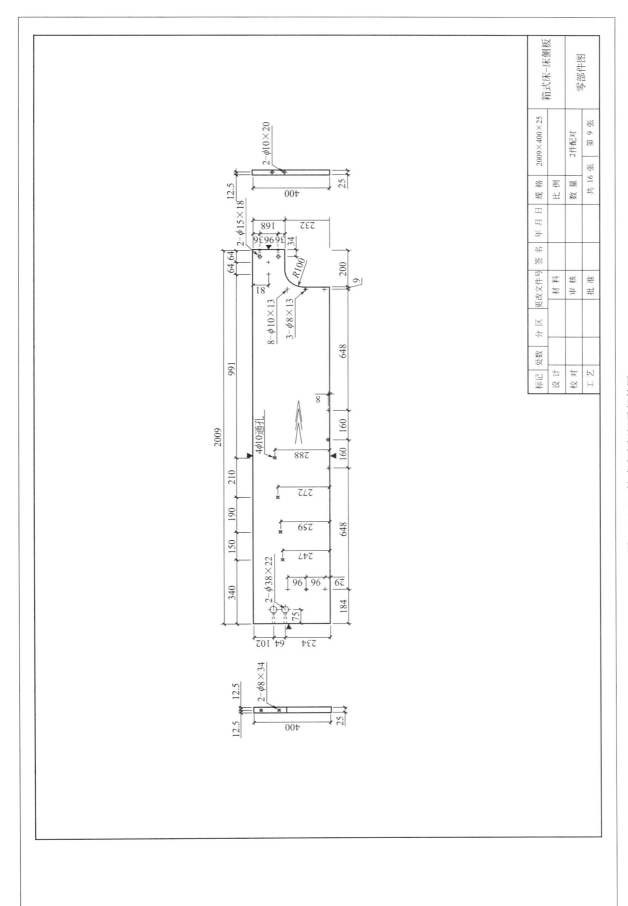

图 4-95(e)　箱式床床侧板零部件图

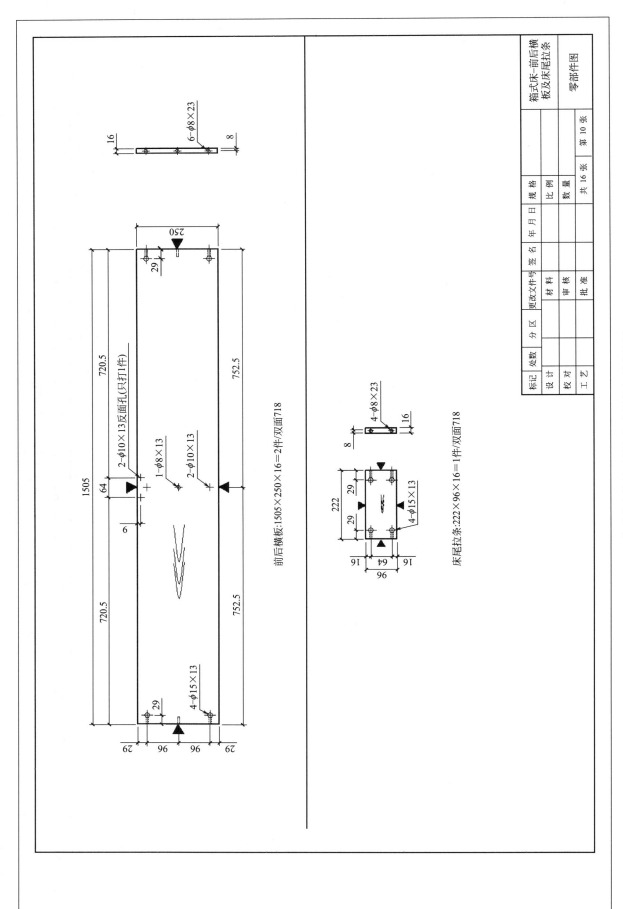

前后横板:1505×250×16＝2件/双面718

床尾拉条:222×96×16＝1件/双面718

图 4-95（f） 箱式床箱前后横板与床尾拉条零部件图

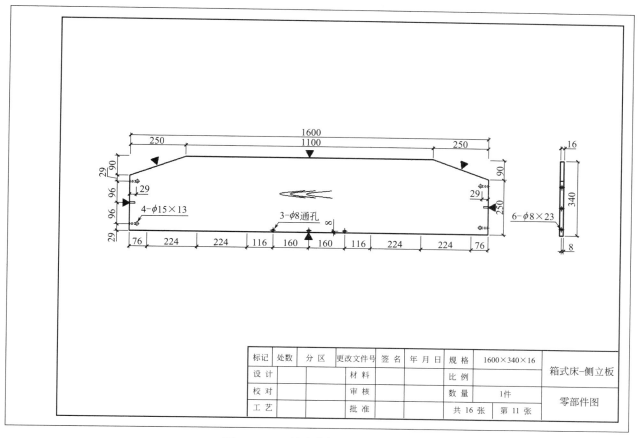

| 标记 | 处数 | 分区 | 更改文件号 | 签 名 | 年 月 日 | 规 格 | 1600×340×16 | 箱式床-侧立板 |
|---|---|---|---|---|---|---|---|---|
| 设 计 | | | 材 料 | | | 比 例 | | |
| 校 对 | | | 审 核 | | | 数 量 | 1件 | 零部件图 |
| 工 艺 | | | 批 准 | | | 共 16 张 | 第 11 张 | |

图 4-95(g)　箱式床侧立板零部件图

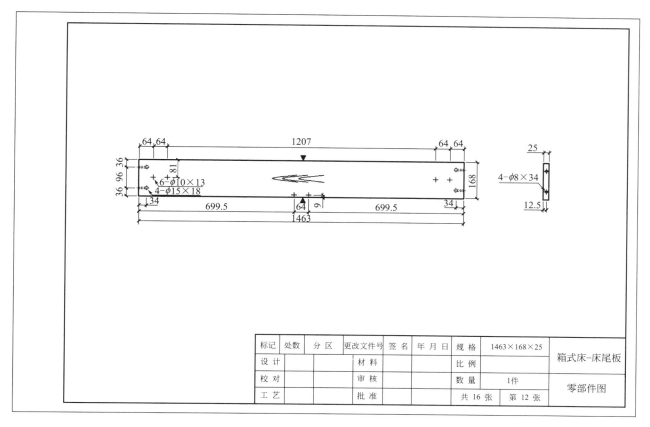

| 标记 | 处数 | 分区 | 更改文件号 | 签 名 | 年 月 日 | 规 格 | 1463×168×25 | 箱式床-床尾板 |
|---|---|---|---|---|---|---|---|---|
| 设 计 | | | 材 料 | | | 比 例 | | |
| 校 对 | | | 审 核 | | | 数 量 | 1件 | 零部件图 |
| 工 艺 | | | 批 准 | | | 共 16 张 | 第 12 张 | |

图 4-95(h)　箱式床床尾板零部件图

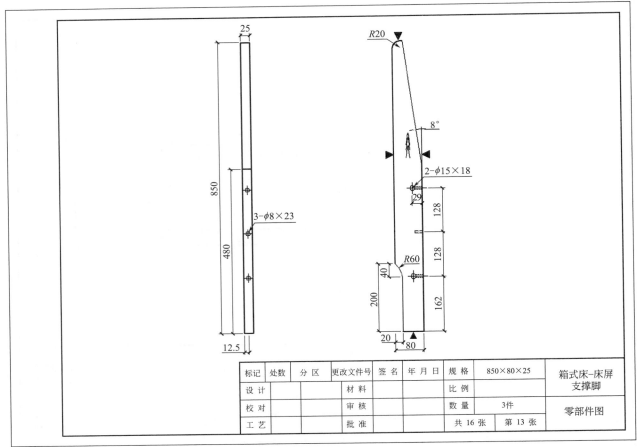

图 4-95(i)　箱式床床屏支撑脚零部件图

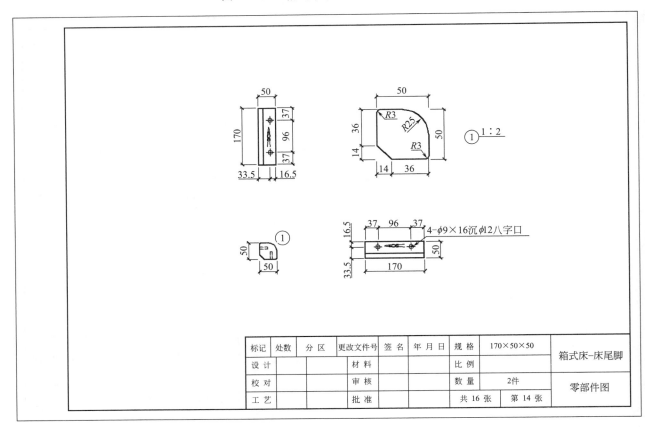

图 4-95(j)　箱式床床尾脚零部件图

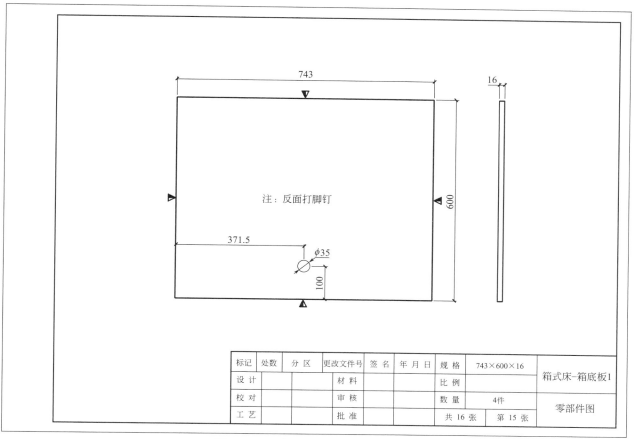

| 标记 | 处数 | 分 区 | 更改文件号 | 签 名 | 年 月 日 | 规 格 | 743×600×16 | 箱式床-箱底板1 |
|---|---|---|---|---|---|---|---|---|
| 设 计 | | | 材 料 | | | 比 例 | | |
| 校 对 | | | 审 核 | | | 数 量 | 4件 | 零部件图 |
| 工 艺 | | | 批 准 | | | 共 16 张 | 第 15 张 | |

图 4-95(k) 箱式床箱底板 1 零部件图

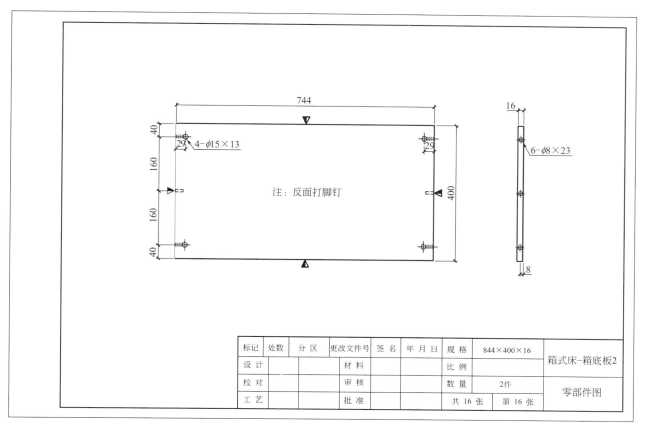

| 标记 | 处数 | 分 区 | 更改文件号 | 签 名 | 年 月 日 | 规 格 | 844×400×16 | 箱式床-箱底板2 |
|---|---|---|---|---|---|---|---|---|
| 设 计 | | | 材 料 | | | 比 例 | | |
| 校 对 | | | 审 核 | | | 数 量 | 2件 | 零部件图 |
| 工 艺 | | | 批 准 | | | 共 16 张 | 第 16 张 | |

图 4-95(l) 箱式床箱底板 2 零部件图

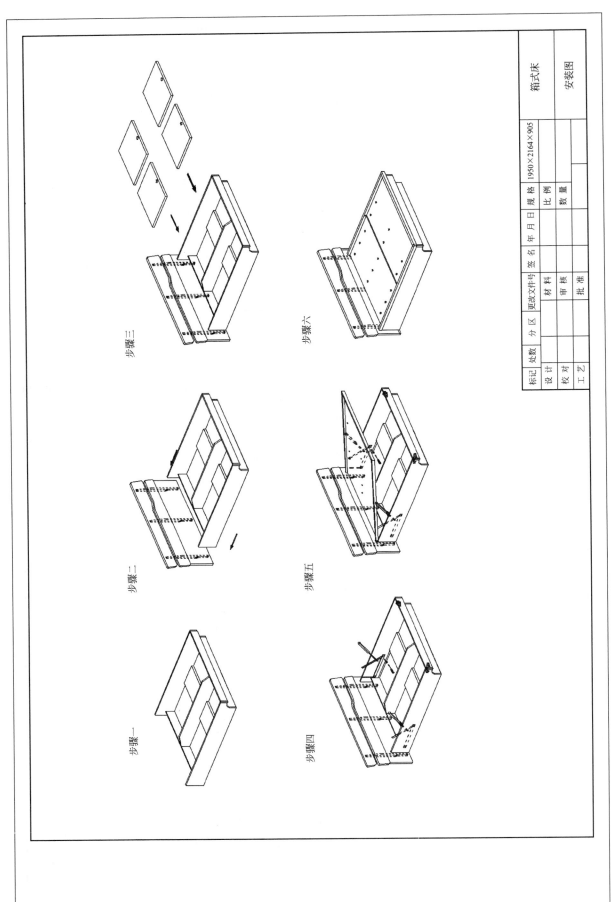

步骤一　步骤二　步骤三

步骤四　步骤五　步骤六

| 标记 | 处数 | 分区 | 更改文件号 | 签名 | 年月日 | 规格 | 1950×2164×905 | 箱式床 |
| --- | --- | --- | --- | --- | --- | --- | --- | --- |
| 设计 | | | | 材料 | | 比例 | | |
| 校对 | | | | 审核 | | 数量 | | 安装图 |
| 工艺 | | | | 批准 | | | | |

图 4-96　箱式床安装图

**第三节　板木家具图样**

《木家具通用技术条件》（GB/T 3324—2017）中规定：板木家具是指基材采用实木和人造板等为主要材料混合制作的家具。一般地，产品框架及主要受力部件采用实木制作，而其他板件或板面等部分采用饰面人造板制作。

### 一、板木家具类型

板木家具兼顾了实木承载力大和人造板不易变形的优点，家具框架及主要受力部件采用实木制作，既保证了家具的牢固性和使用寿命，又节约了大量珍贵的硬木材料，保护了森林资源和生态环境；面板表面采用薄木装饰，既保持了实木家具固有的自然纹理，又具备了板式家具色彩丰富、拆装方便、便于组合运输等优点。

板木家具品类繁多，形态各异。为了丰富板木家具的品种和提高美感，板木家具常常设计成弯曲多变的外观造型，零部件曲直相间，色彩多样，给人以天然木材的亲切感，家具边角圆润过渡的人性化设计提高了产品的档次，如图 4-97 所示。

图 4-97　造型弯曲多变的板木家具示例

板木家具也不乏板式家具的现代、时尚感，外形设计简洁、大气，线条流畅，更大程度满足了现代都市人崇尚简单、删繁就简的心理渴求，如图 4-98 所示。总之，板木家具既要把实木的感觉做出来，又要以板式家具的价格推出来；既要有实木家具的档次，又要有板式家具的时尚。目前市场上的板木家具多见于美式家具、韩式家具、欧式新古典主义等风格家具之中，成为当今中国木质家具市场的主流产品类型之一，受到越来越多的中高端消费者的青睐。板木家具的推广和发展将为家具行业的可持续发展提供新的平台。

图 4-98　造型简约大方的板木家具示例

### 二、板木家具材料与结构特点

板木家具的生产要综合运用传统的实木家具制作工艺与现代板式家具的机械化生产方式，相对专业化的实木家具或板式家具生产，板木家具制造质量较难控制。因此，板木家具设计既要考虑外观美感与价值感，还要注意加工工艺的可行性，更要确保产品的质量。现代板木家具的结构以拆装式为主，零部件是板木家具生产环节的基本单元，常见零部件的材料结构与特点见表 4-12。

表 4-12　板木家具零部件结构特点

| 名称 | 简图 | 特点与应用 |
|---|---|---|
| 固定式框架 | | 采用传统的整体式结构，框与芯板结合采用槽口接合，芯板可为实木或人造板，有型面要求的芯板通常选用中纤板 |
| 分体式框架 | | 框架开槽，芯板采用插入式安装，简单方便，可作为桌、柜类的侧框或柜类的层板 |
| 集成材镶边结构 | | 集成材芯板，可用普通材质原料，降低板材成本，且板材性能较人造板好 |
| 人造板芯板镶边结构 | | 以人造板为芯板，可降低板材成本，实木镶边采用胶接、圆榫及榫槽等方法，但大面积板材性能稳定性略差 |
| 线脚装饰板件结构 | | 不开槽口，利用胶合技术，采用带线形的压条进行装饰，工艺简单，类似于艺术型板式家具的"脸框"工艺 |
| 覆面板结构 | | 采用细木工板、刨花板或中密度纤维板为基材，用天然薄木进行贴面与封边，同板式家具板件形式，常作为层板 |
| 空心板结构 | | 用实木做成框架，可加实木拉档或人造板拉档，胶合板覆面 |

| 名称 | 简 图 | 特点与应用 |
|------|------|-----------|
| 异型构件 | 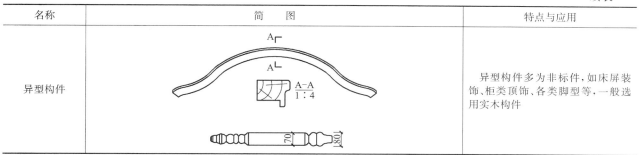 | 异型构件多为非标件，如床屏装饰、柜类顶饰、各类脚型等，一般选用实木构件 |

由表 4-12 可以看出，外表质感完全相同的板木家具，它们的基材可能完全不同，原材料的选择对产品的工艺与成本具有举足轻重的影响，也是结构设计的难点。按照基材类型不同，板木家具的构件主要有实木构件和人造板基材构件两大类。从外观来说，通过薄木贴面的人造板表面与实木拼板制成的板件看起来相差无几，人造板集成工艺制作的大截面方材零部件，表面贴面后与实木方材构件也不分高下，几乎可以做到以假乱真，但人造板基材构件较实木构件的使用寿命短、生产成本更低。

实践中，板木家具构件基材的选择要根据产品的风格、质量要求、档次及市场定位进行考虑，没有一成不变的法则。在满足使用功能的前提下，一般按照方形构件以实木基材为主，板状构件以人造板基材为主的原则进行材料选择；对于弯曲受力构件、承重构件尽量选用抗弯和抗蠕变性能较好的实木构件，在零部件连接方式的选择上也尽量保证结构连接件的接口落在实木构件上。

### 三、板木家具施工图实例

下面分别介绍板木柜类家具、桌类家具和床类家具的施工图内容与画法。

#### 1. 柜类家具

柜类家具是板木家具中所占比例最大的一种类别，其零部件形态较为单一，通常顶板（或台面板）、侧板、柜门为框架型部件，其他底板、层板、背板、中隔板为面型结构，如图 4-99 所示。框架型部件一般还是依照传统的框式家具的槽榫法安装芯板，有些框架零件之间的连接改为工艺更为简单的椭圆形榫或圆榫接合，甚至采用偏心件配合圆榫接合的形式，而芯板用人造板基材。有些柜类使用时靠墙放置，对台面板的后端要求不高时，也可以设计成三边实木的框架式部件，更节省实木材料。其他面形结构部件一般都用饰面人造板，为了与边框的材质相协调，多用薄木进行贴面，一些要求较低家具也有直接用三聚氰胺板，再经过封边处理。柜类各零部件之间的连接类似于板式家具，实现了可拆或待装结构。因此，板木柜类家具打破了以往传统实木柜类固定组框和板式家具完全拆装连接的固有连接方法和模式，而是采用受力部位实木固定组框连接、框架部件与板件之间用开榫槽组装连接、木螺钉连接和五金连接件等多种组合连接方式，家具稳定性更好，又能多次拆装，满足工业化生产、全球化销售的要求。

图 4-99　板木柜类家具示例

图 4-100 所示为美式板木餐边柜，框架以实木为基材，芯板采用中密度纤维板，零件之间采用圆榫接合，部件之间以偏心式连接件实现安装，为可拆结构，其施工图包括设计图、装配图及零部件图，如图 4-101～图 4-103 所示。

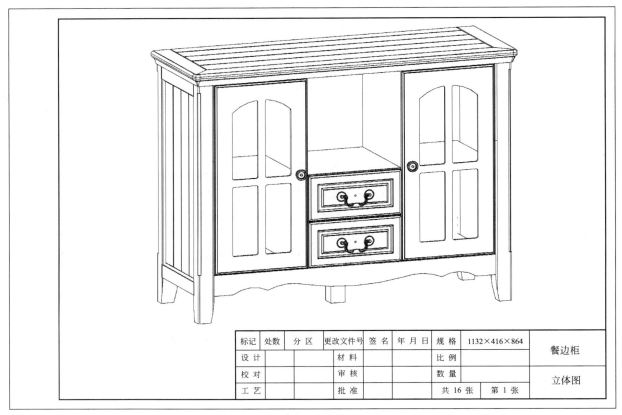

| 标记 | 处数 | 分区 | 更改文件号 | 签名 | 年 月 日 | 规 格 | 1132×416×864 | 餐边柜 |
|---|---|---|---|---|---|---|---|---|
| 设 计 | | | 材料 | | | 比 例 | | |
| 校 对 | | | 审核 | | | 数 量 | | 立体图 |
| 工 艺 | | | 批 准 | | | 共 16 张 | 第 1 张 | |

图 4-100　餐边柜立体图

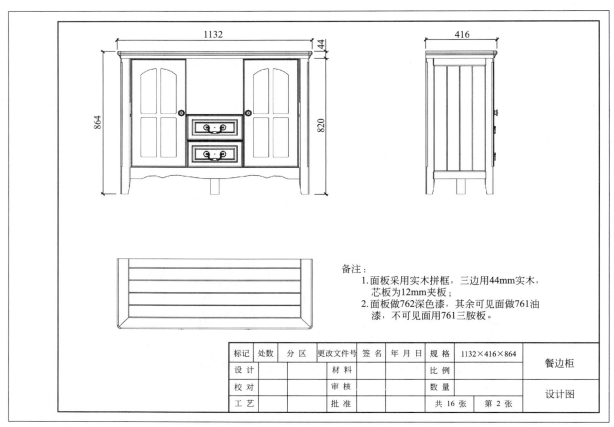

备注：
1. 面板采用实木拼框，三边用44mm实木，芯板为12mm夹板；
2. 面板做762深色漆，其余可见面做761油漆，不可见面用761三胺板。

| 标记 | 处数 | 分区 | 更改文件号 | 签名 | 年 月 日 | 规 格 | 1132×416×864 | 餐边柜 |
|---|---|---|---|---|---|---|---|---|
| 设 计 | | | 材料 | | | 比 例 | | |
| 校 对 | | | 审核 | | | 数 量 | | 设计图 |
| 工 艺 | | | 批 准 | | | 共 16 张 | 第 2 张 | |

图 4-101　餐边柜设计图

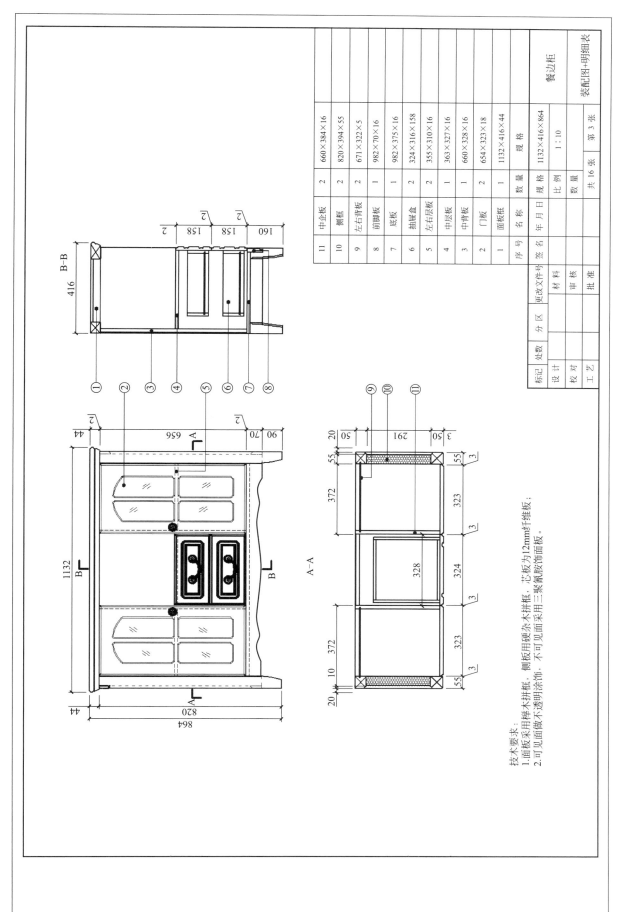

技术要求：
1. 面板采用榉木拼框，侧板用硬杂木拼框，芯板为12mm纤维板；
2. 可见面面采用不透明涂饰，不可见面采用三聚氰胺饰面板。

| 序 号 | 名 称 | 数 量 | 规 格 |
|---|---|---|---|
| 11 | 中企板 | 2 | 660×384×16 |
| 10 | 侧框 | 2 | 820×394×55 |
| 9 | 左右背板 | 2 | 671×322×5 |
| 8 | 前脚板 | 1 | 982×70×16 |
| 7 | 底板 | 1 | 982×375×16 |
| 6 | 抽屉盒 | 2 | 324×316×158 |
| 5 | 左右层板 | 2 | 355×310×16 |
| 4 | 中层板 | 1 | 363×327×16 |
| 3 | 中背板 | 1 | 660×328×16 |
| 2 | 门板 | 2 | 654×323×18 |
| 1 | 面板框 | 1 | 1132×416×44 |

| | | 签 名 | | 餐边柜 | | 装配记图+明细表 |
|---|---|---|---|---|---|---|
| | | 年 月 日 | 规 格 | 1132×416×864 | | |
| 标记 | 处数 | 分 区 | 更改文件号 | | 比 例 | 1:10 |
| 设 计 | | | 材 料 | | 数 量 | |
| 校 对 | | | 审 核 | | 第 3 张 | 共 16 张 |
| 工 艺 | | | 批 准 | | | |

图4-102　餐边柜装配图

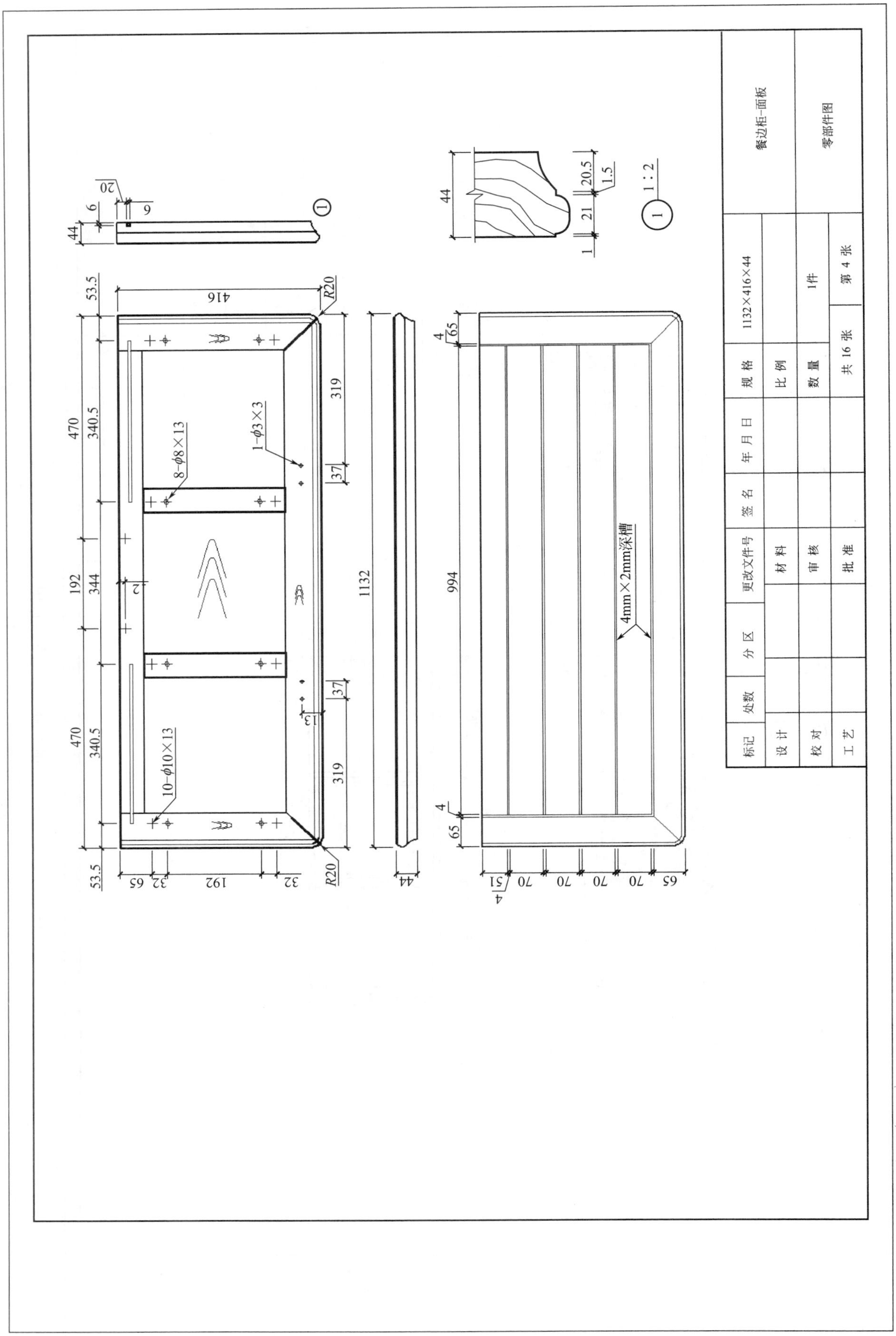

图 4-103（a） 餐边柜面板零部件图

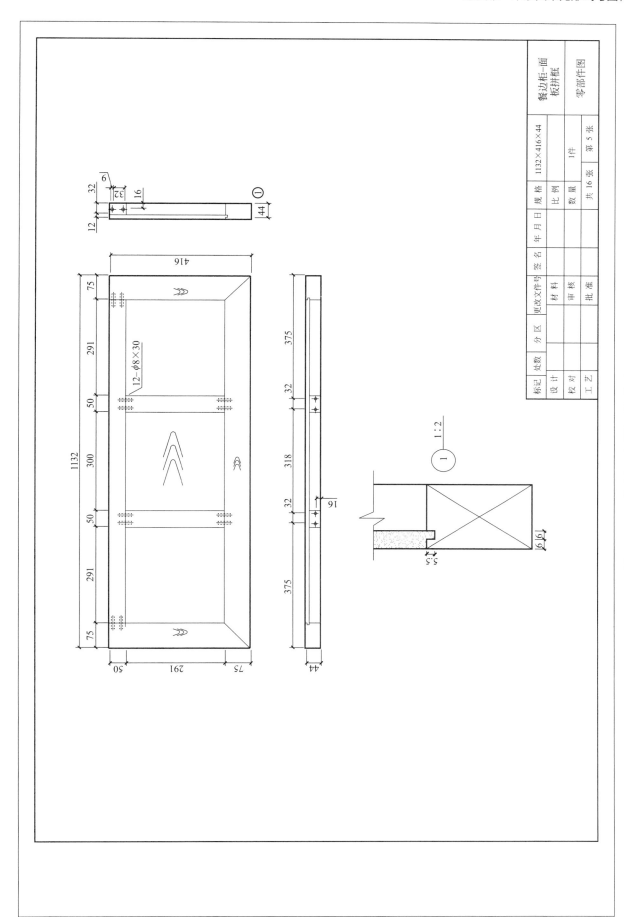

图 4-103（b）　餐边柜面板拼框零部件图

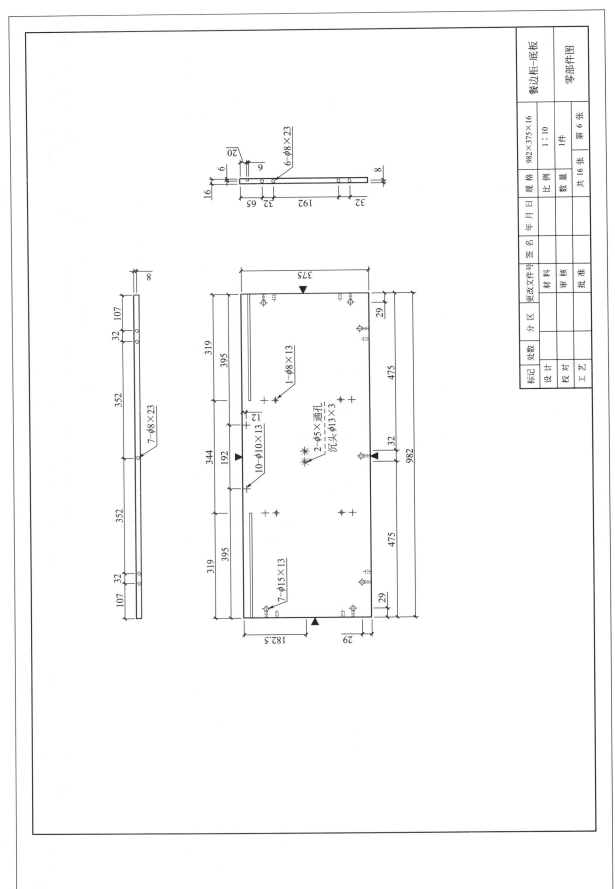

图 4-103(c)　餐边柜底板零部件图

| 标记 | 处数 | 分区 | 更改文件号 | 签名 | 年月日 | | 规格 | 982×375×16 | 餐边柜-底板 |
|------|------|------|------------|------|--------|---|------|------------|-------------|
| 设计 | | | | 材料 | | | 比例 | 1：10 | 零部件图 |
| 校对 | | | | 审核 | | | 数量 | 1件 | |
| 工艺 | | | | 批准 | | | 共 16 张 | 第 6 张 | |

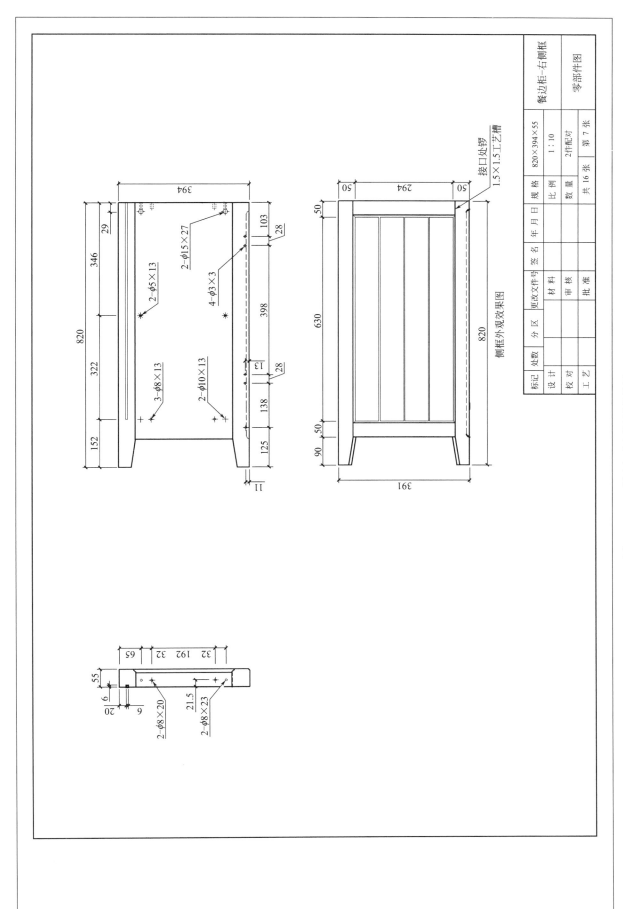

图 4-103(d)　餐边柜右侧框零部件图

| 餐边柜-右侧框 | | 零部件图 |
|---|---|---|
| 820×394×55 | 1：10 | |
| 规 格 | 比 例 | |
| | 2件配对 | |
| | 数 量 | |
| 年 月 日 | 共 16 张 | 第 7 张 |
| 签 名 | | |
| 更改文件号 | 材 料 | 审 核 | 批 准 |
| 分 区 | | |
| 处 数 | | |
| 标 记 | 设 计 | 校 对 | 工 艺 |

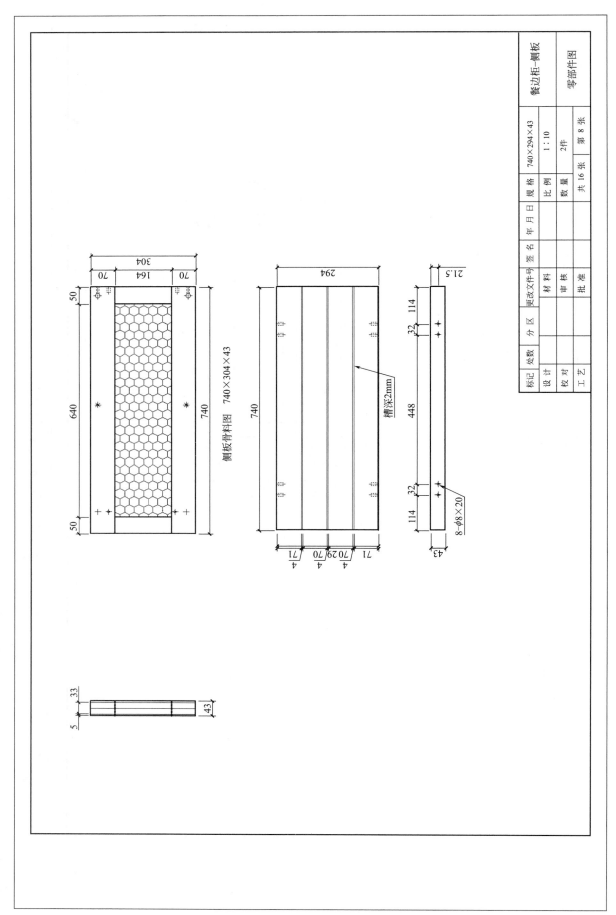

图 4-103（e） 餐边柜侧板零部件图

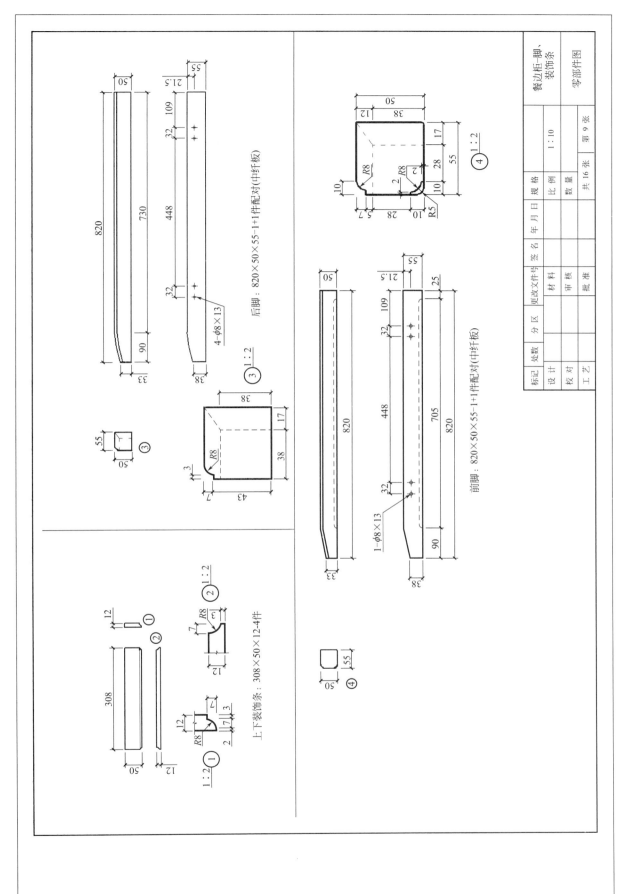

图 4-103(f)　餐边柜柜脚、装饰条零部件图

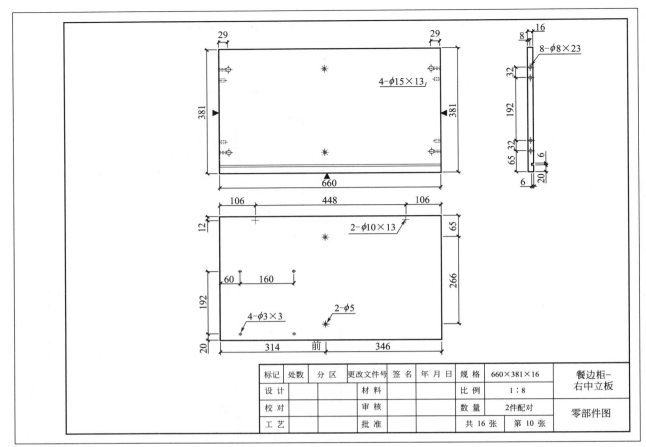

| 标记 | 处数 | 分区 | 更改文件号 | 签名 | 年 月 日 | 规格 | 660×381×16 | 餐边柜－ |
|------|------|------|------------|------|---------|------|-----------|---------|
| 设 计 | | | 材 料 | | | 比 例 | 1：8 | 右中立板 |
| 校 对 | | | 审 核 | | | 数 量 | 2件配对 | 零部件图 |
| 工 艺 | | | 批 准 | | | 共 16 张 | 第 10 张 | |

图 4-103(g)　餐边柜右中立板零部件图

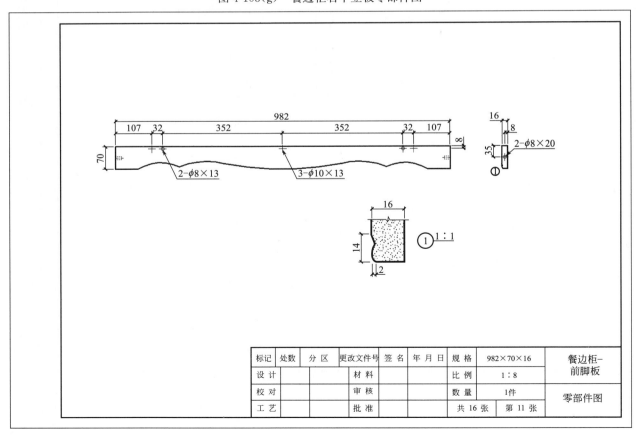

| 标记 | 处数 | 分区 | 更改文件号 | 签名 | 年 月 日 | 规格 | 982×70×16 | 餐边柜－ |
|------|------|------|------------|------|---------|------|-----------|---------|
| 设 计 | | | 材 料 | | | 比 例 | 1：8 | 前脚板 |
| 校 对 | | | 审 核 | | | 数 量 | 1件 | 零部件图 |
| 工 艺 | | | 批 准 | | | 共 16 张 | 第 11 张 | |

图 4-103(h)　餐边柜前脚板零部件图

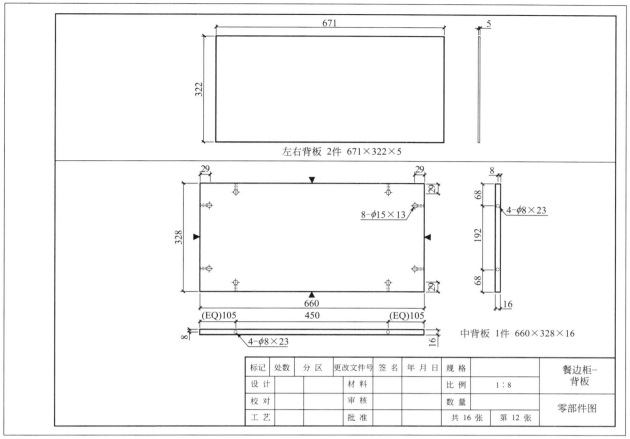

| 标记 | 处数 | 分区 | 更改文件号 | 签名 | 年月日 | 规格 | | 餐边柜-背板 |
|---|---|---|---|---|---|---|---|---|
| 设计 | | | 材料 | | | 比例 | 1:8 | |
| 校对 | | | 审核 | | | 数量 | | 零部件图 |
| 工艺 | | | 批准 | | | 共16张 | 第12张 | |

图 4-103(i)　餐边柜背板零部件图

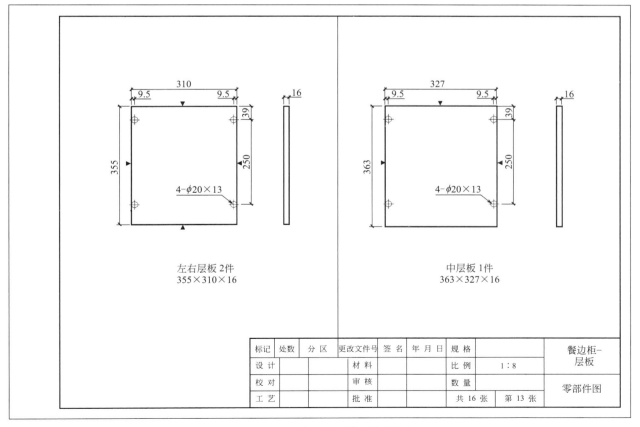

| 标记 | 处数 | 分区 | 更改文件号 | 签名 | 年月日 | 规格 | | 餐边柜-层板 |
|---|---|---|---|---|---|---|---|---|
| 设计 | | | 材料 | | | 比例 | 1:8 | |
| 校对 | | | 审核 | | | 数量 | | 零部件图 |
| 工艺 | | | 批准 | | | 共16张 | 第13张 | |

图 4-103(j)　餐边柜层板零部件图

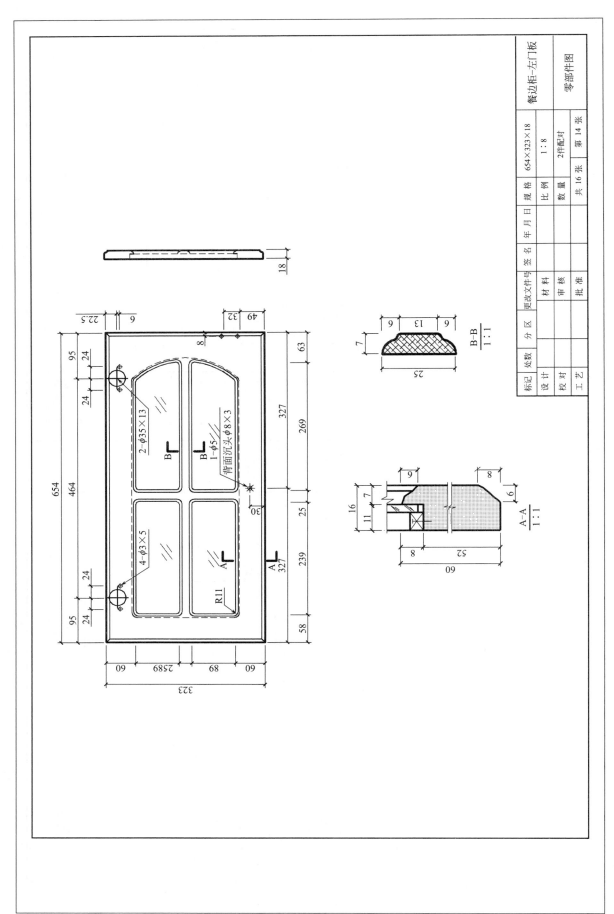

图 4-103（k） 餐边柜左门板零部件图

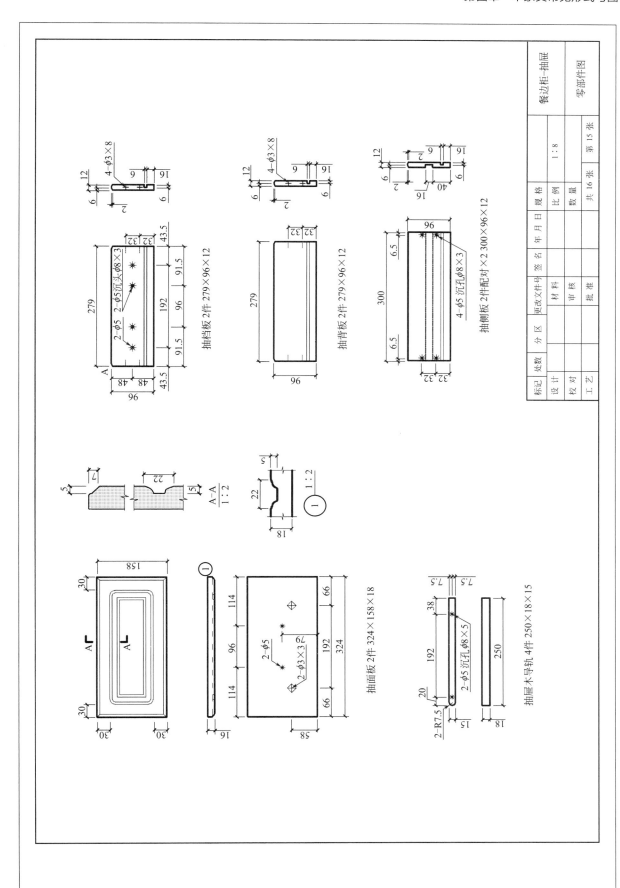

图 4-103（I）　餐边柜抽屉零部件图

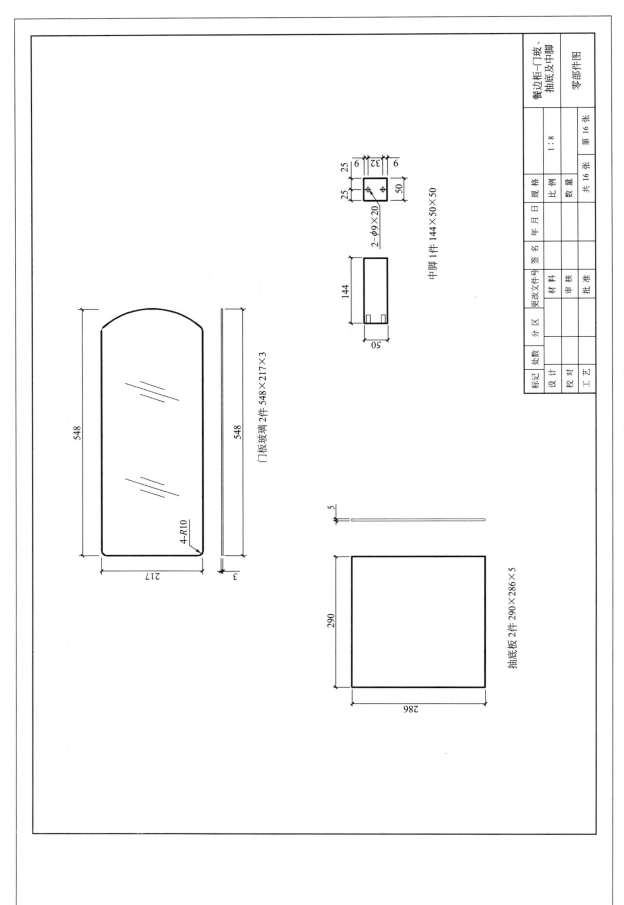

门板玻璃 2件 548×217×3

4-R10

548

548

217

3

中脚 1件 144×50×50

25 25

9 32 9

50

2-φ9×20

144

50

抽底板 2件 290×286×5

5

290

286

| 标记 | 处数 | 分区 | 更改文件号 | 签名 | 年 月 日 | | 规格 | | 餐边柜—门玻、抽底及中脚 |
|---|---|---|---|---|---|---|---|---|---|
| 设计 | | | | | | 材料 | 比例 | 1：8 | 零部件图 |
| 校对 | | | | | | 审核 | 数量 | | |
| 工艺 | | | | | | 批准 | 共16张 | 第16张 | |

图 4-103（m）　餐边柜门玻、抽底及中脚零部件图

**2. 桌类家具**

板木家具框架加芯板的结构形式也适合于桌台类家具，如图 4-104 所示。通常采用实木框架直接着地的设计，可以增强脚架的承载、防潮性能，提高了家具使用过程中的耐用和牢固程度，避免了人造板触地部分受潮起皮和膨胀的缺陷。而桌台面板一般面积较大，直接采用饰面人造板难免有变形、封边脱落的质量问题。实践中多采用实木或集成材加工边框，台面中心部位用刨花板或纤维板，实木周边铣型，不但不需要封边工艺，还可以显现家具真材实料的外观，发挥实木圆润的质感优势，完美地展现板木家具色彩丰富、款式新颖、造型多变的特点。

图 4-104　板木桌类家具示例

梳妆台是板木桌台类家具的一种类型，梳妆镜是梳妆台的重要组成部分，往往是造型设计的重点。框架结构的梳妆镜由于风格、用材和使用场合不同而采用不同的结构形式，如图 4-105 所示，（a）结构直接用平直或型面木质封边条固定镜子，工艺简单、用材少；（b）结构采用带型面的木质（或金属、塑料）压条固定镜子，压条断面、色彩、位置变化都可能改变梳妆镜的外观效果，是一种简易的装饰方法；（c）结构是梳妆镜各零件首先装配成框架再安装镜子的方式，具有前表面、侧面整齐，镜子安装稳定的特点；（d）、（e）结构类似于（c），但梳妆镜框架前表面另加压条，并突出框架表面，具有立体感，多用于欧式古典家具中，零件多，制作工艺复杂。

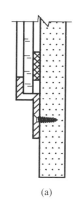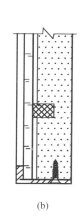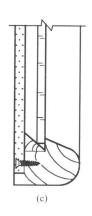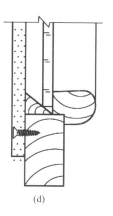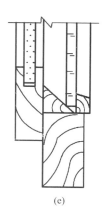

|   (a)   |   (b)   |   (c)   |   (d)   |   (e)   |

图 4-105　梳妆台镜子安装结构示例

图 4-106 为板木结构的梳妆台，其中梳妆镜外观形似传统的木框嵌板结构，实际为实木框架与人造板背板采用偏心式连接件组装成框架，镜子以胶黏剂固定在背板上，便于机械化、标准化生产；梳妆台的前脚架与后脚为实木材料，其他板件均为人造板基材，节约实木用料，降低成本。其施工图包括设计图、装配图及零部件图，如图 4-107～图 4-109 所示。

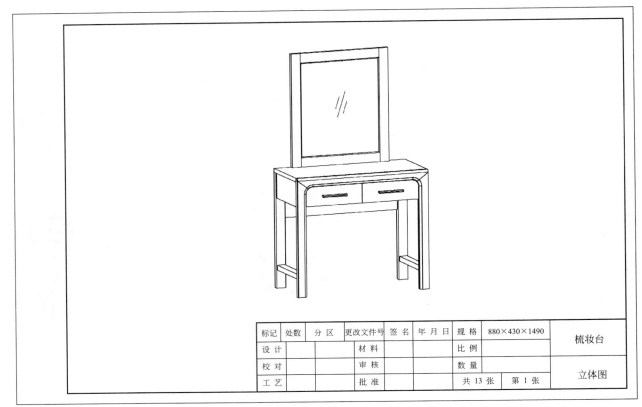

| 标记 | 处数 | 分区 | 更改文件号 | 签名 | 年月日 | 规格 | 880×430×1490 | 梳妆台 |
|---|---|---|---|---|---|---|---|---|
| 设 计 | | | 材 料 | | | 比 例 | | |
| 校 对 | | | 审 核 | | | 数 量 | | |
| 工 艺 | | | 批 准 | | | 共 13 张 | 第 1 张 | 立体图 |

图 4-106　梳妆台立体图

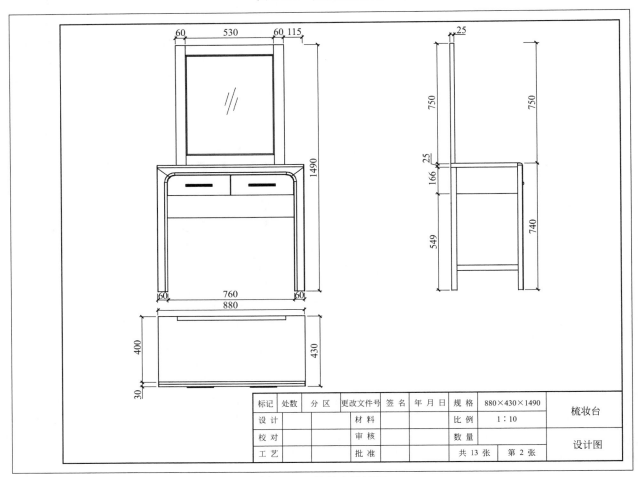

| 标记 | 处数 | 分区 | 更改文件号 | 签名 | 年月日 | 规格 | 880×430×1490 | 梳妆台 |
|---|---|---|---|---|---|---|---|---|
| 设 计 | | | 材 料 | | | 比 例 | 1：10 | |
| 校 对 | | | 审 核 | | | 数 量 | | |
| 工 艺 | | | 批 准 | | | 共 13 张 | 第 2 张 | 设计图 |

图 4-107　梳妆台设计图

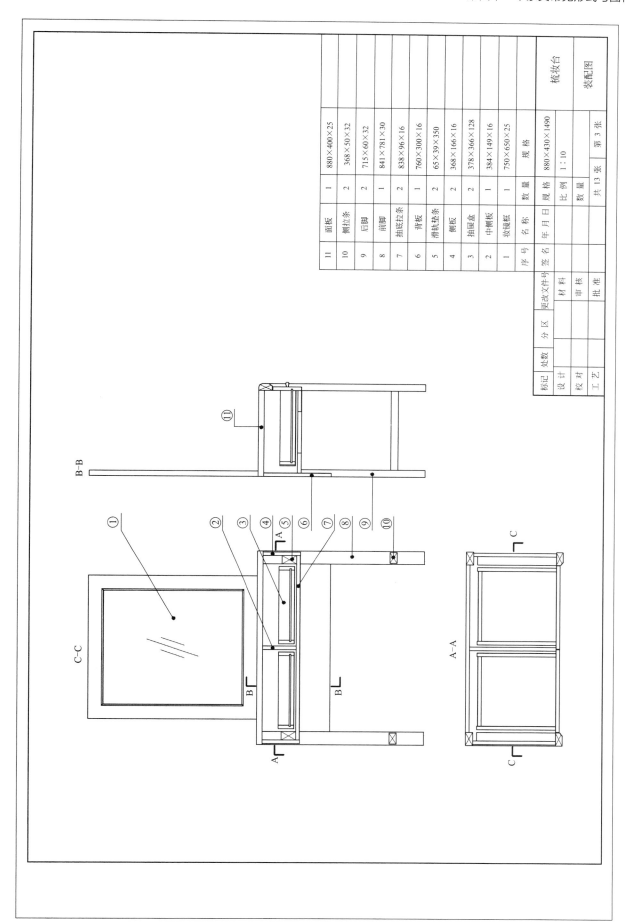

图 4-108　梳妆台装配图

| 序号 | 名称 | 数量 | 规格 |
| --- | --- | --- | --- |
| 11 | 面板 | 1 | 880×400×25 |
| 10 | 侧拉条 | 2 | 368×50×32 |
| 9 | 后脚 | 2 | 715×60×32 |
| 8 | 前脚 | 1 | 841×781×30 |
| 7 | 抽底拉条 | 2 | 838×96×16 |
| 6 | 背板 | 1 | 760×300×16 |
| 5 | 滑轨垫条 | 2 | 65×39×350 |
| 4 | 侧板 | 2 | 368×166×16 |
| 3 | 抽屉盒 | 2 | 378×366×128 |
| 2 | 中侧板 | 1 | 384×149×16 |
| 1 | 妆镜框 | 1 | 750×650×25 |

| | | | | 梳妆台 | |
| --- | --- | --- | --- | --- | --- |
| | 规格 | 880×430×1490 | | | |
| | 比例 | 1：10 | | 装配图 | |
| | 数量 | 共 13 张 | 第 3 张 | | |
| 更改文件号 | 材料 | | | | |
| | 审核 | | | | |
| | 批准 | | | | |

| 标记 | 处数 | 分区 | | | |
| --- | --- | --- | --- | --- | --- |
| 设计 | | | | | |
| 校对 | | | | | |
| 工艺 | | | | | |

签名　年月日

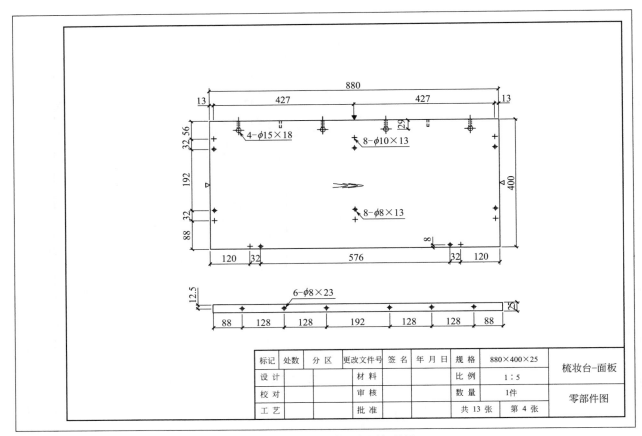

图 4-109(a)　梳妆台面板零部件图

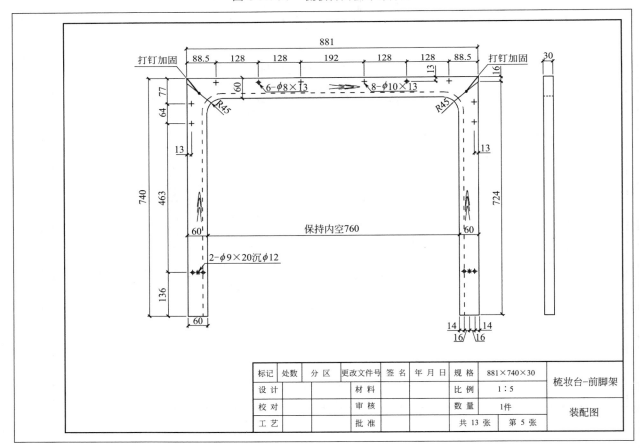

图 4-109(b)　梳妆台前脚架零部件图

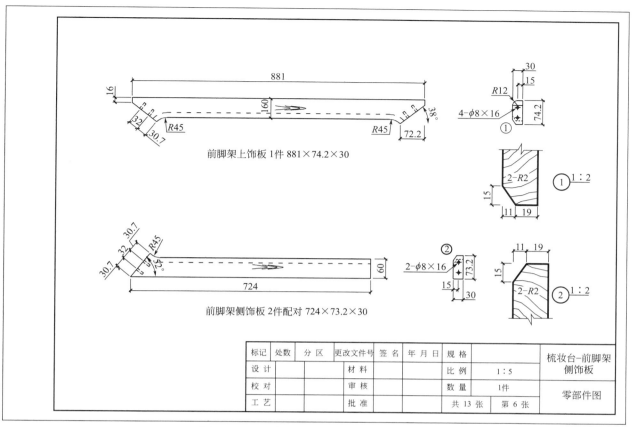

图 4-109(c)　梳妆台前脚架装饰板零部件图

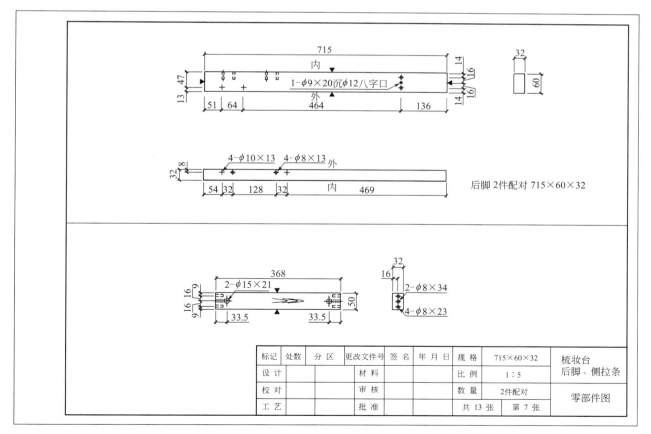

图 4-109(d)　梳妆台后脚、侧拉条零部件图

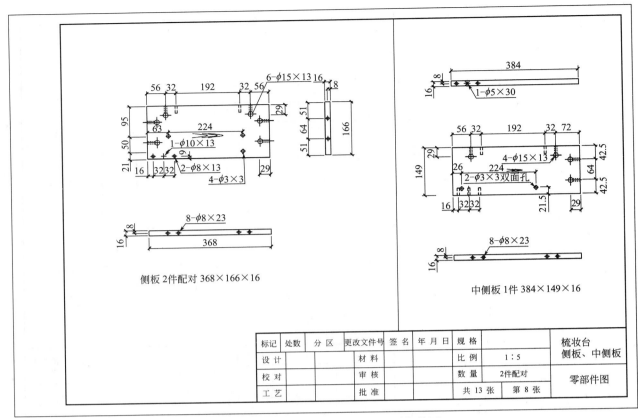

图 4-109（e）　梳妆台侧板、中侧板零部件图

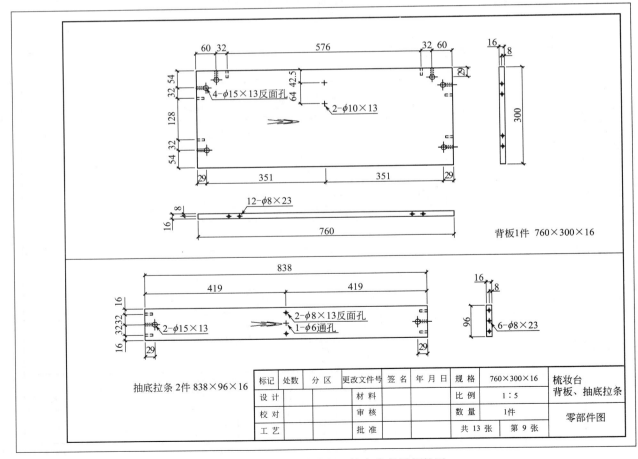

图 4-109（f）　梳妆台背板、抽底拉条零部件图

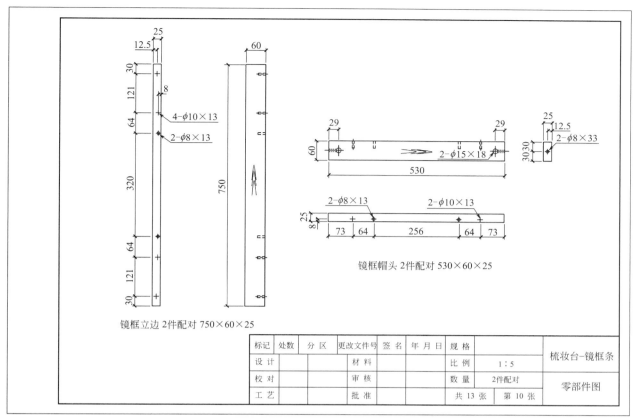

镜框立边 2件配对 750×60×25

镜框帽头 2件配对 530×60×25

| 标记 | 处数 | 分区 | 更改文件号 | 签名 | 年 月 日 | 规格 | | 梳妆台-镜框条 |
|------|------|------|-----------|------|---------|------|------|----------|
| 设 计 | | | 材 料 | | | 比 例 | 1：5 | |
| 校 对 | | | 审 核 | | | 数 量 | 2件配对 | 零部件图 |
| 工 艺 | | | 批 准 | | | 共 13 张 | 第 10 张 | |

图 4-109(g)　梳妆台镜框条零部件图

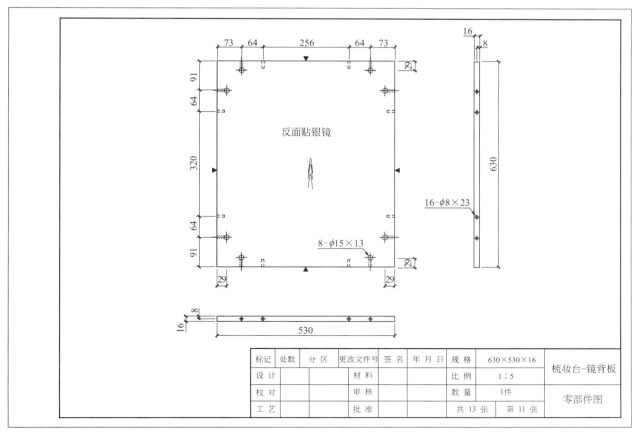

反面贴银镜

| 标记 | 处数 | 分区 | 更改文件号 | 签 名 | 年 月 日 | 规格 | 630×530×16 | 梳妆台-镜背板 |
|------|------|------|-----------|-------|---------|------|-----------|----------|
| 设 计 | | | 材 料 | | | 比 例 | 1：5 | |
| 校 对 | | | 审 核 | | | 数 量 | 1件 | 零部件图 |
| 工 艺 | | | 批 准 | | | 共 13 张 | 第 11 张 | |

图 4-109(h)　梳妆镜背板零部件图

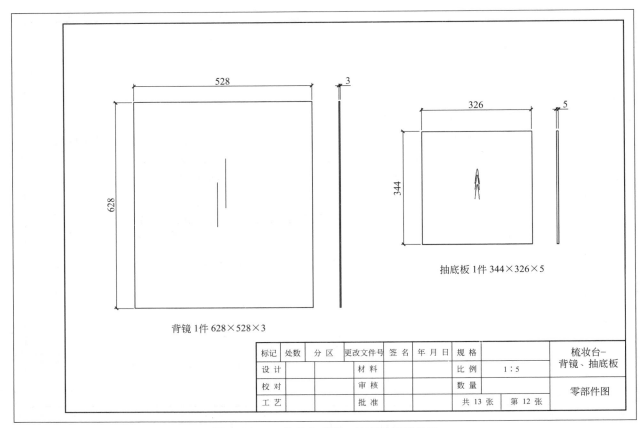

图 4-109(i)　梳妆台背镜、抽底板零部件图

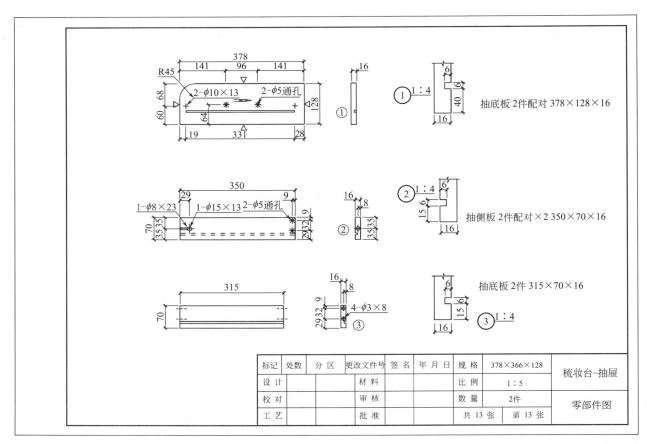

图 4-109(j)　梳妆台抽屉零部件图

### 3. 床类家具

板木床类家具的类型、尺寸及构成与实木床大同小异，均以屏板床为主。两者不同之处在于：板木床通常由脚柱、高低屏板和床侧构成，床屏芯板由人造板制作，使用较多的是中纤板，表面覆贴各种薄木，或做不透视涂饰，如图 4-110 所示。有的板木床除了床屏，床侧也用人造板制作。人造板芯板不仅不影响外观，而且简化了工艺，降低了材料成本，是当前备受中端消费者青睐的家具类型。

图 4-110　板木床示例

图 4-111 为美式风格板木床，其中四根床脚和装饰条均为实木材料，其他板件为白色三聚氰胺板，零部件之间采用连接件安装，属可拆装结构，易于实现工业化生产，其施工图包括设计图、装配图及零部件图，如图 4-112～图 4-114 所示。

可见，在保证功能、审美的前提下，减少实木材料的使用是板木家具构件设计的基本原则之一。应根据零件形状与断面选择材料，如截面较大或形态复杂的异型构件，一般用实木或实木集成材制造；截面尺寸大，断面单一者，可以用人造板胶合后贴薄木处理。能用人造板基材的地方，尽量少用实木。当然也要兼顾产品的档次和不同地域的消费者对家具用材的理解，如中国北方地区的消费者更加喜爱实木产品或者实木含量较多的产品。板木家具集新材料、新技术、新工艺与传统文化于一体，既蕴含浓郁的民族文化特征，又符合现代国际家具的简约风格，是适应现代工业化生产的一类家具品种。

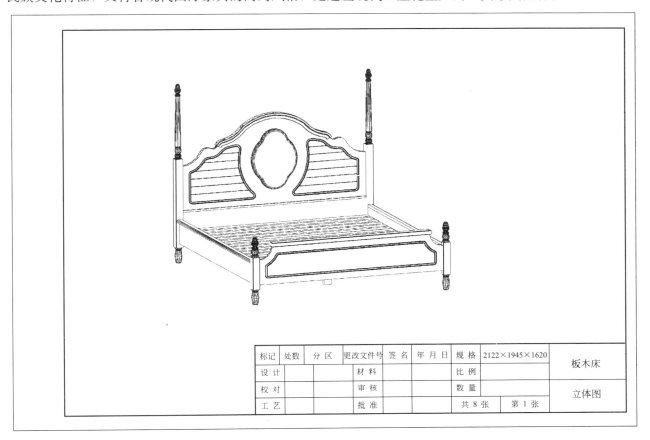

| 标记 | 处数 | 分区 | 更改文件号 | 签 名 | 年 月 日 | 规 格 | 2122×1945×1620 | 板木床 |
|---|---|---|---|---|---|---|---|---|
| 设 计 | | | 材 料 | | | 比 例 | | |
| 校 对 | | | 审 核 | | | 数 量 | | 立体图 |
| 工 艺 | | | 批 准 | | | 共 8 张 | 第 1 张 | |

图 4-111　板木床立体图

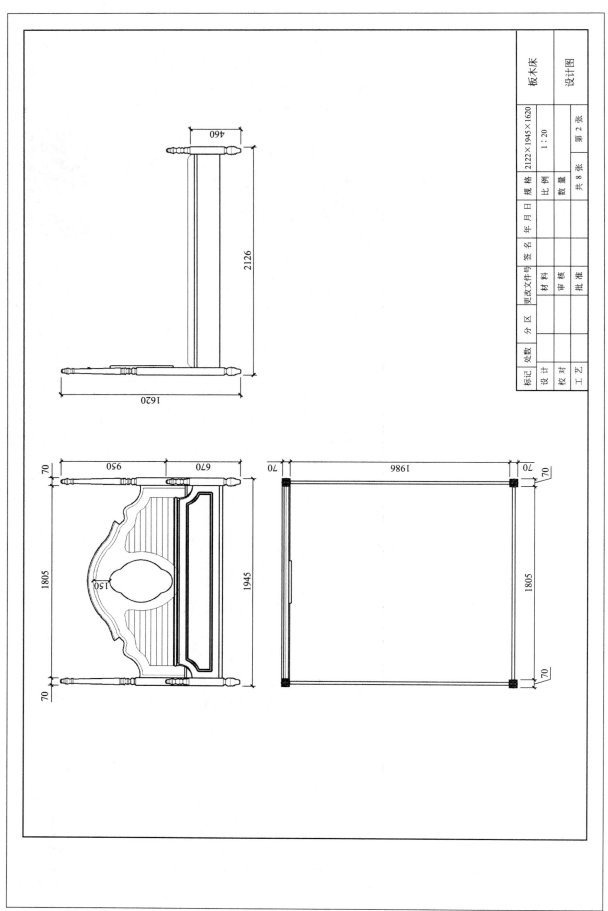

图4-112 板木床设计图

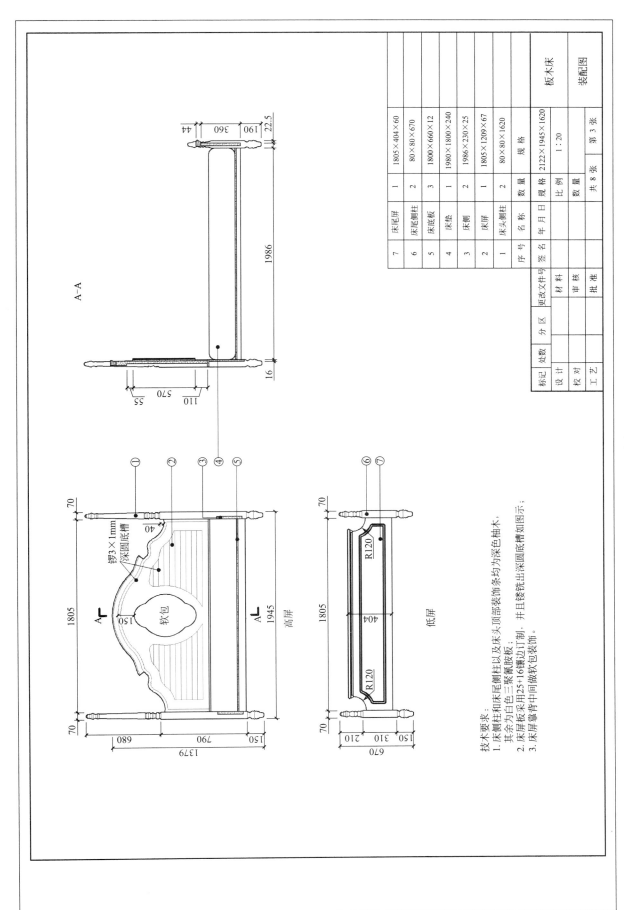

图 4-113　板木床装配图

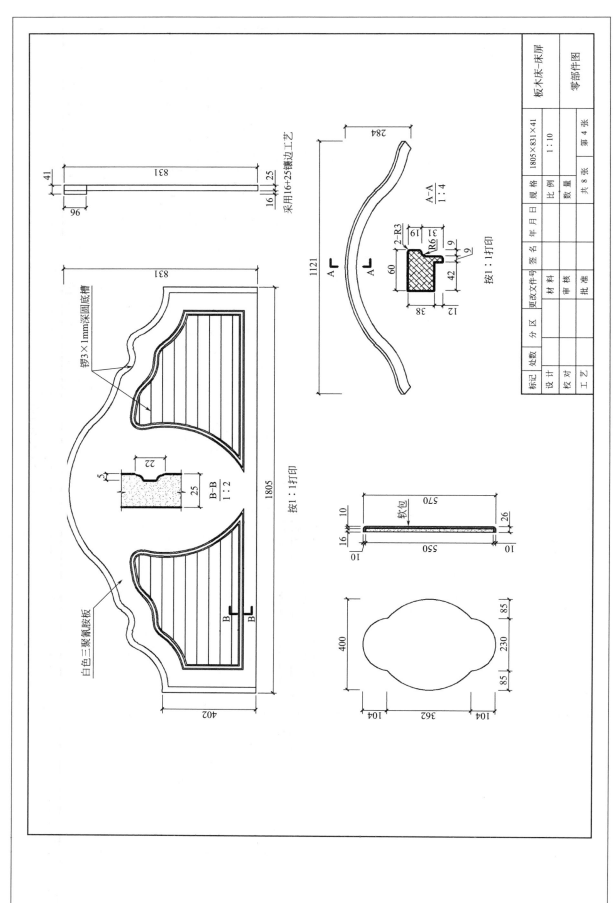

图 4-114(a)　板木床床屏零部件图

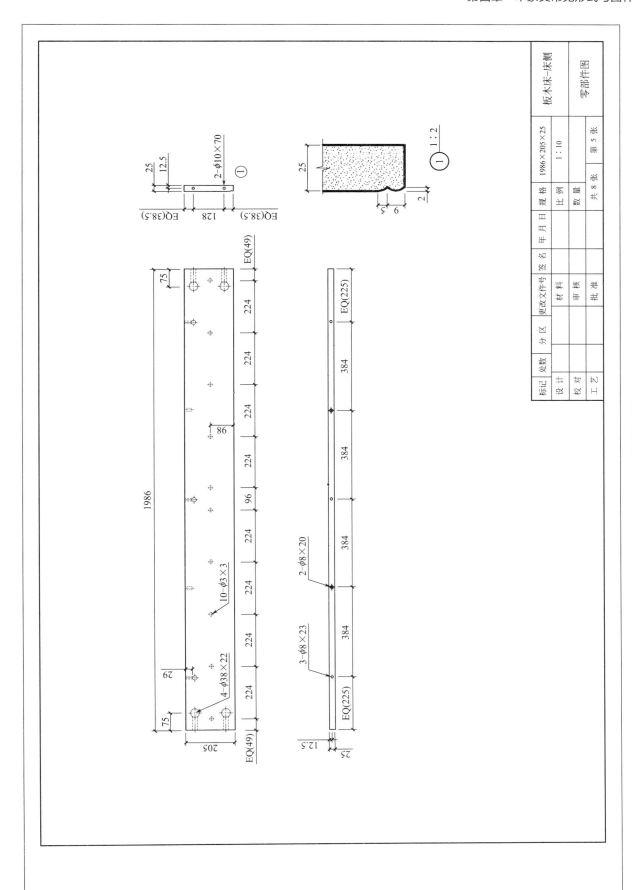

图 4-114（b） 板木床床侧零部件图

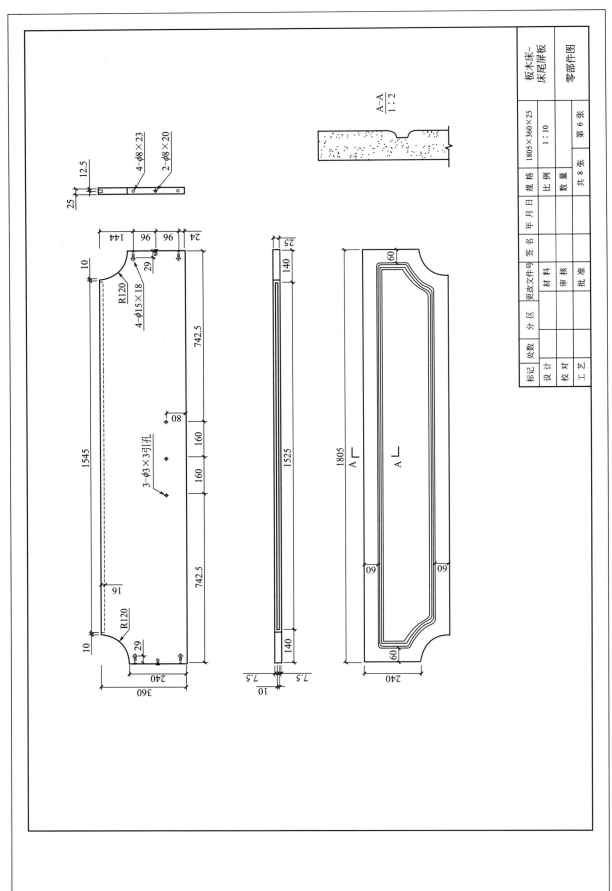

图 4-114（c） 板木床尾屏板零部件图

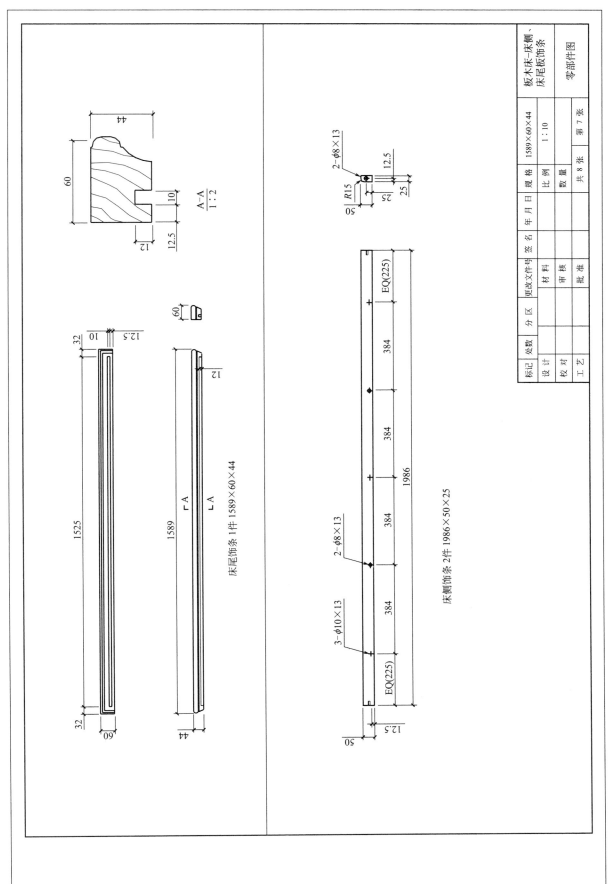

图 4-114(d)　板木床床侧、床尾板装饰条零部件图

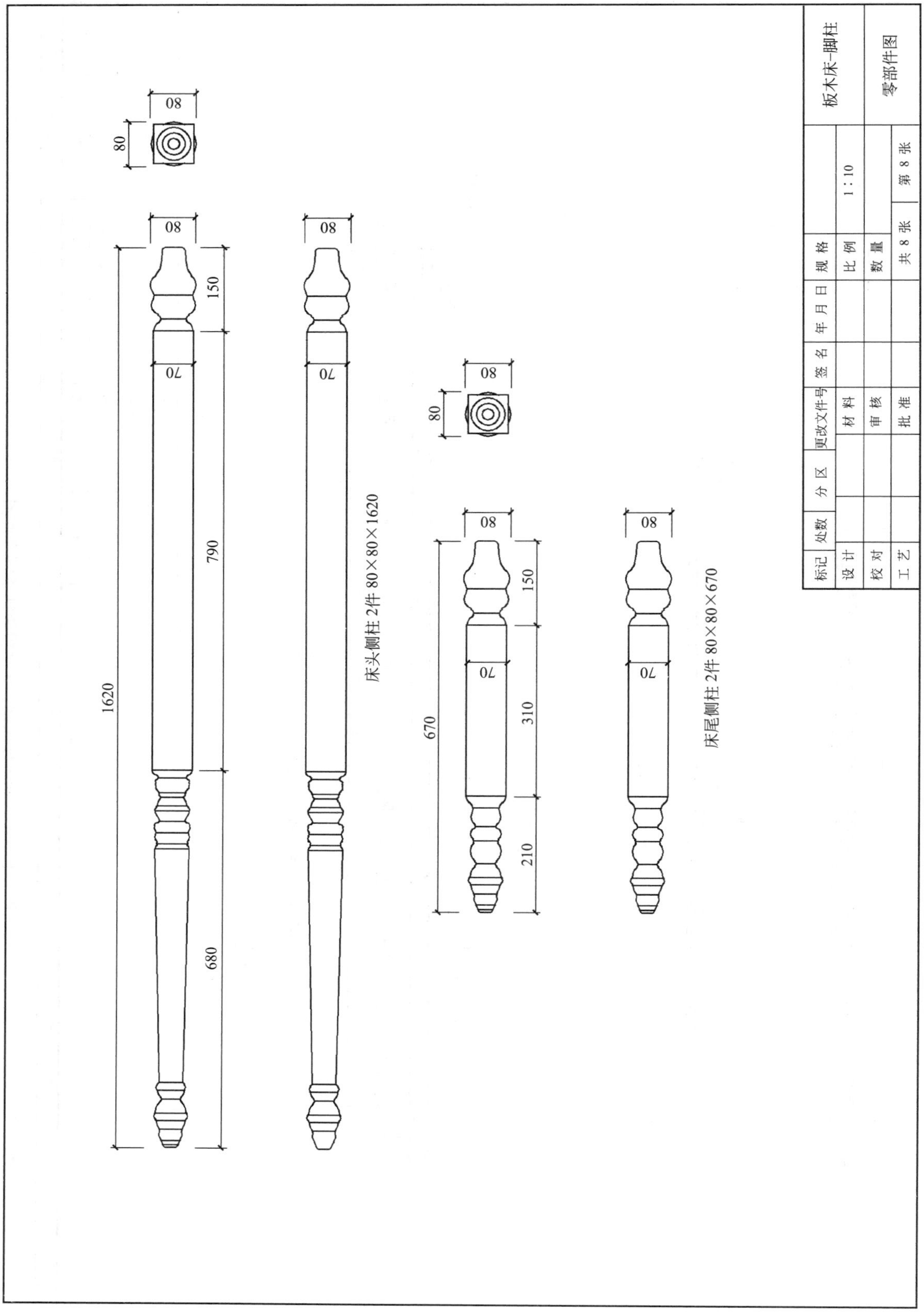
80
80
70
150
790
680
1620
床头侧柱 2件 80×80×1620
150
310
210
670
床尾侧柱 2件 80×80×670
板木床-脚柱
零部件图
标记
处数
分区
更改文件号
签名
年月日
规格
设计
材料
比例
1:10
校对
审核
数量
工艺
批准
共 8 张
第 8 张

图 4-114(e) 板木床脚柱零部件图

# 本 章 小 结

　　根据《木家具通用技术条件》（GB/T 3324—2017）规定，木家具可分为实木类家具、人造板家具（板式家具）、板木家具和综合类木家具。本章介绍了不同类别木家具的材料与结构特点，并结合企业实际项目案例详细分析柜类家具、桌类家具、椅类家具和床类家具的施工图绘制方法与表达方式。传统的实木家具一般以榫接合的框架为主体结构，再嵌入拼板来分割空间，零部件多，榫结合的零部件画法复杂。而现代实木家具多以拼板、指接材和集成材为主要材料，零部件之间以连接件接合，施工图主要表达板件上用于安装的接口（圆孔）的相关信息，零部件图画法较简单。板式家具的生产通常以部件为基本单元，以零部件图作为生产的主要依据，施工图包括设计图、拆装示意图、装配图、零部件图。板木家具兼顾了实木受力大和人造板性能稳定的优点，家具框架及主要受力部件采用实木制作，面板使用人造板并经薄木装饰，既保持了实木家具固有的自然纹理，又具备了板式家具色彩丰富，拆装方便，便于组合、运输等优点，其图样表达既要考虑框架结构，又要兼顾板件画法。可见，不同类别家具的施工图既有区别，也有相通之处。通过学习不同类别家具施工图的画法，做到融会贯通、举一反三。

# 作业与思考题

　　1. 家具设计图的绘制要求规范、全面、细致，一般包括哪些内容？

　　2. 根据《木家具通用技术条件》（GB/T 3324—2017），木家具如何分类？

　　3. 举例说明不同风格的实木家具如何选择材料？

　　4. 柜类家具品类繁多，造型各异，试从功能角度说明柜类家具的名称和特点。

　　5. 从结构特征上，实木桌类家具如何分类？各有哪些特点？

　　6. 试设计一件多功能实木桌，绘制效果图和施工图。

　　7. 板式家具的材料与结构特点是什么？

　　8. 我国要成为世界范围内的制造强国，面临着从制造大国向智造大国的升级转换，对技能的要求直接影响到工业水准和制造水准的提升，因而更需要将中国传统文化中所深蕴的工匠文化在新时代条件下发扬光大。请结合本章"木家具常见形式与图样绘制"学习，谈谈工匠精神的实践意义。

# 第五章
# 其他材料家具的结构

**第一节　金属家具**

### 一、概述

　　材料是物质的，每一种材料都有其独特的个性和语素。19世纪以来，工业革命改变了人们的生活方式，人们希望用金属制作酒壶、咖啡器具以外的产品，包括家具。金属家具的问世，始于20世纪20年代的西欧。1925年来自包豪斯的天才设计师布鲁耶，为了纪念他的老师瓦西里·康定斯基，设计出了世界上第一把钢管椅——瓦西里椅子，它以纯粹几何的形式，不锈钢管和皮革构成，突破了木质家具的造型范畴，是现代家具的典型代表，其造型轻巧优美，结构单纯简洁，使用轻便灵活，易于工业化批量生产，受到生产者和消费者的青睐，如图5-1所示。金属家具以坚硬、遒劲和深沉的形式很快风行世界。

图5-1　瓦西里椅

　　我国现代金属家具的研制，始于20世纪50年代，发展至今。金属家具在现代人的生活中扮演着重要的角色，衣、食、住、行，均有金属家具的参与，见表5-1。

表5-1　金属家具与生活的关系

| 衣 | 食 |
|---|---|
|  |  |
| 住 | 行 |
|  |  |

#### 1. 金属家具概念

　　金属家具指用钢管、板材等其他型材为主组成的构架或构件，配以木材、人造板、皮革、纺织面料、塑料、玻璃、石材等辅助材料制成零部件的家具，或全部由金属制作的家具。

　　金属家具所用的金属材料，易于实现加工自动化，机械化程度高，有利于提高劳动效率，降低产品成本。现代金属家具品种多样，色彩丰富，具有易于拆装、折叠、套叠的结构形式，极具个性，广泛应用于人们的日常生活中，让现代家居生活更便利与舒适，让办公家具更时尚与简约，让公共场所家具更休闲与坚固。以金属材质制造的现代家具，造就了人类更美好的生活空间，如图5-2所示。

#### 2. 金属家具分类

（1）按构件的材料分类

金属家具按构件的材料分类见表5-2。

图 5-2　现代金属家具示例

**表 5-2　金属家具按构件材料分类**

| 序号 | 名称 | 主要材料 | 说明 | 图　　例 |
|---|---|---|---|---|
| 1 | 铁艺家具（纯金属家具） | 钢、铸铁、铜、铝、铝合金等 | 所有构件用金属材料制造,常用于办公家具、厨房家具或户外家具 | |
| 2 | 钢木家具 | 木质材料和不锈钢管或铝金属等结合 | 以金属材料为主要构架,是金属与木材的结合,常用于民用家具,其消费比例仅次于中档实木家具 | |
| 3 | 其他金属家具 | 金属与玻璃、塑料、皮革、织物、藤、软质材料的组合 | 金属与玻璃结合冷峻而通透,打破原有的平淡;金属与塑料结合,金属的支撑加上塑料的多彩效果,坚硬而随性,产品外观造型丰富;金属与织物结合,金属的冰冷与织物的柔软互补,给人舒适之感 | |

（2）按结构不同分类

按结构形式的特点，常见的金属家具分类见表5-3。

**表5-3 金属家具按结构形式分类**

| 序号 | 名称 | 说明 | 特点 | 图 例 |
|------|------|------|------|-------|
| 1 | 固定式 | 通过焊接或铆接将零部件接合在一起 | 结构受力、稳定性较好，有利于造型设计，但占用空间大，不方便运输 | 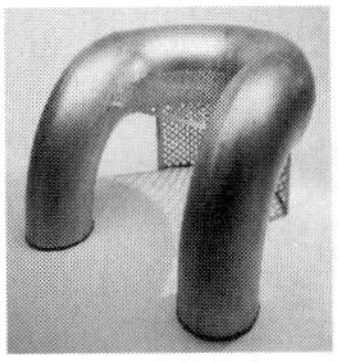 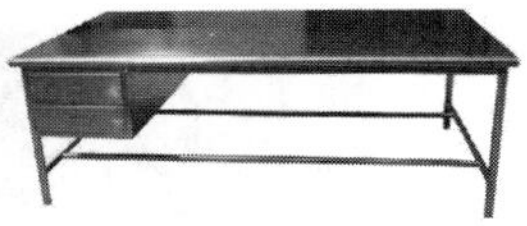 |
| 2 | 拆装式 | 产品部件之间用螺栓、螺母、销接连接或者用金属管材制作，大管套小管，再用螺钉连接固定 | 零部件之前可拆卸，先电镀再连接,工艺简单,运输方便，但坚固性会差一些 | 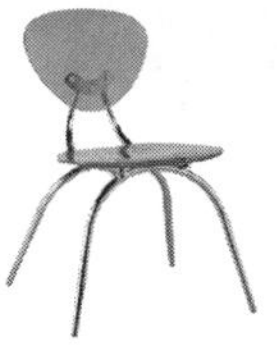 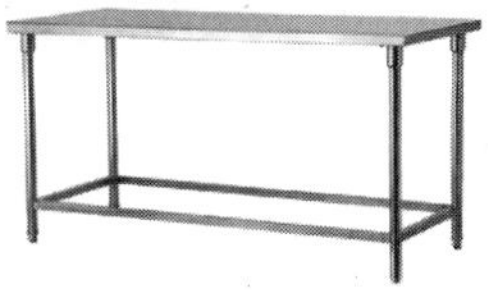 |
| 3 | 折叠式 | 分为折动式与叠积式，以铆钉、螺栓、螺母、销接连接为主 | 外形美观,牢固度高,可充分利用空间,便于运输 |    |
| 4 | 组合式 | 将形式上、尺寸上有一定联系的单体进行任意组合所构成的金属家具 | 使用面积大,可满足不同功能要求 |   |
| 5 | 悬挂式 | 直接将家具零部件固定在墙面、天花板上的金属家具 | 便于清洁卫生,占地小,特别适合小空间 | 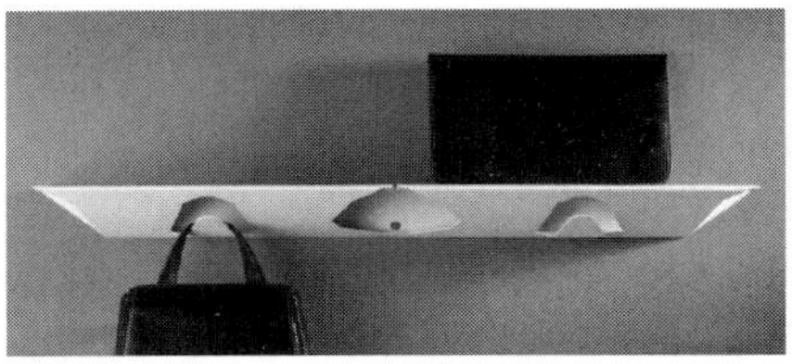 |

## 二、金属家具常用材料

金属材料是人工材料，指由金属元素或以金属元素为主构成的具有金属特性的材料。金属材料的特性由金属结合键的性质所决定。金属材料在常温条件下多为晶体，表面光洁，是电与热的良导体，金属有较强的延展性，适合于铸、锻、剪、冲压、弯曲等多种成型工艺。

### 1. 材料特点

金属家具材料一般是指工业应用中的金属或合金，自然界中纯金属大约有80多种，分为两大类，即含铁金属和不含铁金属，如图5-3所示。

家具用的金属材料以铁、铜、金、银等合金为主，合金由两种或两种以上的金属或金属与非金属结合而成。金属材料具有以下特点。

① 强度高。在同等质量下，钢材强度数倍甚至数十倍于木质材料，使金属家具零部件断面尺寸小，造型轻巧、简洁。

② 导电、导热性能良好。便于金属家具的焊接工艺，其独有的焊接方式，增加了家具造型的多样性与灵活性。

③ 可塑性良好，并具可熔性。便于金属家具进行弯曲成型、模压成型、铸造成型等工艺。

④ 表面工艺性好。不怕水，不怕虫蛀，不随气候变化而变化，使用寿命长，但表面易氧化腐蚀。

⑤ 有特殊的金属光泽。创造了金属家具的时尚感与现代性。

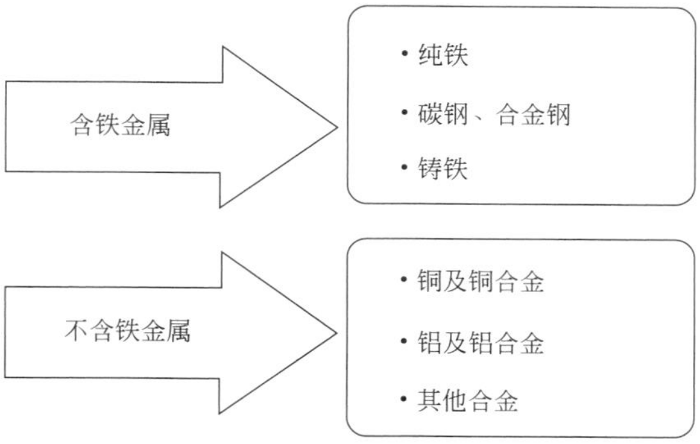

含铁金属 → ·纯铁 ·碳钢、合金钢 ·铸铁

不含铁金属 → ·铜及铜合金 ·铝及铝合金 ·其他合金

图 5-3　金属材料分类

**2. 材料类型**

金属是工业材料，在现代家具中的运用极为广泛，作为家具基材可制作为板材、线型、型材等金属材料，其抗拉强度、抗剪强度、弹性、韧性等机械性能远远优于木材。在家具设计与制造中采用薄壁管材、线材、薄板材等设计制造出的金属家具纤巧轻盈、明快精炼；与其他不同质地、不同颜色的材料（如木材、玻璃、塑料、织物、皮革等）配合制成的金属家具可形成对比鲜明、有机和谐的统一体。常用金属材料类型及应用，见表5-4。

表 5-4　常用金属材料类型及应用

| 序号 | 名称 | 常见断面形式与规格 | 特点 | 应用图例 |
|---|---|---|---|---|
| 1 | 型钢 | 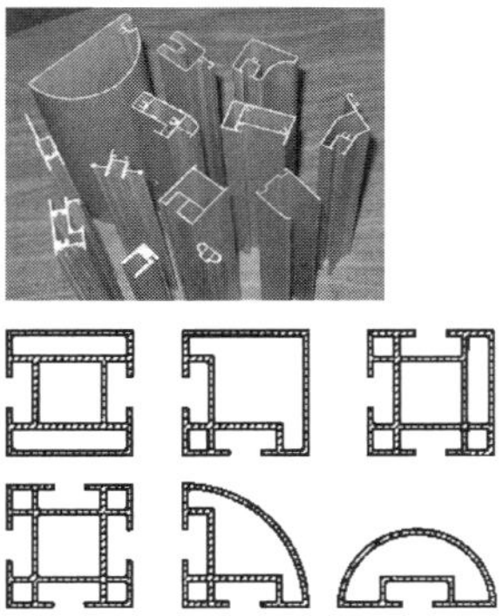 | 指具有一定强度和韧性的铁或钢通过轧制、挤出、铸造等工艺制成的具有一定几何形状的金属材料。形式多样，可用于桌、椅、柜支架材料，移门边框等 | 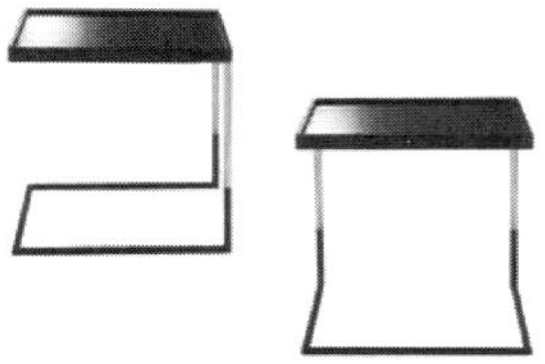  |
| 2 | 钢管 |  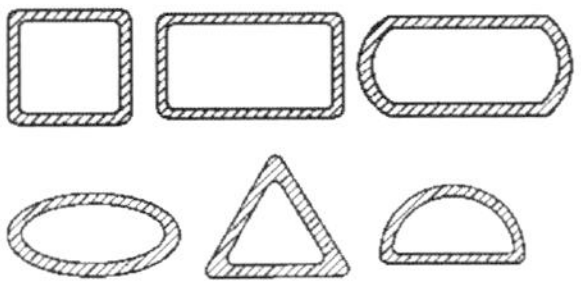 家具用管壁厚1～1.5mm；常用圆管外径 14mm、19mm、22mm、25mm、32mm | 钢管的钢种与品种规格极为繁多，其性能要求也多种多样。钢管按断面形状、生产方法、制管材质、连接方式、镀涂特征与用途等进行分类 | 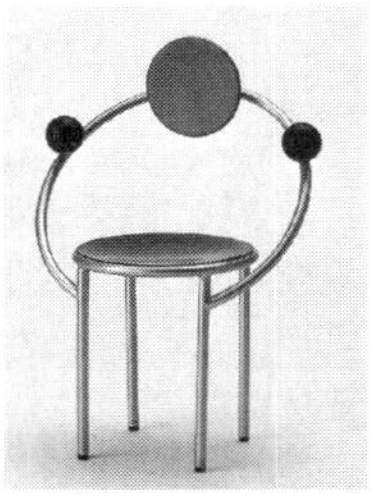 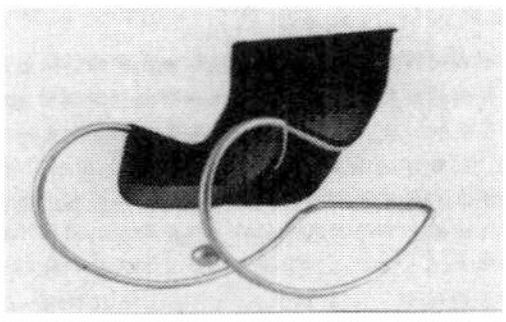 |

| 序号 | 名称 | 常见断面形式与规格 | 特点 | 应用图例 |
|---|---|---|---|---|
| 3 | 钢板 | 家具中多用的薄钢板规格：4mm 以下 | 是用钢水浇注，冷却后压制成平板状的钢材。根据不同的用途，钢板有不同的材质，如普通碳素钢、优质碳素结构钢、合金结构钢、不锈钢等 | |
| 4 | 钢丝 | | 通常用热轧线材（盘条）为原料，经过冷态拉模加工的产品。钢丝的断面形状有圆形、椭圆形、方形、三角形和各种其他形状，圆形多用 | |
| 5 | 铝及铝合金 | 型材壁厚 3mm 以下，型材形状与尺寸根据用途来决定 | 以铝为基础，加入一种或几种其他元素构成的合金，可拉制成板材、管材、型材和各种嵌条 | |

| 序号 | 名称 | 常见断面形式与规格 | 特点 | 应用图例 |
|---|---|---|---|---|
| 6 | 不锈钢 | | 又称耐酸不锈钢，指在空气、酸碱性溶液或其他介质中具有较高的稳定性的钢材。也可以加工成板材、管材、型材和各种嵌条。家具中多用304铬-镍奥氏体不锈钢 | |

## 三、金属家具结构形式及连接方式

### 1. 结构形式

金属家具的结构形式多种多样，通常有固定式结构、拆装式结构、折叠式结构等，根据结构形式的不同分别采用焊、铆、螺钉连接、插接等多种方式。由于金属材料不会因气候变化而变形开裂，因而提高了构件的加工、制造精度，使构件具有了良好的互换性，为金属家具构件的标准化、通用化、系列化及机械化生产提供了条件。

（1）固定式结构　指用焊接、铆接使零部件连接在一起的不可拆结构，如图5-4所示。该结构在金属家具中占多数，具有形体稳定，接合牢固，形状、尺寸不受限制的特点。如悬挂式金属家具通常采用固定式结构，直接将家具固定在墙壁上，例如汽车、火车上的置物架，该结构便于清洁卫生，占地小，特别适合小空间，且造型不受限制，使用灵活、方便。叠积式金属家具是用系列尺寸和统一形式设计的固定式家具，不使用时，能成摞堆放。该结构使用方便，结构牢固，可减小占地面积，特别适合餐厅、会场使用，但叠积时，易把表面涂层磨损掉，对于大体积家具，包装、运输不方便。

图5-4　固定式结构

（2）拆装式结构　用螺栓、螺母、插接件、连接件使零部件结合在一起的结构形式，如图5-5所示。其中组合式可将形式上、尺寸上有一定联系的单体进行任意组合，构成新的整体结构。该结构可拆，有利于电镀、油漆等表面处理，便于储存和运输，可减小车间或仓库的占地面积，易于实现机械化、连续化生产。但经多次拆装连接件易磨损，有的材料在两者拼合处重复出现，不利于材料利用，稳定性和牢固性变差。

图 5-5　拆装式结构

（3）叠积式结构　用系列尺寸和统一形式设计的固定式家具，不使用时，能成摞堆放，如图 5-6 所示。堆叠结构并不特殊，主要是在家具设计时多考虑"叠"的基本方式，如同一造型重叠，还是大、小套叠等形式。

图 5-6　叠积式结构

（4）折叠式结构　指利用折叠连接件或利用平面连杆原理，在节点上采用铆钉连接而形成的折叠结构，如图 5-7 所示。折叠结构一般建立在四连杆机构的基础上，互相牵制而起连动作用。折叠的构成可以分为前后折叠、左右折叠和前后左右同时折叠等构成形式。

图 5-7　折叠式结构

由于折叠家具搬动、携带次数较多，特别像折椅、折床、折叠餐桌椅等要求重量轻、强度高，以减轻搬动时的困难和折叠时的损耗，尤其对连接件（如铰链等）等部位要求更高，因此折叠家具对材料结构要求较高，加工精度要求较严格，收缩、曲折部分如不精密，过紧过松都会直接影响使用效果和寿命，并且影响到使用者的使用感受。选用的材料在保持牢固性的同时也要有一定的柔韧性，要善于根据功能效用对各部位选用最经济的材料。

折叠家具可以将面积或体积较大的物品折叠成尽可能小的面积或体积，从而缩小其占用的空间。折叠家具要做到在不影响使用效果的情况下尽可能折叠到最小单位，同时还要注重外形的完美，尤其像沙发等家具，既是日用品又是陈设品，因此更要具备形态上的美感，同时要充分考虑使用的环境，把折叠的理念融入使用的环境中，真正做到人-机-环境三者的平衡。

折叠结构具有多元化的特点，要考虑折叠结构本身的操作是否合理，在形式、尺寸的设计上要尽量配合使用者，使装配、搬动过程能够简单、轻松地完成，要针对具体的使用人群选择最合理的结构。如旅行用的餐椅、沙滩椅可采用堆叠形式，便于存放；家庭或会议室等临时增加椅子时采用折椅更省空间；为孩子设计的折叠结构要更为简单、安全、轻便。设计折叠家具时要注重折动结构的科学性、舒适性、安全性以及对于选材方面的特殊要求，不能因为追求结构上的合理而忽略使用者的感受。折叠家具如图 5-8 所示。

图 5-8　不同折叠结构示例

对于使用者来说，安全性更为重要，要避免重复多次的折叠过程和搬动过程导致连接件发生磨损，造成不安全因素。折叠组合要根据实际需要少而精，不能一味重叠或太多。过多的折叠过程会使家具在外形和结构上过于繁琐，背离了简约设计的初衷，也会给使用者带来不便。

### 2. 连接方式

金属家具材料的导电性、导热性和具有多种型面等特点，决定了它具有多种接合方式，如焊接、插接等，金属家具的可拆装、可折叠结构，也说明了金属家具可采用铆接、螺钉、螺栓接及连接件接合。常用的接合方式见表 5-5。

表 5-5　金属家具的接合方式

| 序号 | 名称 | 简　图 | 说　明 | 图　例 |
|---|---|---|---|---|
| 1 | 焊接 | | 焊接是利用两个物体原子间产生的结合作用来实现连接，是目前金属构件接合的主要方法之一。具有适应性较强，操作简便，牢固性及稳定性好等优点，但工作效率低 | |

| 序号 | 名称 | 简图 | 说明 | 图例 |
|---|---|---|---|---|
| 2 | 铆接 | 平肩铆钉　沉头铆钉<br>插芯铆钉　击芯铆钉<br>空芯铆钉 | 指用铆钉将两个零件或部件连接在一起的过程，多用于金属折叠椅、凳、桌等的活动部件接合处。铆钉是铆接结构中最基本的连接件，它由圆柱杆、铆钉头和镦头所组成，由于铆钉头形状不同而有不同的形式，一般选用直径为 13～16mm 的铆钉 | |
| 3 | 螺栓与螺钉连接 | | 多应用于拆装式金属家具，它具有安装容易、拆装方便的特点，同时便于零部件电镀、油漆处理，但螺栓、螺钉必须经过防锈处理，一般采用来源较广的螺钉、螺栓紧固件，且一定要加防松装置 | |
| 4 | 插接 | | 主要用于插接式金属家具两个构件之间的滑配合或紧配合连接。插接加工、安装简便，生产时只需经过下料、截断、打孔等工序，但插接件与管径的尺寸要求精度高，也可以在构件内侧加螺钉固定，以增强接合强度 | |
| 5 | 连接件接合 | | 连接件接合金属家具可多次拆装，为简化产品加工工艺，降低劳动强度提供条件，便于产品实现机械化、连续化生产。可同时连接多根管材，或进行多种角度连接 | |

### 3. 金属家具的脚垫结构

金属家具坚硬的材质在使用过程对地面会造成一定的影响，如果与硬质地面相接触也容易打滑。为了增加支架的稳定性和丰富支架的造型，通常对金属家具接触地面的支架部位进行各种脚垫处理，脚垫的材料主要有橡胶垫、塑料垫、铁垫、脚轮等，如图 5-9 所示。脚垫的安装较为简单，可以直接穿套、脚垫端部带螺钉、螺栓等结构，部分细节结构如图 5-10 所示。

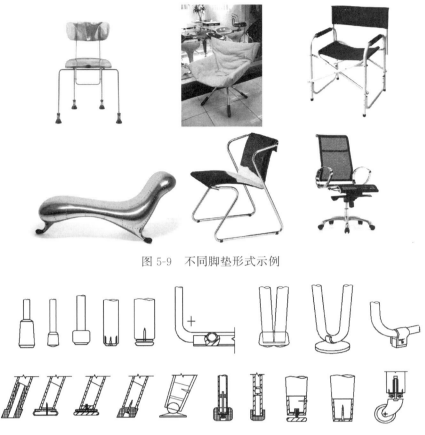

图 5-9　不同脚垫形式示例

图 5-10　脚垫结构示意图

可见，金属材料的特殊性使金属家具与木质家具、塑料家具有很大的差别，它们在零部件断面尺寸、连接方式及加工工艺上都有各自的特点。对金属家具来说，结构设计时必须遵循以下的原则。

① 稳定性：金属家具用材断面尺寸小，为满足使用要求，必须能承受多种载荷作用，如功能载荷、搬移载荷等，要求有合理的结构，能将载荷传递到各结点上。

② 工艺性：在设计时，造型必须适应金属家具的加工工艺要求。金属家具所用的金属材料具有良好的可加工性。金属管材、线材具有柔韧的特性，可任意弯曲成不同形状，营造方、圆、尖、扁等不同造型。所以金属家具多设计成曲直结合、刚柔相济的造型风格，结合金属材料高强度、高弹性的特性，设计成悬臂式座椅，是造型充分适应其材性、工艺性的成功例子。还可以通过对金属材料的冲压、锻、铸、模压、焊接等加工获得造型各异的金属家具。同时要充分利用各厂现有设备和技术条件，以降低产品成本。

③ 灵活性：应充分发挥金属材料本身简洁、形体小、强度高的特性。在不影响产品结构、造型、质量的前提下，零部件应能通用互换，尺寸系列化，以便适应机械化、连续化生产，从而提高生产效率和经济效益。

④ 经济性：金属家具的设计，一方面要考虑使用价值，另一方面要考虑其经济价值，尽量做到价廉物美。如用料合理、结构简洁、工艺简单，在同等生产条件下，就能降低产品成本，从而提高企业经济效益。同时还要考虑人们的生活水平、消费习惯、审美意识等。

总之，任何结构形式、材料、连接方式的采用，应从功能的需要，结构的牢固，加工的可能性和经济性来全面考虑，充分体现出金属家具结构轻巧、灵活，使用方便，时代感强的特点。

## 第二节　塑料家具

### 一、概述

20 世纪 60 年代，美国制造出世界上第一块塑料实体面材，这种材料优异的性能使其快速在全球的各个行业得到应用。二战末期，聚乙烯、聚氯乙烯等塑料被相继开发出来，这个时代也因此被称为"塑料的时代"。新材料的出现为广大家具设计师的无限创意提供了最大的可能性，使家具的结构、造型从装配组合转向整体浇铸成型，出现了大量具有雕塑感的有机家具形式。著名建筑与家具大师艾罗·沙里宁（Eero Saarinen）的郁金香椅，丹麦家具大师安恩·雅各布森（Arne Jacobsen）的天鹅椅、蛋壳椅，维纳·潘顿（Verner Panton）的"潘顿椅"，艾洛·阿尼奥（Eero Aarnio）的"香皂椅"都是塑料家具的代表作品。如图 5-11 所示。

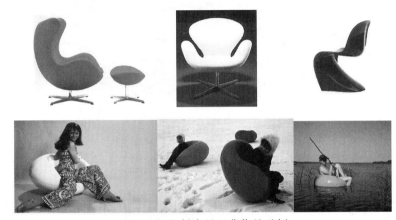

图 5-11　塑料家具经典作品示例

塑料是材料中的变色龙，可热可冷，可硬可软，可以有形态记忆性；可以结构化或质量轻薄化，如塑料薄膜可以薄到只有埃（一亿分之一厘米）单位，也可以厚到以米做单位；可以有弹性，也可以坚如磐石。塑料家具比起木材或金属材料制成的家具，可塑性极强，可以加工成任何形状，同时它色彩丰富，与其他家具巧妙搭配，可以起到美化居室的作用。最重要的，塑料家具可以回收利用，能最大限度地减少对环境的污染，这一点对于重视环境保护与生存质量的现代人来说，无疑是一大优势，因此越来越受到家具设计者与制造者的重视。一些优秀的设计家将他们前卫的设计理念渗透到塑料家具的设计中，将家具的实用功能与审美功能完美结合。

**1. 塑料**

以天然树脂或合成树脂（也称合成高分子化合物）为原料，在一定温度和压力条件下，可以用模具使其成型为具有一定形状和尺寸的塑料制件，当外力解除后，在常温下其形状保持不变。多数以合成树脂为基本成分，一般含有添加剂如：填料、稳定剂、增塑剂、色料或润滑剂等。

**2. 塑料的特性**

① 色彩绚丽，有些具透明性。塑料易于调色的性能，使其色彩应有尽有，且鲜艳亮丽。有些塑料具有透视性。

② 质轻，比强度高。塑料比金属轻，一般塑料密度在 $0.9 \sim 2.3 \text{g/cm}^3$ 之间，其制品较轻便，易于搬移。塑料制品坚固、耐摔，特别适合制作儿童用品。

③ 工艺简单，造型多样。塑料具有良好的柔韧性和弹性，适合注射成型、挤出成型、模压成型、中空吹塑等多种成型工艺，制作工艺比较简单，易于批量化生产，可降低生产成本。

④ 品种多样，适应性广。塑料品种繁多，从使用特性上分，有通用塑料、工程塑料和特种塑料三种；从理化特性上分，有热塑性塑料和热固性两大类，所以塑料制品可以广泛应用于室内外空间，满足

人们不同层次的使用要求。

⑤ 便于清洁，易于保养。塑料有良好的化学稳定性，如耐磨、耐水、耐油等，日常保洁可以直接用水清洗，简单方便，成为公共建筑、餐饮空间家具的首选材料。

总之，塑料重量轻，成型工艺简单；具有一定的物理、机械性能，良好的抗腐和电绝缘性。但塑料的耐热性和刚性较低。近年来，随着塑料加工成型技术的发展，塑料在家具上的应用日益广泛。

**3. 塑料家具**

塑料家具是指全部采用塑料或主要部件采用塑料制成的家具，如图 5-12 所示。它具有结构简洁、造型独特、色彩丰富、线条流畅等特点。但塑料家具透气性差，易老化、变形。制造塑料家具常用的材料有：FRP（纤维增强塑料）、ABS（苯丙烯-丁二烯-丙烯腈三元共聚物）、PC（聚碳酸酯）、PVC（聚氯乙烯）、PP（聚丙烯）等。

图 5-12　塑料家具

## 二、塑料家具的结构设计

**1. 塑料家具结构设计要求**

由于塑料家具零部件大多采用模压成型，或注射成型（注塑）加工而成，因此设计时，在结构上应注意以下几点。

① 塑料零件的形状应便于制造时脱模。

② 在保证有足够的强度前提下，合理确定零件的断面尺寸，以便减少材料消耗，消除制造应力。

③ 对于户外用的塑料家具，应进行耐老化处理。

塑料家具的细部结构要求包括：构件的壁厚、斜度、加强筋、支承面、孔、螺纹及嵌件，它们的具体规定见表 5-6 所示。

表 5-6　塑料家具的细部结构

| 序号 | 名称 | 简　图 | 说　明 | 图　例 |
|---|---|---|---|---|
| 1 | 壁厚 | 注：等断面设计优于不同壁厚设计 | 不同类型的塑料家具构件对壁厚的要求不同，以保证其机械强度为前提，如有机玻璃为 1.5～5.0mm，ABS 为 1.5～4.5mm | |

| 序号 | 名称 | 简 图 | 说 明 | 图 例 |
|------|------|-------|-------|-------|
| 2 | 斜度 | | 为了便于脱模，设计时塑料构件与脱模方向平面的表面，应有合理的脱模斜度，其大小取决于塑料零件的形状、壁厚和塑料的收缩率，一般取 $30'\sim1°30'$ | |
| 3 | 加强筋 | | 由于壁厚的限制，对于受力大的构件，必须在构件反面设置加强筋，在不增加塑料零件厚度的基础上增强构件的机械强度，并防止塑料翘曲 | |
| 4 | 支承面 | | 需要作支承面的构件，平整的表面不易加工，一般设计成凸边的形式，且为圆弧过渡，使用较为稳定 | |
| 5 | 孔 | <br>接合前　　　　接合后 | 构件上的孔位尽可能设计在不减弱构件强度的部位，相邻两孔、孔与边缘之间的距离，通常要大于孔的直径，并尽可能地使壁厚大一些 | |
| 6 | 螺纹形式 | <br>外螺纹　　　　内螺纹 | 构件上的内、外螺纹设计，不能影响塑件的脱模和降低塑件的使用寿命。螺纹成型孔的直径，一般 $\geqslant$ 2mm，螺距也不宜太小 | |
| 7 | 嵌件 | <br>内嵌螺钉　　　内嵌螺母 | 因连接上的需要，必须在构件上镶嵌连接件时，为了使嵌件在塑料内牢固而不致脱落，嵌件的表面必须加工成沟槽、滚花或制成特殊形式 | |

**2. 塑料家具的连接方式**

除了一次性整体成型外，塑料家具多数情况也是以零部件的形式与塑料、金属、木材等配合组装成不同类型的家具。塑料零部件之间的接合方式有 7 种，见表 5-7。

表 5-7　塑料家具的接合方式

| 序号 | 名称 | 简图 | 说明 | 图例 |
|---|---|---|---|---|
| 1 | 胶合 | — | 热塑性和热固性塑料均可采用该方法接合。粘接处可以被隐藏，尤其在应对热膨胀和低温环境下的性能优于其他方法 |  |
| 2 | 焊接 | 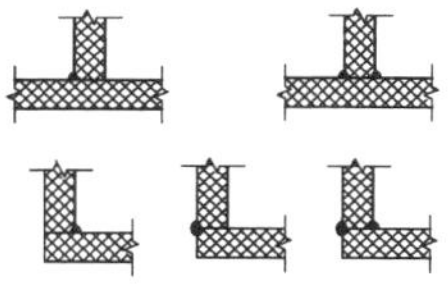 | 大多数热塑性塑料都可以采用焊接，包括摩擦熔焊、热气焊接、激光焊接和超声波焊接。该方法容易实现无缝接合 | 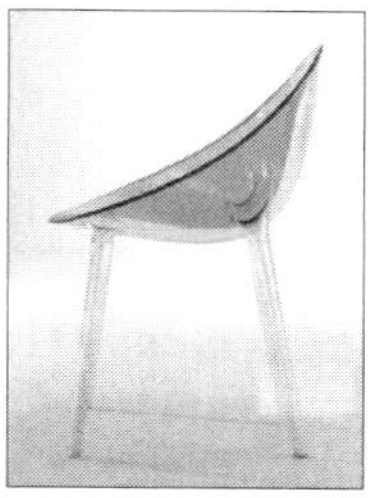 |
| 3 | 自攻螺钉接合 | 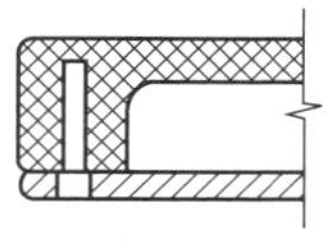 接合前 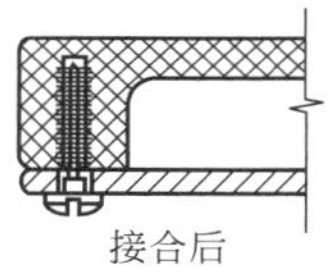<br>接合后 | 零件上的孔径应小于螺钉直径，该方法简便，接合强度中等，但不能多次拆装 | 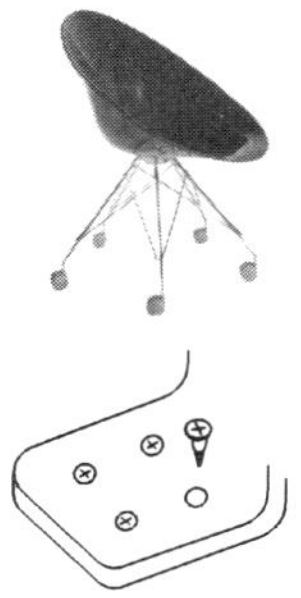 |
| 4 | 铆钉接合 | 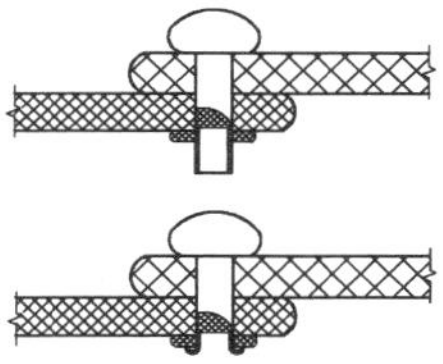 | 类似于金属家具的铆钉接合 | — |
| 5 | 螺栓接合 | 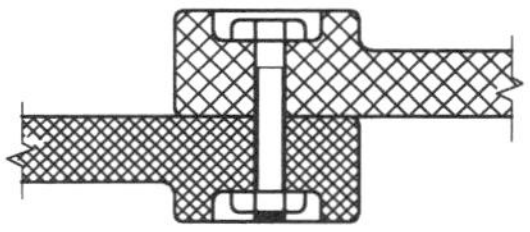 | 接合中的螺母有的与零件分离，有的预先埋在塑料零件内；有的则在塑料零件上直接制有螺纹孔。该接合强度高，接合方便，可多次拆装 | 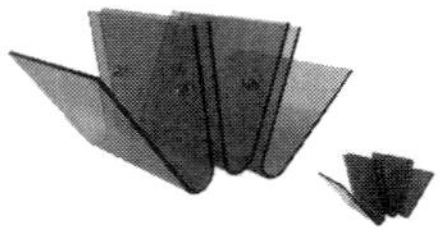 |
| 6 | 插入式接合 | 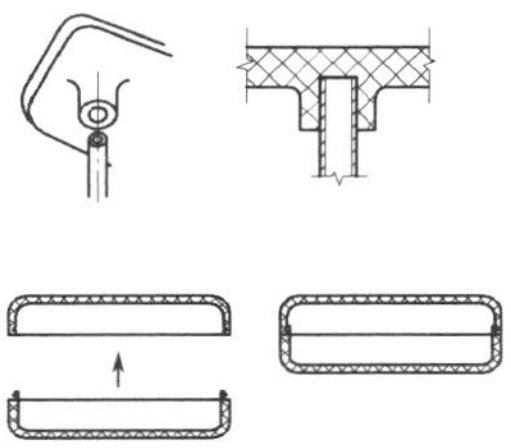 接合前　接合后 | 指依靠两者之间的摩擦力将两个零件连接起来。该接合简便、可拆装，但抗拔强度较差，应避免抗拔方向受载，可以在侧面用螺钉紧固，以提高接合强度 | 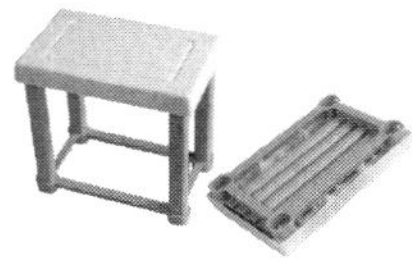  |

| 序号 | 名称 | 简 图 | 说 明 | 图 例 |
|---|---|---|---|---|
| 7 | 穿套式接合 | | 指一零件穿插在另一个零件的孔内，接合简单、易行，可拆装。但只能在垂直穿插孔轴的方向上承受载荷，多用于椅类家具中 | |

现今，塑料家具以时尚设计、多元色彩、有机造型等特点刷新了消费者对塑料家具的认知概念，各种新型的塑料家具对年轻消费者的吸引力越来越大。

## 第三节　软体家具

凡主要部件由软体材料所构成，或与人体接触的部位由软体材料制成的家具，均可称为软体家具。具体来说，软体家具是指以木质材料、金属、塑料等为支架材料，用弹簧、泡沫塑料等作为弹性填充材料，表面以皮革、织物等面料包覆制作而成的家具。软体家具由于使用弹簧或其他富有弹性的软质材料，在与人体接触时，能使人感到舒适，能减轻人们的疲劳，是人们工作、娱乐、休息的一类重要家具。软体家具表面装饰色彩丰富，形式多样，能给人一种华丽、温暖和舒适的感觉。

随着科技的发展，人民生活水平的日益提高，软体家具不仅被人们广泛用作家庭的休息用具，而且工厂、医院的操作椅、办公椅及汽车、飞机、轮船上的座椅也都朝着软体结构方向发展。塑料工业的发展为软体家具提供了更多的材料选择，不仅简化了工艺（可一次性成型），而且能使家具更富有弹性。软体家具还可以采用多种复合材料制作，从而使软体家具的牢固性、软硬度和弹性更为理想，也便于实现标准化、系列化、通用化的生产。

### 一、软体家具分类

软体家具的种类繁多，根据其材料、造型、结构及使用功能的不同而有不同的分类，以下从功能、结构、材料几方面进行分类，见表5-8。

表5-8　软体家具分类

| 依据 | 类别 | 示 例 | | 说 明 |
|---|---|---|---|---|
| 1. 使用功能 | 软凳类 | | | 没有靠背与扶手的一种软体坐具，如梳妆凳、方凳、圆凳、搁脚凳、酒吧凳等 |
| | 软椅类 | | | 设计有靠背或兼有扶手的一种，能提高使用的舒适性，如扶手椅、餐椅、会议椅、休息椅等 |

| 依据 | 类别 | 示　例 | 说　明 |
|---|---|---|---|
| 1. 使用功能 | 休闲椅类 | | 椅靠背和座面的夹角比较大,有利于人们更好地放松身心,减少疲劳 |
| | 沙发类 | | 是软体家具中品种最多、造型最丰富的一类 |
| | 卧具类 | | 各类床垫和软床的总称 |
| | 多功能类 | | 能满足折叠、调节、储物等多种功能的软体家具,更适合在小面积空间使用 |
| 2. 结构 | 内骨架软包类 | | 用软质材料将内部骨架结构完全包覆,是目前市场上最常见的一种类型,消费者比较容易接受 |
| | 外骨架软包类 | | 以外部框架为主体,在局部用软质材料包覆,提高家具的舒适性与艺术感 |
| | 无骨架软体类 | | 体现新材料、新工艺的应用,是一种无骨架的软体家具,如充气、充水、聚乙烯泡沫注模等,多用于儿童家具 |
| 3. 支架材料 | 木质材料 | | 主要指用实木、人造板及多层薄板弯曲胶合材料制作软体家具的支撑骨架,制作成全包覆或外露骨架的家具 |
| | 金属材料 | | 主要指采用型钢、钢管、钢板等金属材料制作软体家具支撑骨架,多用于现代简约风格的软体家具中 |

| 依据 | 类别 | 示 例 | 说 明 |
|---|---|---|---|
| 3. 支架材料 | 塑料 | | 主要骨架材料由模压成型的塑料壳体制作，多用于有机造型的软体家具制作 |
| 4. 面料 | 皮革类 | | 以真皮、人造革为外包覆材料，一般用于高档软体家具中 |
| | 织物类 | | 以不同质地的织物为包覆材料，品种繁多，是图案、色彩最丰富的类型，通常设计成可拆洗的形式 |
| | 竹、藤、绳类 | | 以竹材、藤材、绳子、绷带为编织材料制作成具有一定弹性的面料，制作工艺较复杂 |
| | 塑料类 | | 以塑料薄膜为包覆材料，多为充气、充水的软体家具 |

　　总之，现代软体家具设计正朝着尺度合理、功能科学、用料讲究、工艺精细、弹性舒适的方向发展，不仅为人们的工作、生活、娱乐提供便利与享受，而且也是美化室内环境，体现主人审美情趣的高级装饰品。

## 二、软体家具结构与材料

　　软体家具一般由支持软体的支架结构和软体结构所构成，但软床垫与软坐垫类无需支架。

### （一）支架结构

　　软体家具的支架结构有：木制、钢制、塑料制和钢木结合等形式，以木制支架应用最为普遍。支架作为软体家具的支撑体，像人体的骨骼，是保持沙发造型的基本条件，它不仅承受静载荷，而且要承受动载荷，甚至于冲击载荷，所以要求支架必须具有满足各种使用要求的强度。支架的接合形式对软体家具的强度有较大的影响。不同材质支架的接合方式有所区别，具体要求见表 5-9。

表 5-9　支架结构

| 支架结构 | 材料类型 | 示　例 | 说　明 |
|---|---|---|---|
| 木质支架 | 实木方材 | | 实木方材支架的接合方式以榫接合、木螺钉接合为主，并在搭脑、腰靠处用角铁等方式加固；对于扶手、靠背的支架，接合处外观的要求比较高；而全包结构中，明榫多于暗榫，有些直接用钉枪进行固定 |
| | 实木板材 | | 实木板材制作支架的工艺比较简单，以钉接合为主，通常制作成箱体式的框架，多用于全包结构的软体家具中 |
| | 人造板 | | 人造板为支架材料的接合方式类似于实木板材，由于其握钉力较小，用钉数量要略多，关键接合点也要进行加固处理 |
| | 多层薄板弯曲胶合 | | 多层薄板支架零件之间以木螺钉、连接件接合为主，制作工艺简单，易于工业化生产，多用于曲线造型的软体家具 |

| 支架结构 | 材料类型 | 示　例 | 说　明 |
|---|---|---|---|
| 金属支架 | 铸铁 | | 也称为铁艺家具，为了提高家具使用的舒适性和美观性，通常在靠背和座面应用软体材料进行设计，该软体材料一般是活动结构 |
| | 钢丝 | | 钢丝支架均为焊接结构，工艺简单，连接牢固，一般只用塑料泡沫作为软体材料 |
| | 不锈钢 | | 不锈钢支架零件之间以焊接为主，结构较简单，多见于外骨架软体类家具，价格较高 |
| | 型材 | | 以不同断面的型材为主要材料，可以任意弯曲，有些支架配合钢丝焊接来提高承载能力，主要用于沙发床的制作 |
| | 铝皮 | | 以不锈钢结合铝皮作为支架材料，可获得特殊的外观效果，较少使用 |
| 钢木结合 | 钢管与实木结合 | | 充分发挥木质材料的易加工性和钢材的高强度性能 |

续表

| 支架结构 | 材料类型 | 示　例 | 说　明 |
|---|---|---|---|
| 钢木结合 | 多层薄板与不锈钢结合 | 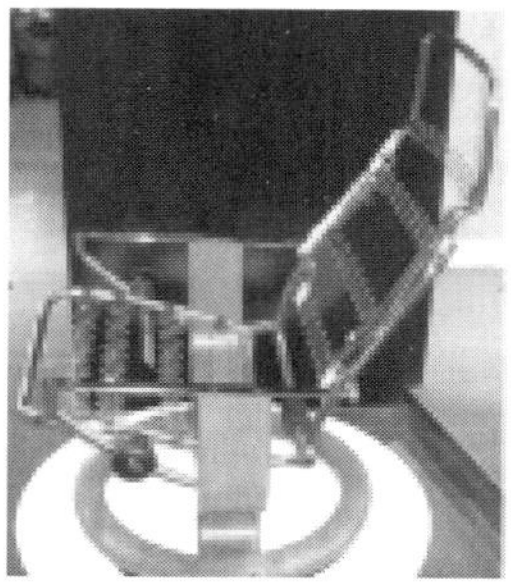 | 支架外露部分采用多层薄板弯曲胶合工艺,既提高了产品的工艺性,又可以丰富软体家具的造型 |
| | 型材与多层板结合 | 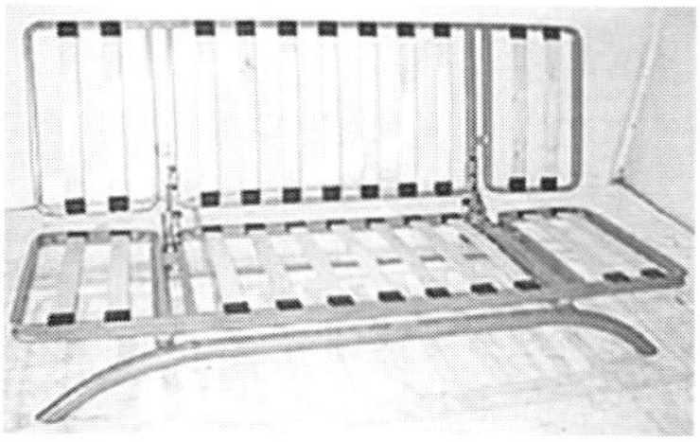 | 利用多层板弹性较好的特性,可以提高沙发床靠背和座面的弹性,工艺简单,适于批量化生产 |
| 竹藤支架 | |   | 也称为竹藤家具,为了提高使用的舒适性,通常在靠背和座面结合软体材料进行设计 |
| 塑料支架 | |  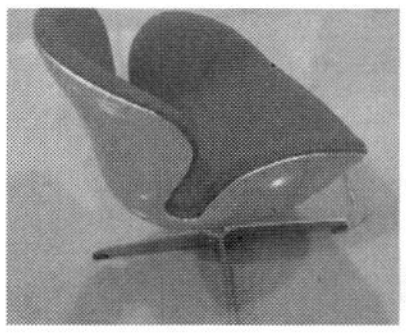  | 塑料支架一般采用模压成型工艺制作,造型以曲面为主。在现代有机造型软体家具中,塑料外壳通常与钢脚、实木脚结合应用 |

### （二）软体结构

软体结构是软体家具的重要组成部分，由于造型与用材不同，软体的结构和制作也各不相同，可以按以下两方面进行分类。

按软体材料厚薄不同，有薄型软体结构和厚型软体结构两种。

① 薄型软体结构：又叫半软体家具，如皮革面、布面、绷带面、绳面、藤面等，如图 5-13 所示。它们有的直接编绕在座框上，有的缝制后穿挂在支架上，也有的单独编织在木框上再嵌入支架中。

② 厚型软体结构：有两种结构形式，一种比较简单，是软垫结构，一般为底胎（或绷带）、泡沫塑料与面料所构成，如图 5-14（a）所示。另一种是古典座椅、沙发常用的弹簧结构，即利用弹簧作主体软质材料，在弹簧之上再包覆棕丝、棉花或泡沫塑料及面料，制作工艺复杂，如图 5-14（b）所示。

按主弹性材料不同，又可分为螺旋弹簧、蛇簧和泡沫塑料三大类，如图 5-15 所示。

① 螺旋弹簧：弹性最好，材料消耗较多，工艺复杂，造价较高，主要用于高级软体家具。

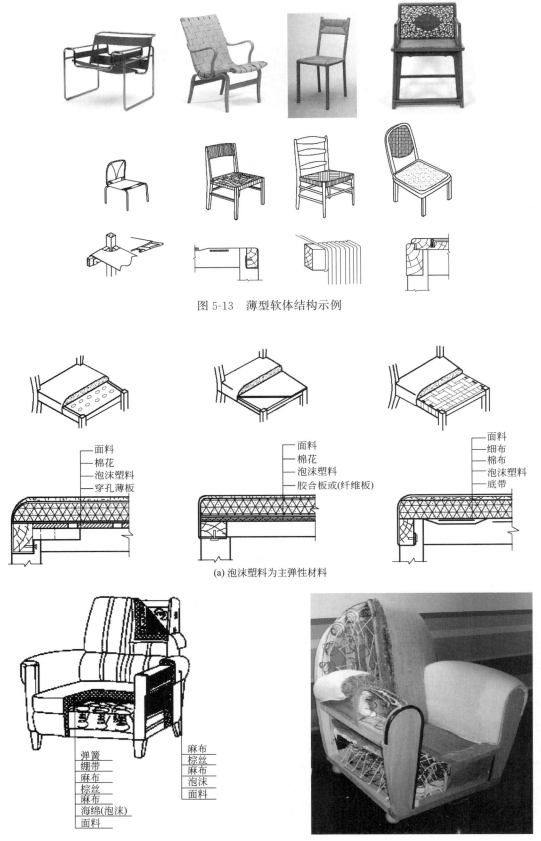

图 5-13　薄型软体结构示例

(a) 泡沫塑料为主弹性材料

(b) 弹簧为主弹性材料

图 5-14　厚型软体结构示例

② 蛇簧结构：结构较简单，弹性一般，造价较低，常用于中档软体家具。

③ 泡沫塑料：结构、工艺都比较简单，节省材料。通过表面包覆不同的面料满足不同场合、不同档次的使用要求。

图 5-15　不同弹性材料的椅子（从左至右分别为螺旋弹簧、蛇簧、泡沫塑料）

### （三）软体家具的材料

#### 1. 支架材料

不同类型的软体家具有不同的支架材料，休闲椅多用金属或塑料支架，而沙发类家具使用最广泛的还是木质材料。同为木支架材料选择也不一样，外露部位应选择质地较好、纹理美观、质地较硬的阔叶材为主，例如水曲柳、榆木、榉木、色木、桦木等；全部被包覆的部位，可用来源较广、价格较便宜的各种松木、杂木；受力较大的部位需选用木质坚硬、弹性好、容许应力较大的木料；弯曲的腿料尽量采用弯曲木料顺势锯截。实木板厚不小于 20mm，含水率一般应略低于当地的平衡含水率。由于木材资源的限制，越来越多的新型支架材料被推广应用。

#### 2. 软体材料

软体材料是软体家具的主要材料，传统工艺的软体家具采用多种软性材料，由里及表逐层包制，所以其种类繁多。

（1）弹簧类　是软体家具的主弹性材料，能提供优良弹力，并能在压力撤销后恢复原状。弹簧的钢材必须是 65 锰弹簧钢或 $70^{\#}$ 钢，常用的弹簧有 3 种形式。

① 螺旋弹簧：用途最广，由于形状不同，又分为中凹型、圆柱型（袋装弹簧）和宝塔型三种。

中凹型弹簧外形像沙漏，两端呈圆柱形，中部直径更小，有不同的规格类型，如图 5-16（a）所示。当弹簧压缩到开始有簧圈接触后，弹性变为非线性，具有结构紧凑、稳定性好、防共振能力强，广泛应用于承载较大的沙发和床垫生产中。

袋装弹簧指圆柱螺旋压力弹簧，在使用之前，要先用无纺布独立缝制（故得名），再用热熔胶组装而成，如图 5-16（b）所示。受载时每个弹簧体能分别动作，独立支撑，以非常卓越的内部性能提供软体家具的舒适性，一般用于高档席梦思床垫和沙发软垫。

宝塔簧呈单圆锥螺旋状，使用时大头朝上，小头固定在骨架上，稳定性较差，如图 5-16（c）所示。它往往用钢丝穿扎成弹簧垫子，适用于汽车坐垫、沙发坐垫等。

② 拉簧：是螺旋拉力弹簧的简称，一般用直径 2mm 的 $70^{\#}$ 钢丝绕制，常用外径为 12mm，长度据需要定制。常与蛇簧配合使用，适合用于一般沙发底座和靠背，其固定方式如图 5-17 所示。

③ 连续性弹簧：又称蛇簧，由一根或数根钢丝绕制成连锁形结构的弹簧，多呈蛇形弯曲，宽度为 50～60mm，长度根据需要裁取。其制作工艺简单、制作方便，但弹性较螺旋弹簧差，适用于制作沙发的靠背，或带有软垫的沙发底座及席梦思床垫内的成型弹簧芯等，如图 5-18（a）所示。

连续性弹簧由专门的五金件固定在沙发的框架上，如图 5-18（b）所示。连续性弹簧常与拉簧联合使用，在连续性弹簧之间用小拉簧相连，可使受力分布均匀，而且富有弹性。也有将连续性弹簧、宝塔簧、拉簧制成组合弹簧芯，以代替袋装式弹簧制作席梦思床垫，其弹性良好，用料节省。

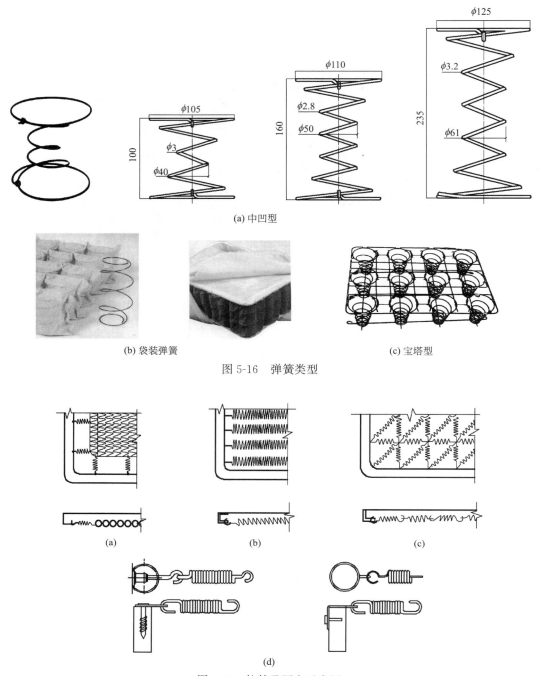

(a) 中凹型

(b) 袋装弹簧      (c) 宝塔型

图 5-16　弹簧类型

(a)　　　　　(b)　　　　　(c)

(d)

图 5-17　拉簧及固定示意图

（2）铺垫料　介于复合面料和弹簧芯之间的衬垫材料，包括泡沫塑料、塑网、麻毡、棕纤维垫、化纤（棉）毡、椰丝垫等具有一定弹性与强度的材料，如图 5-19 所示。现代软体家具中应用最多的是泡沫塑料。

泡沫主要指聚氨酯泡沫塑料和聚醚泡沫塑料，具质轻、绝热、隔音、绝缘、耐热、耐蚀等特点。是各种软体家具在蒙面前使用的必要材料，其目的是把凹凸不平处充填平整，使表面饱满柔软。和棉花相比，泡沫塑料更富有弹性，使用效果更好，其密度、厚度、长宽尺寸可以随意选择、裁取，因此，制作方便，工艺简单，应用广泛。

（3）凳边钢丝　凳边钢丝用于软凳、沙发及床垫的软边，它可以固定和连接凳边弹簧，使凳边弹簧与中间弹簧相互牵制配合，以达到成品的边缘挺直而富有弹性的目的。

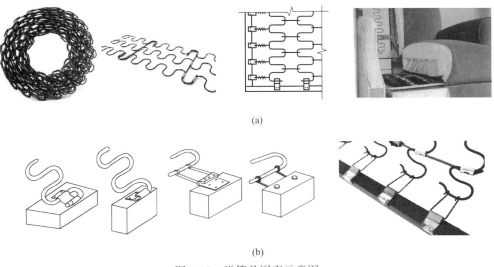

(a)

(b)

图 5-18　弹簧及固定示意图

图 5-19　铺垫料示例

凡软体家具的任意边缘放置弹簧，并用钢丝与其连接，皆称为软边；反之，不放弹簧称为硬边。软边比硬边柔软、舒适。凳边钢丝直径一般为 3.5mm，也可用藤条（白藤）来代替。

**3. 紧固材料**

软体家具的弹簧、钢丝、绳绳、麻布及面料的固定均要使用不同类型的钉，常用的有：圆钉、骑马钉、鞋钉、U 型钉、漆泡钉，如图 5-20 所示。如骑马钉用于固定弹簧，鞋钉用于将麻布、绳绳、面料等固定在木框架上，但不同的场合选用的规格不同，如用于固定绳绳的应选较大规格的；用于固定麻布和面料则选用较小规格的。此外，还有小钢钉、扣钉、弹簧卡等。

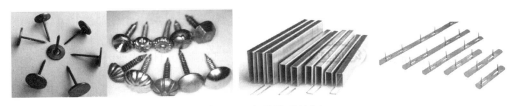

图 5-20　各种类型的钉

**4. 绷结材料**

① 绷绳（俗称蜡绷绳）：由优质棉纱制作，直径为 3～4mm。用于固定和连接弹簧，使每只弹簧与底座或靠背保持垂直状态，并相互连接成牢固的整体，以获得适合的弹性，同时受力均匀。上蜡目的是防潮、防腐和提高强度。

② 细纱绳：俗称纱线，主要用于缝连弹簧与紧蒙弹簧之上的麻布及麻布之间的棕丝层，使三者紧密连接，还可以进行第二层麻布四周的锁边，使周边轮廓平直而明晰。

③ 绷带（绷布）：又称底带，用于支撑弹簧。绷带有麻织带、棉织带、橡胶带及塑料带等品种，宽

为 40～50mm，它在不采用弹簧挡板时使用；将它纵横交错编织后固定在软体家具的支架上可代替弹簧挡板。底带具有一定弹性与承载能力，采用绷带比弹簧挡板更富有弹性，所以也可以将其他软性材料如泡沫、棕丝等直接固定其上制作软体家具，但牢固性和使用寿命更差，如图 5-21 所示。

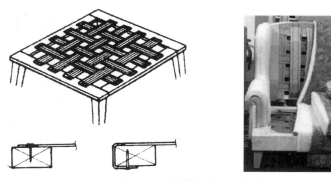

图 5-21　绷带及固定示意图

④ 底布：材质不同，包括麻布、棉布及化纤布。麻布一般用于张托和蒙罩棕丝，起平直弹簧、保护与支撑等作用，同时可以使软体家具表面结实平整。

棉布与化纤布一般用于座椅、沙发靠背后面、底座下表面起遮盖、防尘作用，也可以作为面料的底层。

**5. 装饰材料**

① 面料：起保护装饰作用。

软体家具的装饰效果除造型设计外，主要通过面料的质地、色泽和图案来体现，所以软体家具的面料选择颇为讲究。一般可选择质地好、结实而又柔软的材料，如棉、毛织品、尼龙、化纤织品和皮革、人造革等。其中涤纶织物质地较薄、表面较平淡，逐渐为质地厚实、表面粗犷、立体感强的织物所代替。化纤织物结构较松，缝口易开裂，影响产品质量。面料的选择具体要根据品种、造型、使用场合要求来确定。

② 漆泡钉：漆泡钉不仅可以把面料钉紧，同时还起外表的装饰作用。它主要用于软体座椅的外背和扶手外背等可见处。漆泡钉颜色很多，可根据面料的颜色搭配选用，如图 5-22 所示。

图 5-22　漆泡钉及应用示例

③ 嵌线：粗细类似于绷绳，指面料缝合时夹入的线条，使软体家具的棱边更平直、突出、美观。

上述各种原材料，是软体家具的传统手工工艺所要求的必备材料，比较繁琐、复杂。随着各种新材料的出现，新工艺必将代替传统的手工工艺，使各种沙发用材逐渐简化。

**6. 辅料与配件**

（1）辅料——塑料胶条　随着塑料工业的发展，塑料的成型工艺趋于多样化，沙发制作工艺中使用了多种塑料型材作为辅助材料。如胶合条可用于木框架或金属框架中固定蛇簧，工艺简单、材料环保、有利于标准化生产；造型胶条适用于软体家具的转角平面上、边缘部位及边部装饰造型，可替代海绵或木材使用，既可以实现造型收口，又有良好的触觉和防撞、保护作用，制作方便，成本较低，可批量生产；拉布条可替代拉布，不用钉固定，确保软体家具中暗缝下沉均匀一致，制作简单、标准统一、方便快捷；各种滚边造型装饰收口材料，既可收口又能作滚边装饰，具有较理想的弹性和韧性，触觉舒适、自然顺畅，如图 5-23 所示。

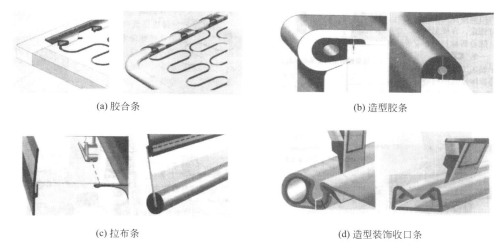

(a) 胶合条　　　　　　　　　　　　　(b) 造型胶条

(c) 拉布条　　　　　　　　　　　　　(d) 造型装饰收口条

图 5-23　辅料

（2）配件　软体家具配件是提高软体家具舒适性、多功能性的重要组成部分，也是丰富软体家具造型的重要元素之一。常用的软体家具配件包括脚型、各种连接件及调节器等，如图 5-24 所示。

(a) 沙发脚型

(b) 沙发固定与角度调节连接件

(c) 多功能沙发架

图 5-24　配件与实例

## 三、软体家具实例

### （一）沙发结构

沙发指以木质、金属或其他刚性材料为主体框架，表面覆以弹性材料或其他软质材料构成的坐具（引自 QB/T 1952.1—2012）。

沙发起源于欧美国家，鸦片战争后，开始传入我国。20 世纪 30～40 年代，在上海、天津等地沙发制造业有所发展，70 年代后才迅速发展。沙发因其舒适性、美观性、实用性，已成为室内不可缺少的陈设品。

#### 1. 沙发尺寸

沙发是供人们休息时使用的，介于座椅与躺椅之间的一种坐具，它能使人体获得舒适的休息，消除疲劳，所以其尺寸设计与弹性设计极其重要。

为了使沙发真正起到帮助休息的作用，就必须从沙发的尺度、角度和弹性设计上深入研究，使之尽可能符合人体自然状态。QB/T 1952.1—2012《软体家具　沙发》中对沙发的尺寸标准有如下规定，见表5-10。

表 5-10　沙发主要尺寸（功能尺寸）

| 座前宽 $B$/mm | 座深 $T$/mm | 座前高 $H_1$/mm | 背高 $H_2$/mm | 背长 $L$/mm | 背倾角 $\beta$/(°) | 座倾角 $\alpha$/(°) |
|---|---|---|---|---|---|---|
| 单人沙发≥480 双人沙发≥960 双人以上≥1440 | 480～600 | 340～440 | ≥600 | ≥300 | 106°～112° | 5°～7° |

注：当有特殊要求或合同要求时，产品主要尺寸由供需双方商定，并在合同和产品使用说明中明示。

表中各尺寸含义和标注如图5-25所示。

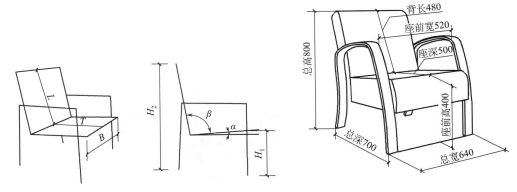

图 5-25　沙发尺寸的标注及示例

座前宽 $B$—沙发的扶手前沿内侧座面的最宽处，若无扶手则为座面前沿的最宽处；座深 $T$—沙发的座面前沿中心点到座面与背面前交接处中心点的距离；座前高 $H_1$—沙发的座面前沿中心点至地面的垂直距离；背高 $H_2$—沙发背上沿中心点至地面的垂直距离；背长 $L$—沙发背上沿中心点至座面后端上表面中心点的距离；背倾角 $\beta$—沙发的靠背前表面与座面上表面的夹角；座倾角 $\alpha$—沙发的座面与水平面的夹角

## 2. 沙发结构

根据制作沙发的主弹性材料不同，常用的沙发结构分两大类：弹簧结构和泡沫结构。

弹簧结构沙发弹性大，使用舒适，但结构复杂，制作要求高，工艺繁琐，如图5-26所示。其中弹簧

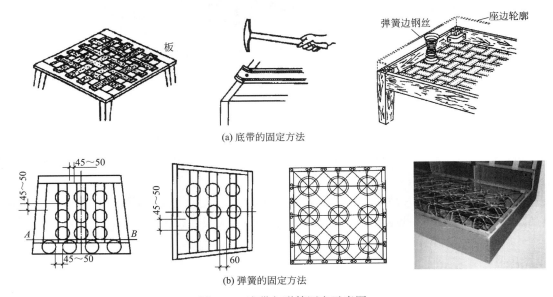

(a) 底带的固定方法

(b) 弹簧的固定方法

图 5-26　底带与弹簧固定示意图

的形式有中凹型弹簧、袋装弹簧、宝塔型弹簧及蛇簧，如图 5-27 所示，实际应用由产品的定位、使用要求等因素而定。

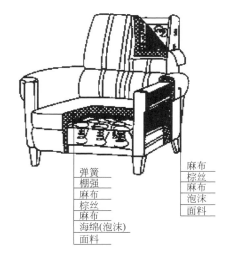

弹簧
棚强
麻布
棕丝
麻布
海绵(泡沫)
面料

麻布
棕丝
麻布
泡沫
面料

(a) 中凹型弹簧沙发结构

(b) 袋装弹簧沙发结构

(c) 宝塔型弹簧沙发结构

(d) 蛇簧沙发结构

图 5-27　弹簧结构的沙发示例

泡沫塑料的沙发结构加工简单、省工省料。直接将厚 100～150mm 的泡沫塑料按沙发框架规格裁好，周围包上面料缝制好铺装在靠背和座面板上，如图 5-28 所示。常用于金属支架的拆装沙发、组合沙发与多层胶合弯曲支架沙发中，且包覆面料采用织物，便于拆装和清洁。但靠背曲线较不容易实现。

图 5-28　泡沫塑料的沙发结构示例

### （二）弹簧软床垫结构

弹簧软床垫指以弹簧及软质衬垫物为内芯材料，表面罩有织物面料或软席等其他材料制成的卧具（引自 QB 19522—2011《软体家具　弹簧软床垫》。弹簧软床垫一百多年前起源于美国，我国从 20 世纪 80 年代初陆续从瑞士、美国、意大利等国引进了床垫生产流水线，使床垫的生产手段有了很大的改进。通过加强管理、严格工艺，产品的质量有的已接近或达到国际同类产品的水平。

**1. 功能要求**

一张好床垫，在结构设计上应依从人体处于卧姿时各部位的重量分布及脊椎曲线。当处于卧姿时，人体构造不同于站立时，脊椎的基本形状接近于直线形，而且人体各部分的重量相互平行、垂直向下。但各部分的体压不同，如头部约占总体重的 8％，胸部约 33％，腰部约 44％，所以在太软或太硬的床垫上都不能合理分配体压，获得舒适的感觉与充分的休息，如图 5-29 所示。

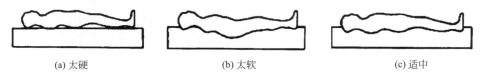

(a) 太硬　　　　　　　　　(b) 太软　　　　　　　　　(c) 适中

图 5-29　床垫的软硬

可见，床垫结构设计应考虑卧姿时人体的构造特点，优质的床垫设计应具备以下条件：
① 优良的吸湿和透气性；
② 使用符合环保要求的材料，特别是弹性材料的耐久性好；
③ 具有良好的支撑和缓冲性能；
④ 在体压和体态变换时，不会影响同一张床垫上其他人的睡眠；
⑤ 床垫能适应不同季节的气候条件。

**2. 功能尺寸**

弹簧软床垫的尺寸设计应使人躺在床上，四肢能自由伸展，曲直方便，还能保留床上放一定数量床上用品的空间。根据人体尺寸和 QB 19522—2004《软体家具　弹簧软床垫》，我国弹簧软床垫的基本尺寸见表 5-11。

表 5-11　我国弹簧软床垫基本尺寸　　　　　　　　　　　　　　　　单位：mm

| 产品分类 | 长度 | 宽度 |
| --- | --- | --- |
| 单人 | 1900、1950、2000、2100 | 800、900、1000、1100、1200 |
| 双人 | | 1350、1400、1500、1800 |

注：当有特殊要求或合同要求时，产品的主要设计尺寸由供需双方在合同中明示。

**3. 床垫结构**

床垫的主要性能取决于缓冲性，而材料的振动特性是缓冲材料的重要评价指标。据测试，弹簧是较好的缓冲材料，泡沫次之，泡沫橡胶最差。但复合材料的缓冲性往往比单一材料好，因此，床垫宜用三层的缓冲性构造，如图 5-30 所示。最上层 A 是与身体接触的部分，必须是柔软的，一般用棉质等混合

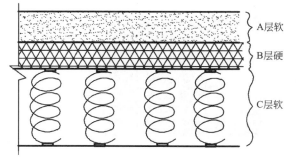

A层软
B层硬
C层软

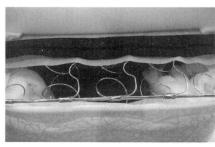

图 5-30　弹簧软床垫结构

材料制造；中间层 B 应该是比较硬的，以保持人体姿势，多用海绵、羽毛等压制而成；最下层 C 要求受到冲击时起柔和的缓冲作用，也要求比较柔软，一般用弹簧、棕垫等缓冲吸振性较好的材料制作。

（1）弹簧芯　为了能充分体现弹簧床垫舒适的特点，床垫的软硬应适中，只有根据人体各部位的体压不同，采用不同材料搭配而成的软硬适中的床垫结构，才能使人睡眠时体压分布合理。根据床垫的三层构造原理，理想的弹簧软床垫从内到外依次分为：弹簧芯、铺垫料和复合面料，它们的主要区别在于弹簧芯，如图 5-31 所示。

连接式弹簧芯的中凹型弹簧是最常用的床垫弹簧（图 5-32），两面用螺旋穿簧和围边钢丝将所有个体弹簧串联在一起，成为"受力共同体"，这是弹簧软床垫的传统制作方式。其不足在于：所有的弹簧是一个串联体系，当床垫的一部分受到外界冲压力后，整个床芯都会动。

袋装独立式弹簧又称独立筒型弹簧，即将每一个弹簧以纤维袋或棉袋独立包装起来，再用胶连接排列而成，如图 5-33 所示。其特点是每个弹簧体为个别运作，发挥独立支撑作用。能单独伸缩，不同列间的弹簧袋以胶互相结合，因此当两个独立物体同置于床面时，一方转动，另一方不会受到干扰，睡眠者之间翻身不受干扰，营造独立的睡眠空间。长期使用后即使少数几个弹簧性

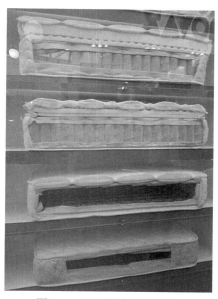

图 5-31　不同弹簧芯的床垫

能变差，甚至失去弹性，也不会影响整个床垫弹性的发挥。独立袋装弹簧具有环保、静音及独立支撑的特点，回弹性好，贴和度高；由于弹簧数量多（500 个以上），材料费用及人工费用较高，床垫的价格也相应较高。

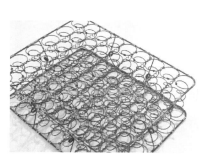

图 5-32　连接式弹簧芯

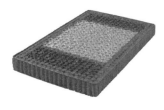 

图 5-33　袋装独立式弹簧芯

以上两种弹簧芯是目前弹簧床垫较常用的结构形式。

（2）铺垫料　铺垫料是介于复合面料和弹簧芯之间的衬垫材料，是为了增加人体与支撑面的接触面积，使弹簧芯受力更均匀。铺垫料包括麻毡、棕片、塑料网及椰丝垫等，主要由一层耐磨纤维层和平衡层组成。常用的耐磨纤维层有：棕丝垫、毛毡垫等；常用的平衡层有泡沫塑料、塑料网隔离层、海绵和乳胶等。铺垫料应无毒、环保，无腐朽霉变，无异味。

铺垫料不是弹簧床垫必有的材料和结构，一些床垫没有铺垫料，只有弹簧芯和复合面料。

（3）复合面料　复合面料层指床垫表面的纺织面料与泡沫塑料、絮用纤维、无纺布等材料绗缝在一起的复合体。面料位于床垫最表层，直接与人体接触，起到保护和美观的作用，所以面料的选择至关重要，要根据床垫的品种、档次、使用场合等要求来确定合适的材质，目前市场上多用全棉和涤纶，高档床垫也有使用羊毛、纳米竹炭等材料的。由于复合面料也需要分散体压，增加床垫的整体性，有效防止对身体任何部位造成过大压力，因此绗缝层中应包含一定厚度的海绵，常用的海绵有普通海绵、弹力棉及蛋型海绵，而且一般采用整卷形式，可减少胶黏剂的用量，同时省工、省料。最底层无纺布的使用可以使床垫丰满、挺括，并使软质材料与面料之间有机结合。

这种软中带硬的三层结构发挥了复合材料的作用，有助于人体保持自然和良好的睡姿，从而得到舒适的休息，如图 5-34 所示。

图 5-34　床垫复合面料示例

# 本 章 小 结

本章介绍了金属家具的概念、材料特点、家具类型、结构特征和常用零部件之间的连接方式。金属材料具有良好的性能，适合铸、锻、轧、冲压、弯曲等多种成型工艺，金属家具可以从构件材料、结构形式等角度进行分类，不同类型金属家具的结构各具特色，金属家具各零部件之间的连接方式以焊接、铆接、螺栓与螺钉连接、插接及连接件连接为主。本章讲解了塑料家具的概念、材料特性和塑料家具的连接方式，对塑料家具的结构设计及注意事项做了重点说明。本章概述了软体家具的分类、材料类型和结构设计，软体家具种类繁多，本章从软体家具的功能、结构、材料等方面进行分类与比较，并以经典的沙发和弹簧软床垫为例详细分析了软体家具的材料选择和结构特征。

# 作业与思考题

1. 试分析金属家具的接合方法，并举例说明。
2. 金属家具的结构类型有哪些？各有什么特点？
3. 试设计一件折叠式金属家具，绘制设计图及结构详图。
4. 塑料家具的接合方式有哪些？试举例说明其应用场合。
5. 塑料家具结构设计的注意事项包括哪些内容？
6. 软体家具常用材料有哪些？各有什么作用？
7. 软体家具支架结构常用哪些材料？如何正确选择？
8. 试从不同角度对沙发进行分类。举例说明经典沙发结构特征。
9. 创新能力，不是对以往工艺墨守成规，而是对现有的生产技艺的大胆革新，给行业技艺带来突破性贡献，促进生产技艺水平提升，推动社会经济发展。结合本章"其他材料家具结构"学习，谈谈我们如何把新材料、新技术、新工艺创新应用于家具设计中。

# 第六章
# 家具设计图样绘制实务

## 第一节　单体家具图册设计

### 一、图册页面内容及编排

在家具产品设计项目中，通常需要绘制不同类型的图样，即图纸的数量不止一张。为便于管理和携带方便，设计师可以将一件产品的不同图样汇编成册。如果产品图册需要装订，则每一张图纸均采用统一的幅面和图幅形式，留出装订线的位置，在每一页图纸中，需要注明图纸的当前页码。

成品家具图册一般包括封面、目录、产品效果图、产品设计图、生产施工图及包装图。封面上要注明项目的名称、负责人、日期、图纸总页数等信息。目录对收入其中的图纸和表单的顺序进行清晰的界定，按照设计流程将相关的图纸文件放入其中。在表达家具产品信息的图册内容中，首先放置的是能反映产品外观形态、功能、色彩与肌理的效果图。对于已经被认可的图纸，效果图上应有相关的签章，作为最终产品的评价依据。其次是按比例和具体尺寸绘制的设计图，它能真实表达家具产品的外部轮廓、大小、造型形态，生产施工图包括装配图、部件图、零件图、大样图（如果需要）及其他表面装饰技术文件。施工图排列的顺序可以按照生产的顺序，先内部结构后表面装饰，即：先放置与成型加工相关的装配图、零部件图、配件单等，再放置与表面处理工艺相关的喷涂文件。最后放置针对使用者的装配说明和产品包装图。装配说明可以按照产品装配的顺序编排放入项目图册中。

图纸的内容以图形为主，有些图样也需要一些注释，它是辅助图纸的重要组成部分。注释包含文字、尺寸数字、索引符号和明细表，它们和图形共同构成了能全面表达产品功能、特性的图样。图形与注释都必须严格遵循国家制图标准与规范。注释不仅仅是对图形的补充说明，其布局、字体、色彩本身也是画面构图的一部分，对于图纸的专业性和品质感具有很强的影响力。图形与文字、表格的有序排列，使图册版面的构图更具美感。

家具产品图册设计首先应符合国家规范，准确描绘产品特征。在此前提下，设计师也可以根据画面需要，适度进行版面设计，形成既符合国家规范又具有艺术美感的图纸。比如，可以在封皮的醒目位置放置企业的标志，在展示图册的同时起到品牌宣传的作用。有的设计师在图幅的边缘加入曲线，打破原有版面的僵硬，使画面更加灵动。也可以将公司的标志融入图纸中，通过在图纸边角部位放入具有设计感的标志，使图纸更具精良的品质。

### 二、实木单体家具图册示例

以下以市场上较常见的美式餐椅的设计图册为案例。美式餐椅是在美国传统家具造型的基础上，采用现代生产方式生产的符合美国家具市场需求的家具产品，包括在美国本土以及世界其他国家和地区的家具企业生产的家具；它植根于欧洲文化，强调简洁、明晰的线条和优雅、得体有度的装饰，其造型与结构突显了美式家具传统的艺术特征，功能合理、造型淳朴、装饰精致。美式餐椅从形式上可分为五类：梯背椅、镂花背椅、条背椅、圆背椅和包背椅，如图 6-1 所示。

图 6-1　美式餐椅类型示例

该案例的餐椅设计图册为样品的制作施工图，如图 6-2～图 6-14 所示。该餐椅的造型风格特征主要集中于靠背，靠背设计是工艺结构设计的关键点，靠背部分零件较多，故结构上采用前后拆分的方法。

椅背、座面板与座框设计成一个整体，椅背各零件之间以圆棒榫实现接合；座面板与座框之间采用沉头自攻螺钉连接，座框前、后横档和侧板之间均以三角块进行加固，可增强使用时后仰产生的抗拉强度；靠背与座框之间设计成可拆装结构，座框后横档和椅背下横档对应，两者之间用预埋内六角螺母配合螺杆连接结构；椅前腿为旋木工艺，上端设计成方头结构，便于加工和安装，由两根侧面横档将椅前脚与靠背连接起来，在侧横档下方钻孔以斜锁自攻螺钉实现安装。

# 美式餐椅设计图册

共11页

项目负责人：孟菊

图 6-2　餐椅设计图册封面

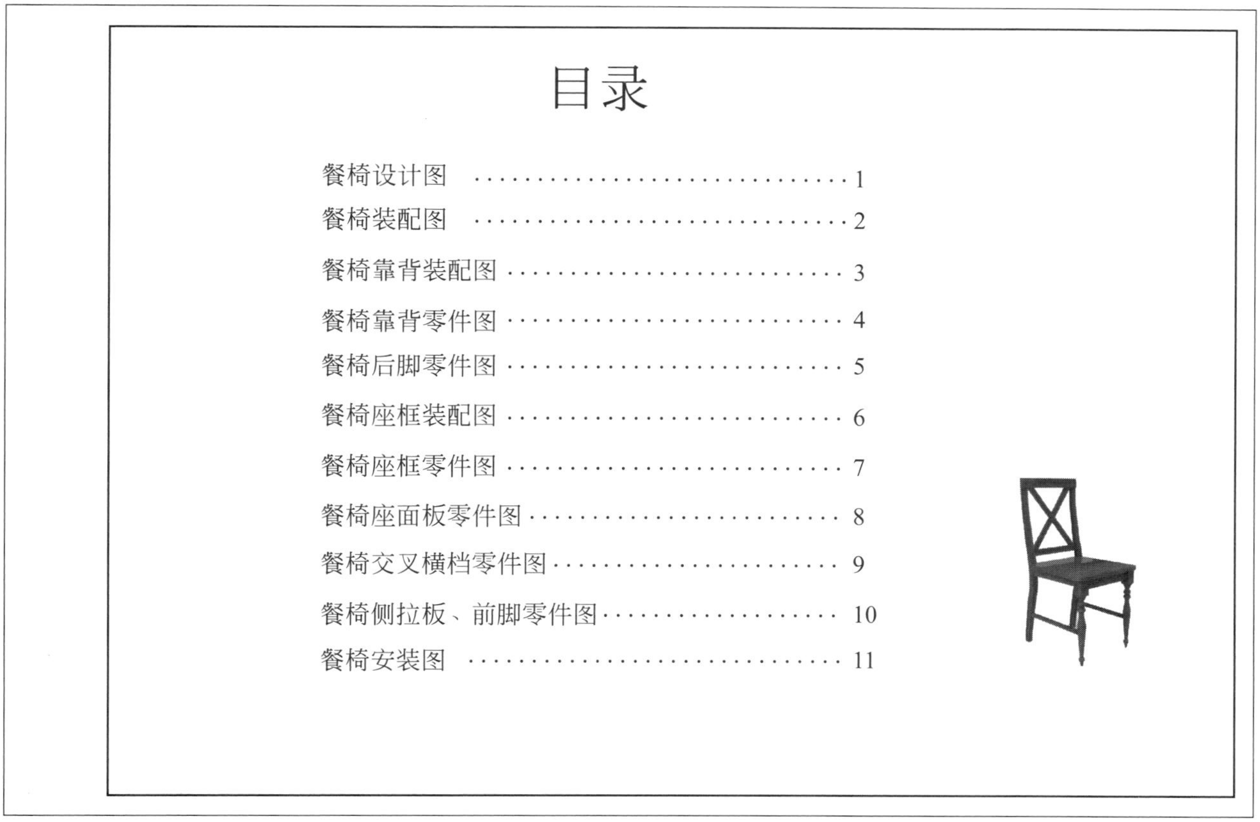

# 目录

图 6-3　餐椅设计图册目录

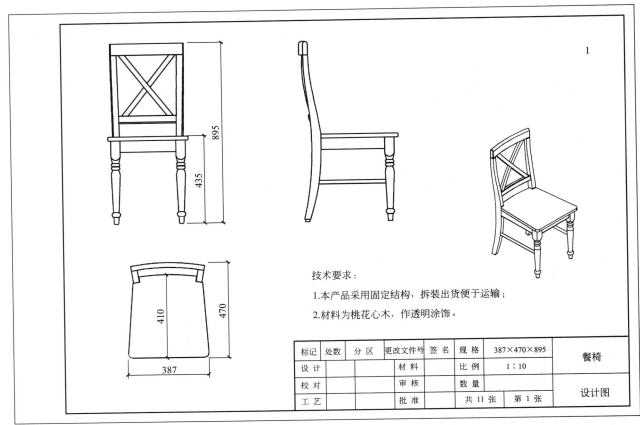

图 6-4　餐椅设计图

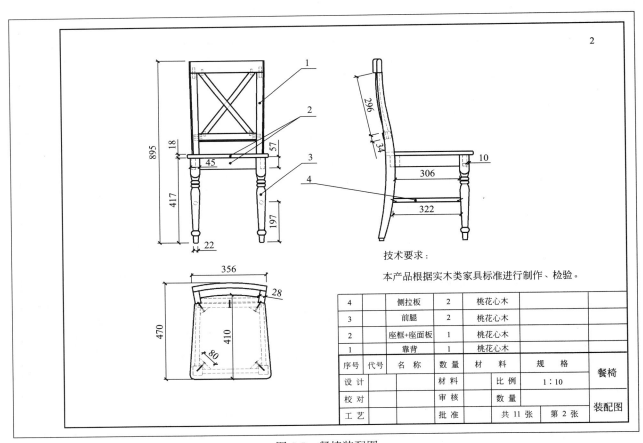

图 6-5　餐椅装配图

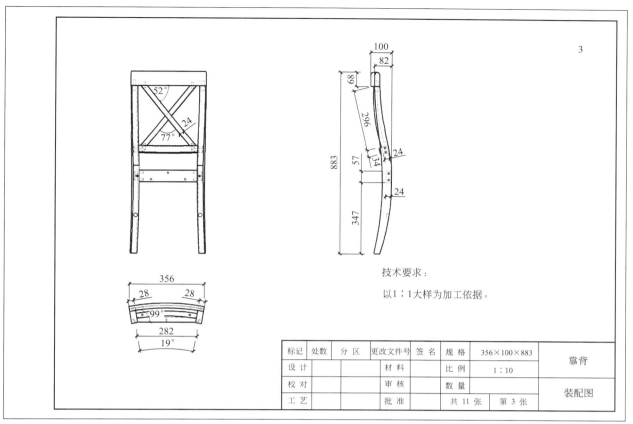

图 6-6　餐椅靠背装配图

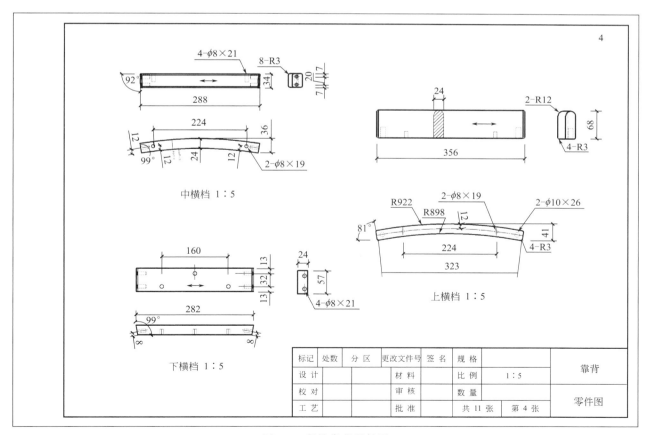

图 6-7　餐椅靠背零件图

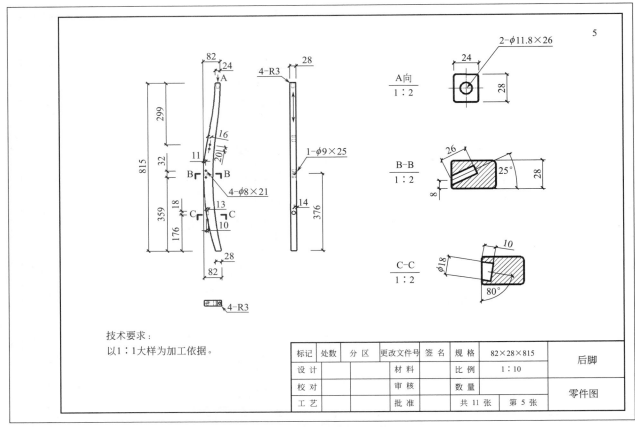

图 6-8　餐椅后脚零件图

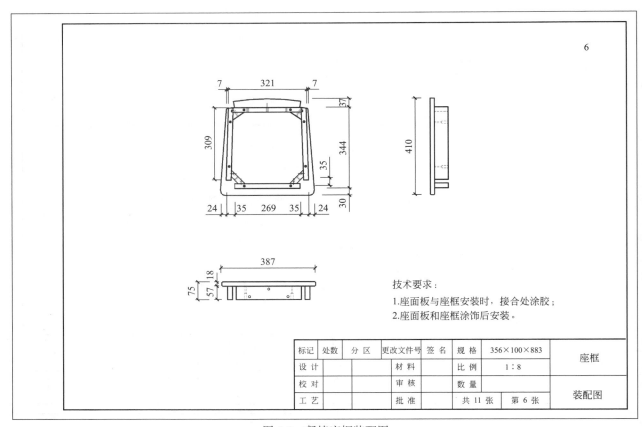

图 6-9　餐椅座框装配图

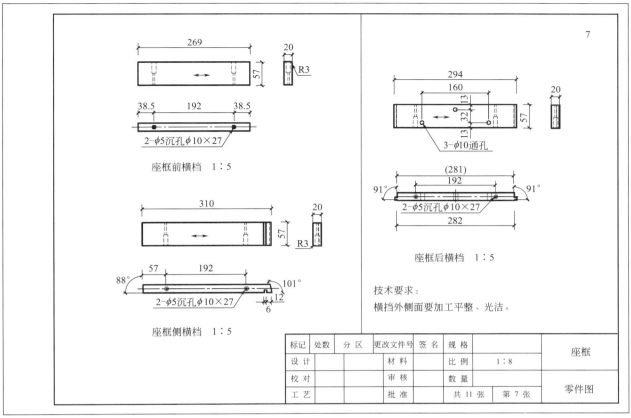

图 6-10　餐椅座框零件图

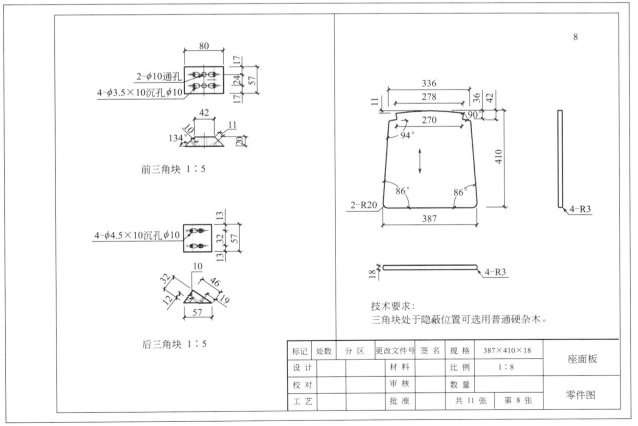

图 6-11　餐椅座面板零件图

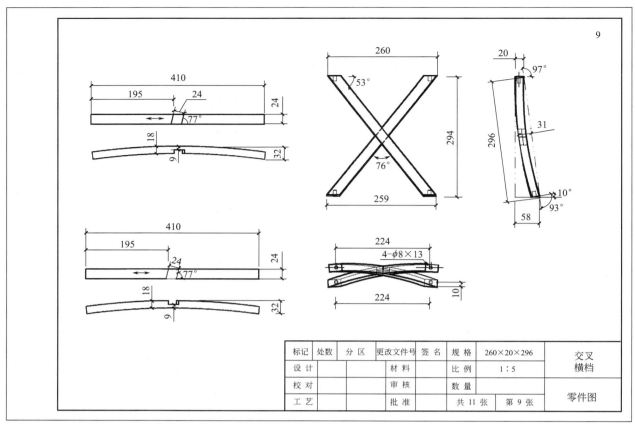

图 6-12　餐椅交叉横档零件图

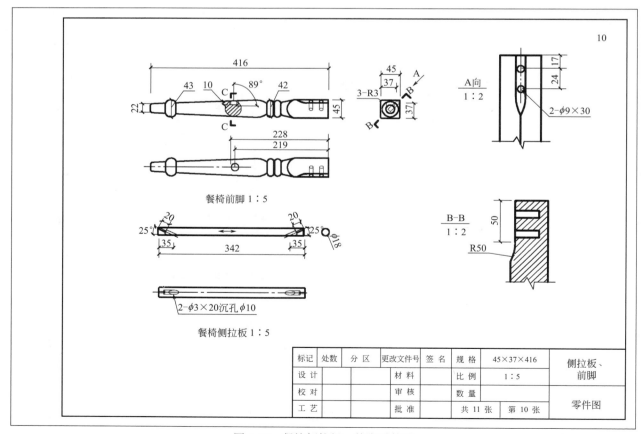

图 6-13　餐椅侧拉板、前脚零件图

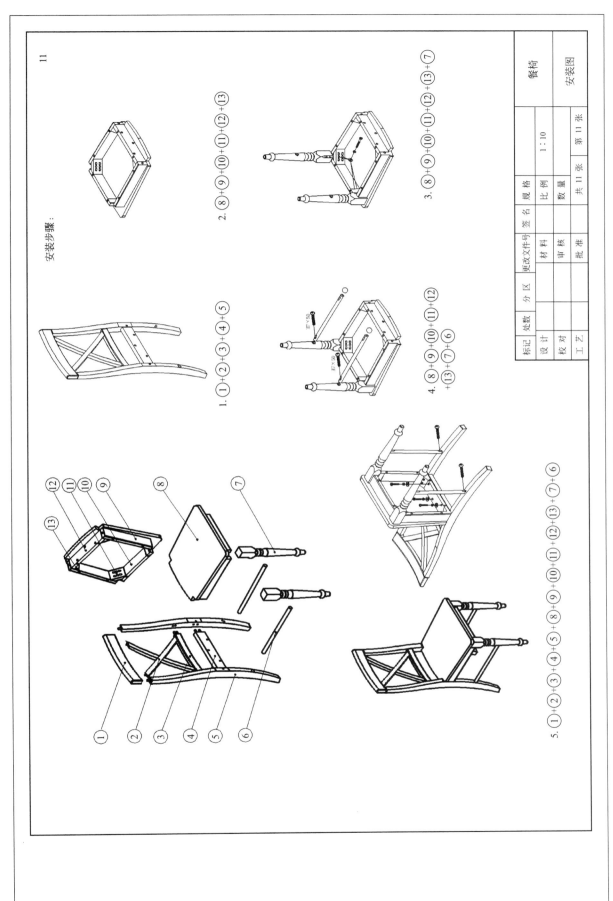

图 6-14 餐椅安装图

生产中为了便于读图和管理图样，对装配图中各零部件都必须编写序号，并填写零部件明细表，明细表可直接画在装配图标题栏上面，也可以单独列表编写，内容包含零件的名称、规格尺寸、材料及数量等，见表6-1。

表6-1　餐椅零部件明细表

| 序号 | 部件名称 | 零件名称 | 规格尺寸/mm | 数量 | 材料 | 备注 |
|---|---|---|---|---|---|---|
| 1 | 靠背 | ①上横档 | 356×41×68 | 1 | 桃花心木 | |
| | | ②交叉立档 | 260×20×296 | 2 | 桃花心木 | |
| | | ③中横档 | 288×36×34 | 1 | 桃花心木 | |
| | | ④下横档 | 282×24×57 | 1 | 桃花心木 | |
| | | ⑤后脚 | 82×28×815 | 2 | 桃花心木 | |
| 2 | | ⑥侧拉板 | φ28×342 | 2 | 桃花心木 | |
| 3 | | ⑦前脚 | 45×37×416 | 2 | 桃花心木 | |
| 4 | 座面框 | ⑧座面板 | 387×410×18 | 1 | 桃花心木 | |
| | | ⑨座框侧横档 | 310×20×57 | 2 | 桃花心木 | |
| | | ⑩座框前横档 | 269×20×57 | 1 | 桃花心木 | |
| | | ⑪前三角块 | 80×20×57 | 2 | 栎木 | |
| | | ⑫座框后横档 | 294×20×57 | 1 | 桃花心木 | |
| | | ⑬后三角块 | 57×32×57 | 2 | 栎木 | |
| 5 | 圆榫 | | φ10×50 | 2 | 硬木 | 外购 |
| | | | φ8×30 | 12 | 硬木 | 外购 |
| 6 | 螺栓 | | φ6×65 | 4 | 金属 | 外购 |
| | | | φ6×50 | 4 | 金属 | 外购 |
| | | | φ6×40 | 3 | 金属 | 外购 |
| 7 | 内六角螺母及垫片 | | φ9 | 7+7 | 金属 | 外购 |
| 8 | 自攻螺钉 | | φ4×40 | 28 | 金属 | 外购 |
| 9 | 脚垫 | | φ15×12 | 2 | 橡胶 | 外购 |

### 三、钢木单体家具图册实例

根据国家标准《金属家具通用技术条件》（GB/T 3325—2017）中规定：金属家具指用钢管、板材等其他型材为主组成的构架或构件，配以木材、人造板、皮革、纺织面料、塑料、玻璃、石材等辅助材料制成零部件的家具，或全部由金属制作的家具。钢木家具是金属家具的一种类型，指以钢材为骨架基材，由木材和人造板配合制成的家具。随着现代家具制造业的创新与发展，钢木家具的内涵与外延也在不断扩大，不仅仅指钢木两种材质制成的家具，也包括钢材和其他材料搭配制作而成的家具，如钢化玻璃与不锈钢结合，金属与皮革、织物相结合的桌椅类、沙发类家具，甚至还有其他仿木材质与钢材相结合的钢木家具，如图6-15所示。

钢木家具兼备了钢材与木材的特性，既有金属家具的线条简约美，又有板式家具的沉稳美，还有曲木家具的典雅美，别具一格。钢木家具的结构较简单，为消费者提供自我设计、DIY自由组合；结构紧凑，简单实用，易于实现折叠、拆装和一物多用的功能，占地空间小，能满足空间的收纳与集成。金属材料的韧性好，可塑性强，良好的加工性能赋予钢木家具诸多优点。①设计感强：钢木家具的主要构件大都采用优质冷轧钢或薄钢板制成，延展性好，造型上曲线流畅，姿态优美，设计师可以充分发挥想象力，设计出千姿百态、风格独特前卫的家具，展现出极强的人性化风采。②种类繁多：钢木家具的种类和品种十分丰富，包括公用餐厅家具、办公家具、校用设备、户外家具等，家居生活空间的卧室、客厅、餐厅家具也一应俱全，富有现代气息的钢木家具使家居风格多元化，能够极好地营造不同场景的氛围。③节约环保：钢木家具不仅在外观上简约美观，还具备坚固、耐用和环保的品质；结构上，多数钢

图 6-15　钢木家具

木家具的金属脚架可拆卸、可反复使用，运输、安装都很简单便利，符合生产制造的环保大方向，顺应了全球倡导的环保理念。④装饰丰富：钢木家具集使用和审美于一体，其表面涂饰可谓异彩纷呈，既可以是各种色彩靓丽的聚氨酯粉末喷涂，又可以是光可鉴人的镀铬，也可以是晶莹璀璨的真空氮化钛或碳化钛镀膜，还可以是镀钛和粉喷两种以上涂饰相映增辉的完美结合，把钢木家具的档次和品位推向更高的境地。⑤自由个性：钢木家具可无限延伸和重复组合，不仅容易拆装和维修，还使得产品的使用寿命和重复利用率大大增强，消费者可以根据空间特点和个人所需自由组合。⑥价格合理：钢木家具以其专业的传统钢管深加工和高新技术设备相结合的方式，使生产严格掌控选材与质量管理，使钢木家具品质与价格更加合理化。但金属材质过于冷硬，会影响使用体验感。

图 6-16 至图 6-37 为钢木床的设计图册，该钢木床的主体结构如高低床屏支架、床侧、连接管等受力零部分均采用金属钢管。为了克服金属材料冷硬的不良触感，高低床屏设计成软包结构，以胶合板为主材的框架上包覆 8～20mm 厚度的海绵。床下收纳空间设计成 4 个可拆装的大抽屉，采用中密度纤维板为主要材料，连接件连接，每个抽屉下方安装 4 个脚轮，方便抽拉。床板为榉木排骨架，硬度较高、弹性好、牢固可靠、舒适，且耐磨防潮。

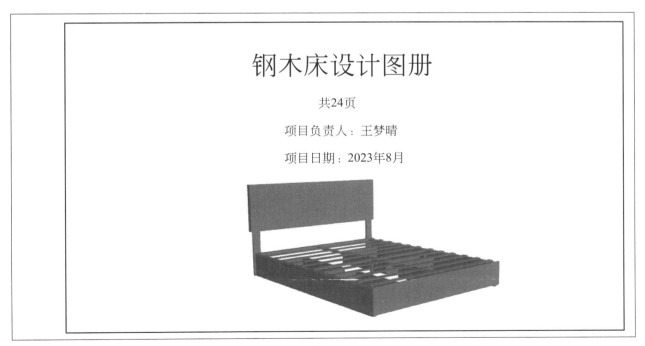

# 钢木床设计图册

**共24页**

项目负责人：王梦晴

项目日期：2023年8月

图 6-16　钢木床设计图册封面

# 目录

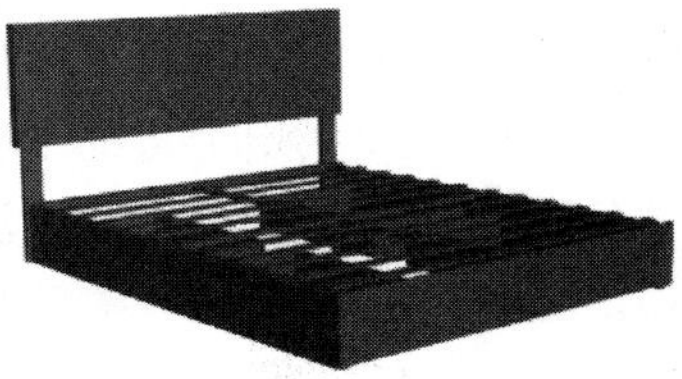

图 6-17　钢木床设计图册目录

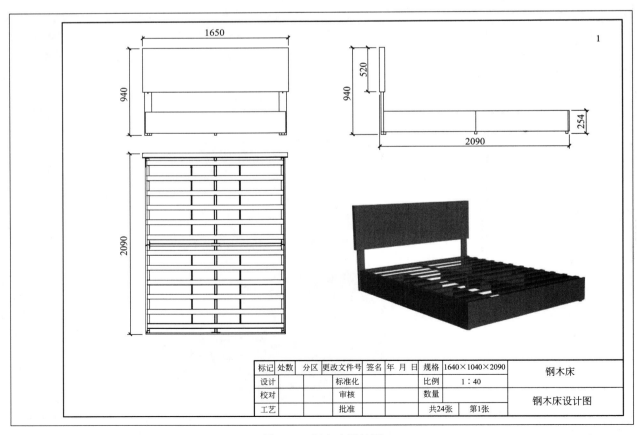

| 标记 | 处数 | 分区 | 更改文件号 | 签名 | 年 月 日 | 规格 | 1640×1040×2090 | 钢木床 |
|------|------|------|-----------|------|---------|------|-----------------|--------|
| 设计 | | | 标准化 | | | 比例 | 1：40 | |
| 校对 | | | 审核 | | | 数量 | | 钢木床设计图 |
| 工艺 | | | 批准 | | | 共24张 | 第1张 | |

图 6-18　钢木床设计图

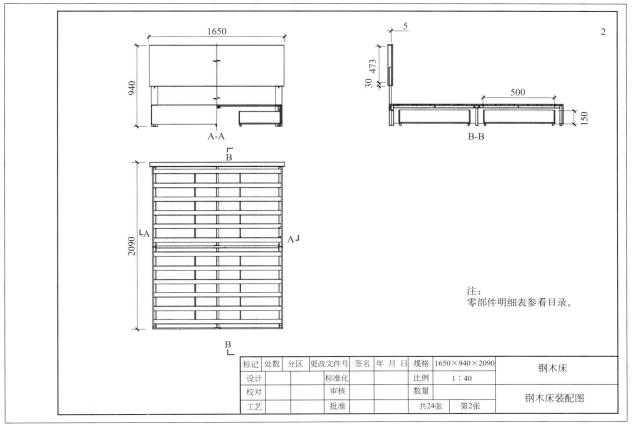

图 6-19 钢木床装配图

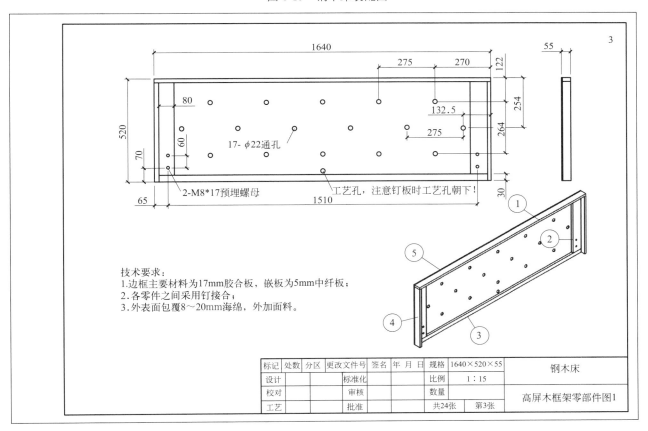

图 6-20 高屏木框架零部件图 1

247

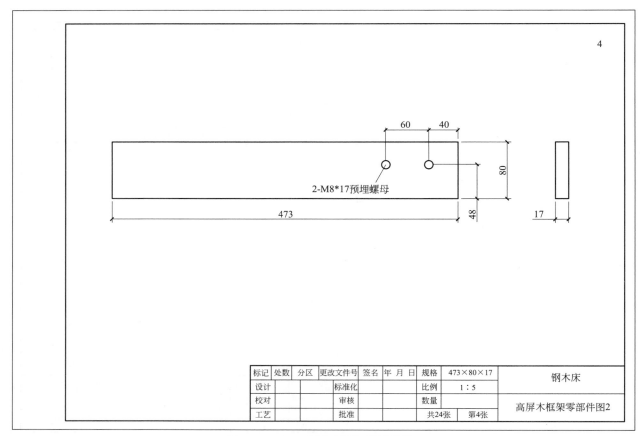

图 6-21（a）　高屏木框架零部件图 2

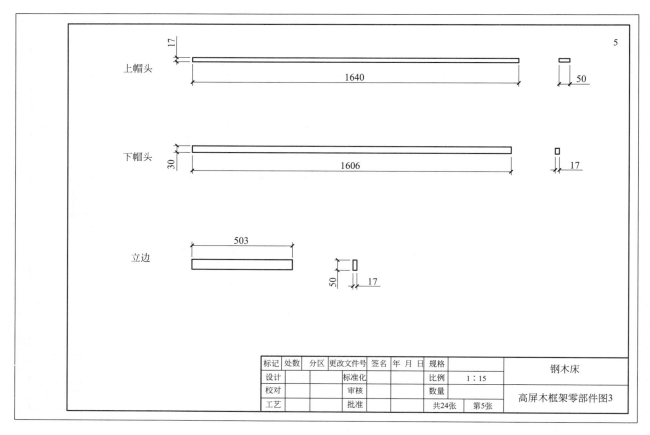

图 6-21（b）　高屏木框架零部件图 3

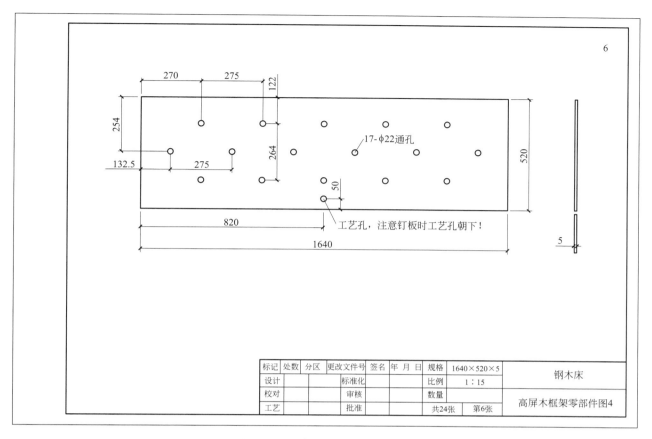

图 6-21(c) 高屏木框架零部件图 4

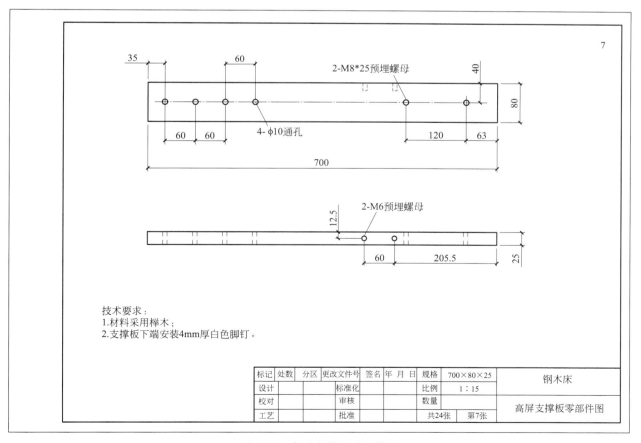

图 6-22 高屏支撑板零部件图

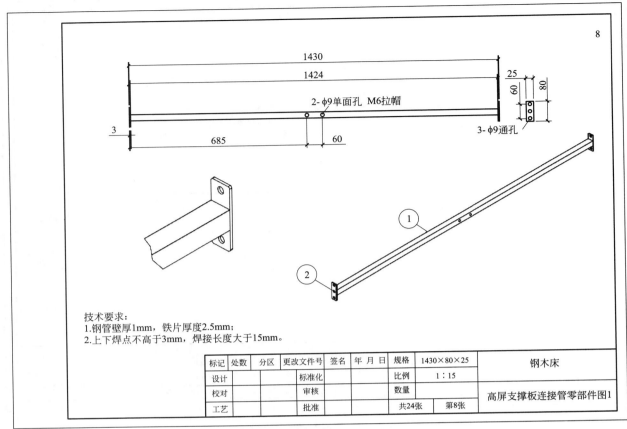

图 6-23　高屏支撑板连接管零部件图 1

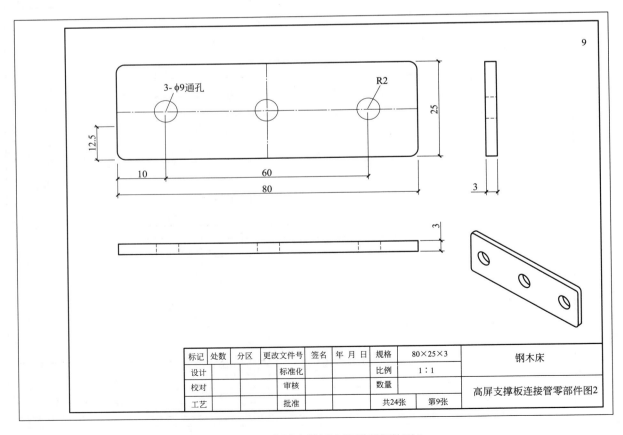

图 6-24　高屏支撑板连接管零部件图 2

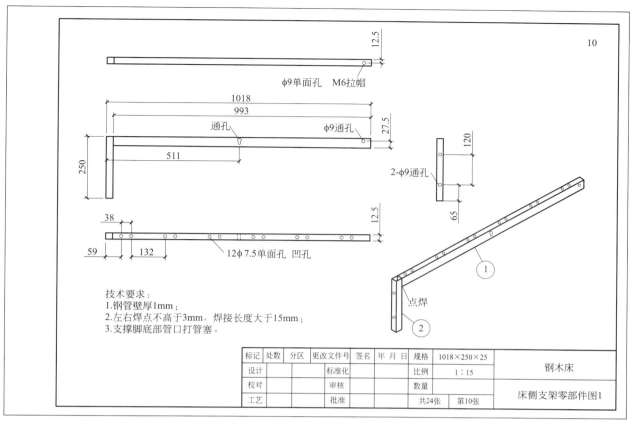

图 6-25 床侧支架零部件图 1

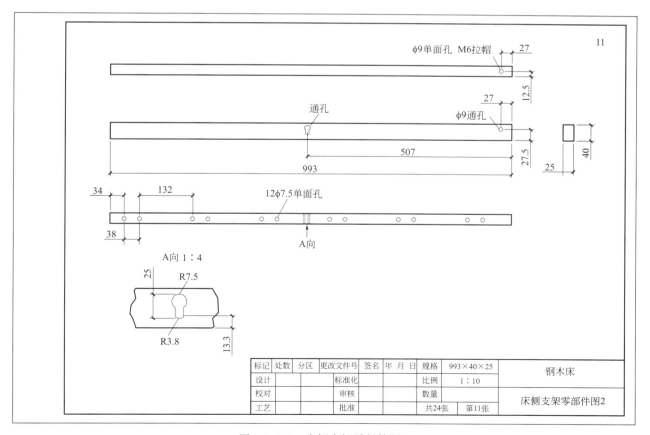

图 6-26（a） 床侧支架零部件图 2

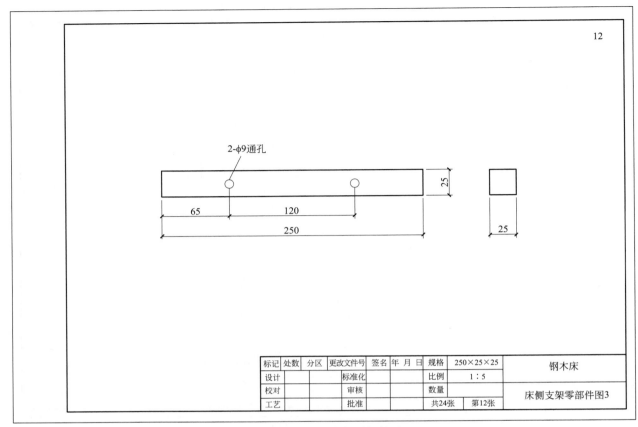

图 6-26（b）　床侧支架零部件图 3

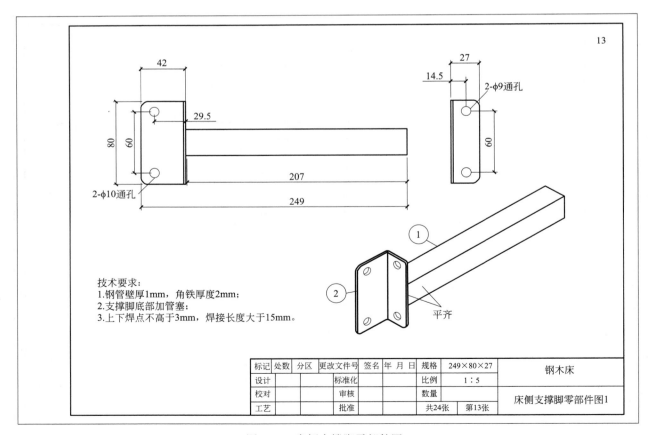

图 6-27　床侧支撑脚零部件图 1

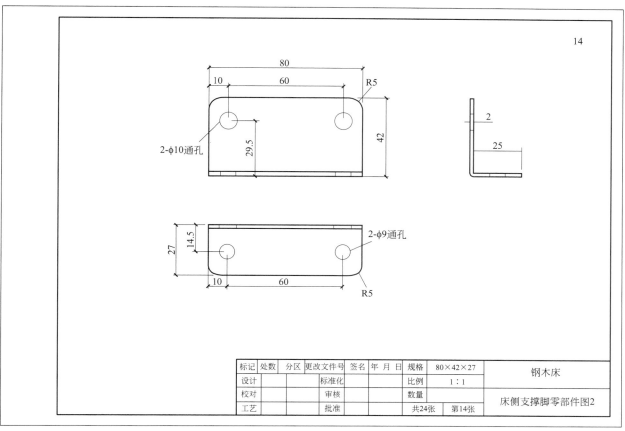

14

| 标记 | 处数 | 分区 | 更改文件号 | 签名 | 年 月 日 | 规格 | 80×42×27 | 钢木床 |
|------|------|------|------------|------|----------|------|----------|--------|
| 设计 |      |      | 标准化     |      |          | 比例 | 1：1     |        |
| 校对 |      |      | 审核       |      |          | 数量 |          | 床侧支撑脚零部件图2 |
| 工艺 |      |      | 批准       |      |          | 共24张 | 第14张 |        |

图 6-28　床侧支撑脚零部件图 2

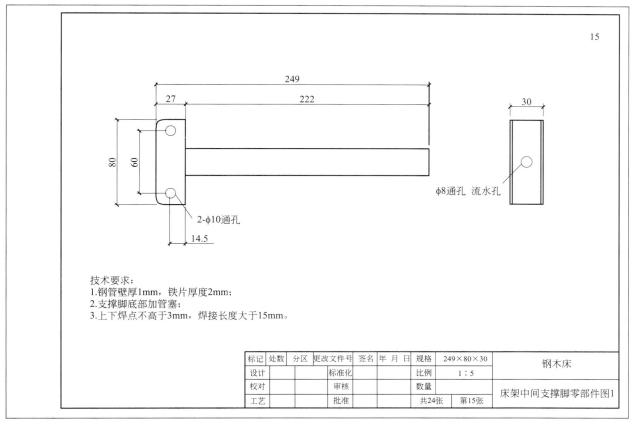

15

技术要求：
1.钢管壁厚1mm，铁片厚度2mm；
2.支撑脚底部加管塞；
3.上下焊点不高于3mm，焊接长度大于15mm。

| 标记 | 处数 | 分区 | 更改文件号 | 签名 | 年 月 日 | 规格 | 249×80×30 | 钢木床 |
|------|------|------|------------|------|----------|------|-----------|--------|
| 设计 |      |      | 标准化     |      |          | 比例 | 1：5      |        |
| 校对 |      |      | 审核       |      |          | 数量 |           | 床架中间支撑脚零部件图1 |
| 工艺 |      |      | 批准       |      |          | 共24张 | 第15张 |        |

图 6-29　床架中间支撑脚零部件图 1

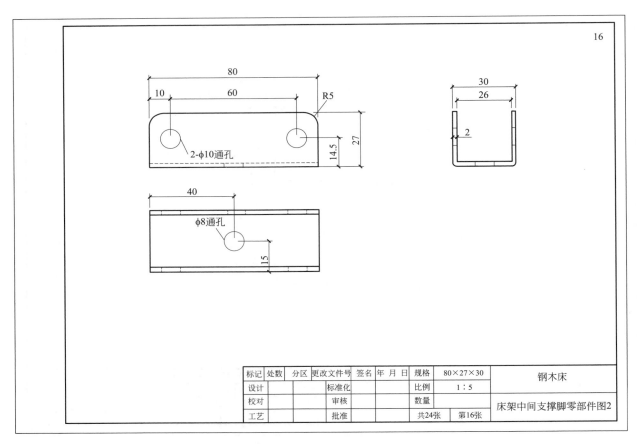

图 6-30　床架中间支撑脚零部件图 2

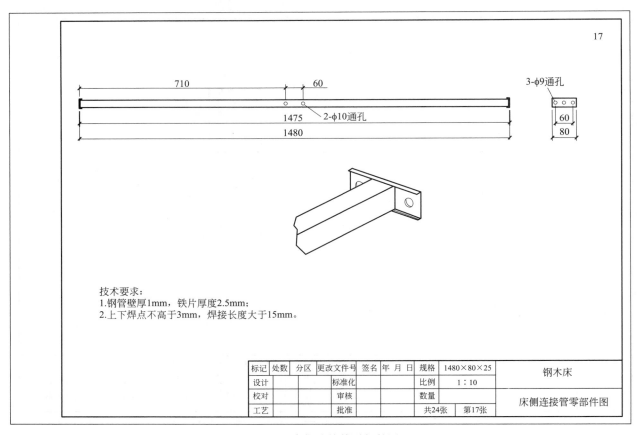

图 6-31　床侧连接管零部件图

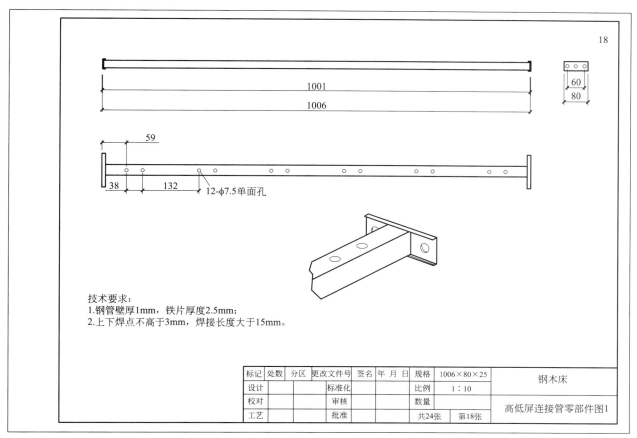

图 6-32　高低屏连接管零部件图 1

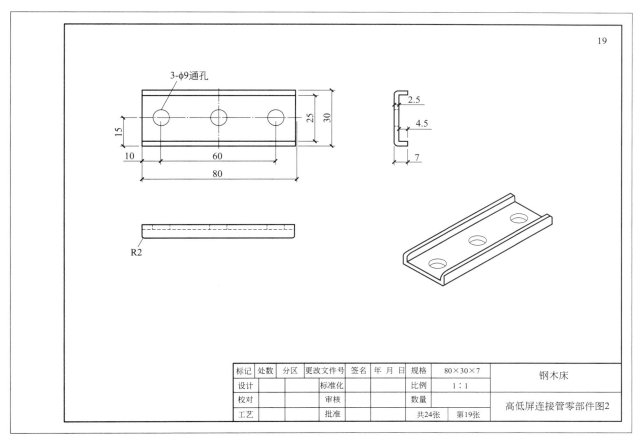

图 6-33　高低屏连接管零部件图 2

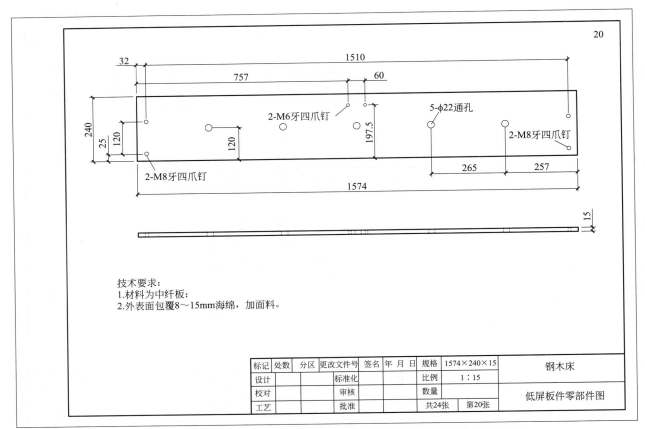

图 6-34　低屏板件零部件图

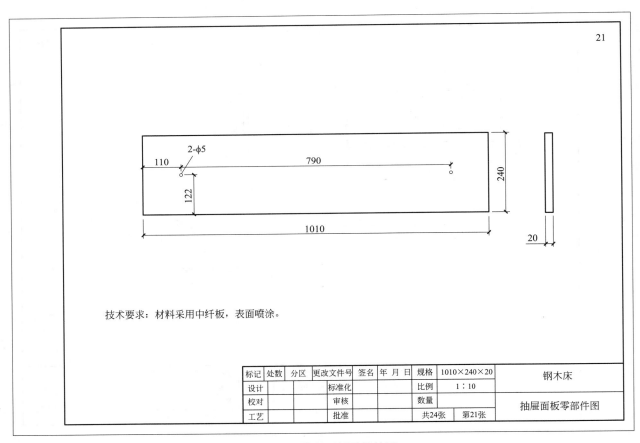

图 6-35　抽屉面板零部件图

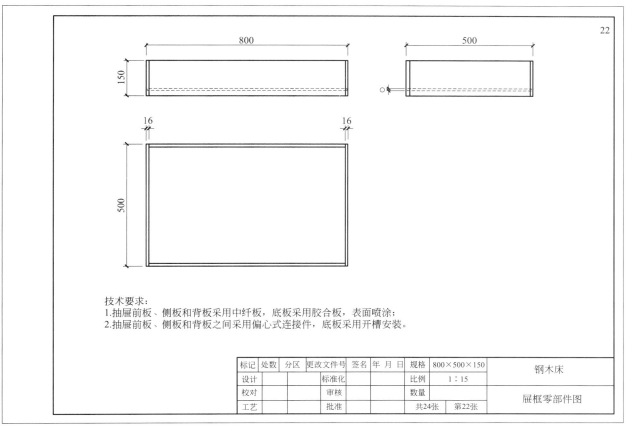

技术要求:
1.抽屉前板、侧板和背板采用中纤板,底板采用胶合板,表面喷涂;
2.抽屉前板、侧板和背板之间采用偏心式连接件,底板采用开槽安装。

| 标记 | 处数 | 分区 | 更改文件号 | 签名 | 年 月 日 | 规格 | 800×500×150 | 钢木床 |
|------|------|------|------------|------|----------|------|------------------|--------|
| 设计 | | | 标准化 | | | 比例 | 1∶15 | |
| 校对 | | | 审核 | | | 数量 | | 屉框零部件图 |
| 工艺 | | | 批准 | | | 共24张 | 第22张 | |

图 6-36　屉框零部件图

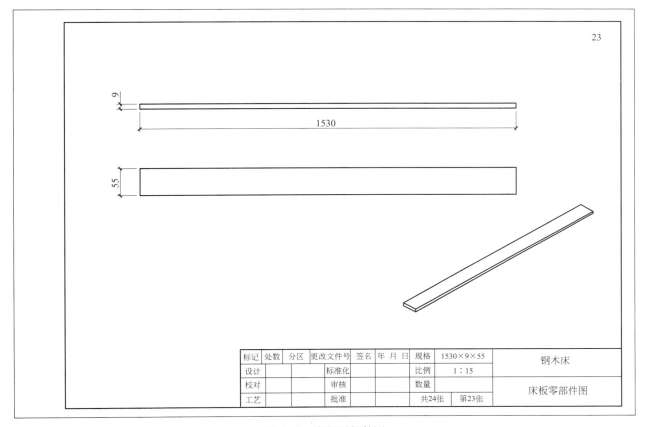

| 标记 | 处数 | 分区 | 更改文件号 | 签名 | 年 月 日 | 规格 | 1530×9×55 | 钢木床 |
|------|------|------|------------|------|----------|------|------------------|--------|
| 设计 | | | 标准化 | | | 比例 | 1∶15 | |
| 校对 | | | 审核 | | | 数量 | | 床板零部件图 |
| 工艺 | | | 批准 | | | 共24张 | 第23张 | |

图 6-37　床板零部件图

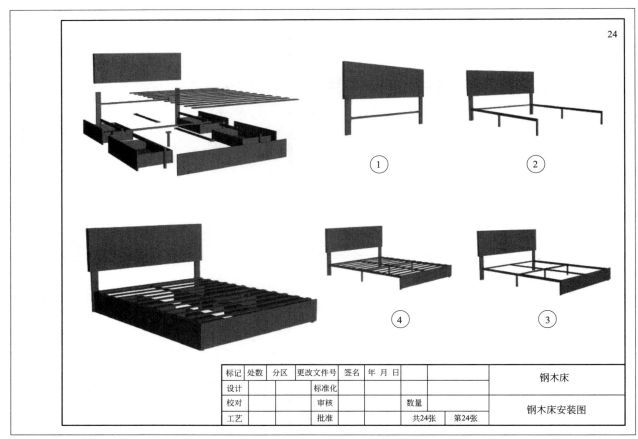

图 6-38　钢木床安装图

　　钢木家具的生产过程包含钢制部分和木制部分。本案中钢制部分的加工，包括钢管选择、下料、冲孔加工、焊接和钢板剪切、折弯、表面处理等，可以采用不同技术水平的生产模式来完成，但加工前都需要提供完整的产品施工图，如设计图、装配图、零部件图等。为了实现平板化包装，节省贮存、运输成本，体量较大的钢木家具各零部件之间的连接方式通常用可拆结构，图样绘制时需要突出各"接口"的安装尺寸，如孔的位置、大小、数量等，其零部件明细表见表 6-2。

表 6-2　钢木床零部件明细表

| 序号 | 部件名称 | 零件名称 | 规格尺寸/mm | 数量 | 材料 | 备注 |
|---|---|---|---|---|---|---|
| 1 | 高屏木框架 | 上帽头 | 1640×50×17 | 1 | 胶合板 | |
| | | 下帽头 | 1606×30×17 | 1 | 胶合板 | |
| | | 立边 | 503×50×17 | 2 | 胶合板 | |
| | | 竖档 | 473×80×17 | 2 | 胶合板 | |
| | | 嵌板 | 1640×520×5 | 1 | 中纤板 | |
| | | 面料 | 厚8~20mm | | 海绵、皮革 | |
| 2 | 高屏支撑板 | 支撑板 | 700×80×25 | 2 | 榉木 | |
| | | 脚钉 | Φ30 底厚4mm | 2 | 白色塑料 | 外购 |
| 3 | 高屏支撑板连接管 | 连接管 | 1424×25×25（壁厚1mm） | 1 | 方形钢管 | |
| | | 连接铁片 | 80×25（厚3mm） | 2 | 金属 | |
| 4 | 床侧支架 | 床侧横档 | 993×40×25（壁厚1mm） | 4 | 异形钢管 | |
| | | 支撑脚 | 250×25×25（壁厚1mm） | 4 | 方形钢管 | |

| 序号 | 部件名称 | 零件名称 | 规格尺寸/mm | 数量 | 材料 | 备注 |
|------|---------|---------|------------|------|------|------|
| 4 | 床侧支架 | 管塞 | 25×25(底厚 4mm) | 4 | PE | 外购 |
| 5 | 床侧支撑脚 | 支撑脚 | 207×25×25(壁厚 1mm) | 2 | 方形钢管 | |
| | | 连接角铁 | 80×42×27(厚 2mm) | 2 | 金属 | |
| | | 管塞 | 25×25(底厚 4mm) | 2 | PE | 外购 |
| 6 | 床架中间支撑脚 | 支撑脚 | 222×25×25(壁厚 1mm) | 1 | 方形钢管 | |
| | | 连接 U 型铁 | 80×30×27(厚 2mm) | 1 | 金属 | |
| | | 管塞 | 25×25(底厚 4mm) | 1 | PE | 外购 |
| 7 | 床侧连接管 | 连接管 | 1475×25×25(壁厚 1mm) | 1 | 方形钢管 | |
| | | 连接铁片 | 80×30×7(厚 2.5mm) | 2 | 金属 | |
| 8 | 高低屏连接管 | 连接管 | 1001×25×25(壁厚 1mm) | 2 | 方形钢管 | |
| | | 连接铁片 | 80×30×7(厚 2.5mm) | 4 | 金属 | |
| 9 | 低屏板件 | 板件 | 1574×240×15 | 1 | 中纤板 | |
| | | 面料 | 厚 8～15mm | | 海绵、皮革 | |
| 10 | 床板条 | | 1530×55×9 | 12 | 弯曲木 | 外购 |
| 11 | 抽屉 | 面板 | 1010×240×20 | 4 | 中纤板 | |
| | | 前板 | 768×150×16 | 4 | 中纤板 | |
| | | 侧板 | 500×150×16 | 8 | 中纤板 | |
| | | 背板 | 768×150×16 | 4 | 中纤板 | |
| | | 底板 | 784×484×9 | 4 | 胶合板 | |
| 12 | 脚轮 | | 58×24×44 | 16 | 金属 | 外购 |

　　钢木家具的木制部分图样绘制和加工方法与所用材料类型有关，可以是实木、人造板，或两者混合使用，其施工图绘制方法类似于实木家具、板式家具和板木家具。本项目抽屉的零部件图省略。

　　作为家具消费的主力军，年轻的消费者更加关注钢木家具的外观设计、节省空间、配套性强等软价值，要求在有限的空间实现居室的更多功能。钢木家具同样适用于定制家具，以满足消费者的个性要求，其核心价值是功能、尺寸和空间利用率。比如，山西猫王品牌的钢木家具可以在一个空间内系统定制衣柜、衣帽间，可以根据消费者不同的户型或者个性化的家居环境需求随心定制，自由组合，有效提升空间利用率，让消费者有独特的视觉体验。猫王家具已经成为中小户型家具专家，为中小户型和小型商务室提供系统的家具解决方案，如图 6-39。

图 6-39　钢木家具

**第二节 系列家具图册设计实例**

### 一、32mm 系统原理与应用

#### （一）概述

32mm 系统是产生于 20 世纪 50 年代欧洲的家具设计与制造理论，为现代板式家具的设计与制造提供了设计依据与原则，对国际现代家具的发展做出了突出的贡献。32mm 系统在全球现代家具工业中的应用日益广泛，为现代家具的设计、生产、安装及销售提供了理论基础，已成为现代板式家具的主要设计与制造方式，如图 6-40 所示。

图 6-40 32mm 系统应用与加工示例

#### 1. 概念

所谓 32mm 系统，是一种以模数组合理论为依据，以 32mm 为模数，通过模数化、标准化的"接口"来构筑家具的结构设计与制造体系。体系中标准化部件是家具构成的基本单元，可以采用圆榫胶接的方式组装成固定式家具，也可以使用各类现代五金件连接成拆装式的家具。简言之，"32mm"指零部件上的两孔间距为 32mm 的整数倍，或者说零部件上"接口"都处在 32mm 方格网点上，至少应保持平面坐标中有一处方向满足要求，从而实现模块化板件用排钻一次或两次完成钻孔加工，以提高生产效率，同时确保孔位的加工精度。

32mm 系统的精髓便是建立在模数化基础上的零部件标准化，在设计时不是针对一个产品而是考虑一个系列，其中的系列部件因模数关系而相互关联，从而实现"部件即是产品"，使家具产品成为不定型产品，满足消费者个性化的需求。

#### 2. 标准与规范

32mm 系统产生的初衷是针对大批量生产的柜类家具进行的模数化设计，因柜类家具的侧板与其他零部件，如柜门、抽屉、层板、背板等密切相关，因此，侧板是柜类家具中最主要的骨架部件，32mm 系统的钻孔设计与加工也是集中在侧板上，侧板的孔位确定以后，其他相关零部件的孔位也就基本确定。

侧板前后两边各设有一根钻孔主轴线，轴线按 32mm 的间隔等分，每个等分点都可以用来预先钻孔。由于预钻孔的用途不同，可分为结构孔和系统孔，但它们不一定是在同一个 32mm 系统网格内，如图 6-41（a）所示。一般地，结构孔设在水平坐标上，主要用于连接水平结构板；系统孔设在垂直坐标上，用于不同五金件的安装。

国际上对 32mm 系统的规范要求如图 6-41（b）所示。

① 在侧板上的预钻孔（包括结构孔与系统孔）都应处在间距为 32mm 系统的方格坐标网点上，一般

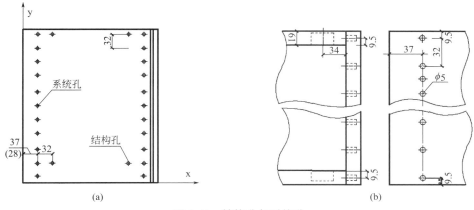

图 6-41　结构孔与系统孔

情况下结构孔设在水平坐标上，系统孔设在垂直坐标上。

② 通用系统孔的轴线分别设在侧板的前后两侧，一般以前侧轴线为基准轴线，但实际应用中，由于前侧所用的杯形暗铰链是三维可调的，通常将后侧的轴线作为基准更合理。当柜类采用盖门时，前侧轴线到侧板前边的距离应为 37mm 或 28mm；若为嵌门，则该距离应为 37mm 或 28mm 加上门板厚度。前后侧轴线之间均应保持 32mm 整数倍的距离。

③ 通用系统孔的标准孔径一般为 5mm，孔深规定为 13mm。

④ 当系统孔为结构孔时，其孔径根据选用的配件要求而定，常用的孔径有 5mm、8mm、10mm、15mm、25mm 等。

有了这些规定，就使得家具生产设备、刀具，家具安装五金配件的设计与生产都有了一个共同遵照的标准，对孔的加工与家具的装配也就变得十分简便灵活了。

系统孔是柜类家具侧板上必不可少的"接口"，具有以下的作用。

① 准确定位，提高接合强度。系统孔为安装五金件提供了条件，且保证了安装孔的加工精度。在预钻孔内预埋各类螺母，再拧入紧固螺钉，可提高人造板的握钉力，增强接合强度，满足零部件之间的反复拆装的要求。柜类家具中，系统孔主要用于铰链、翻门支撑杆、抽屉导轨、层板支承件、挂衣棍支座、背板连接件的安装，如图 6-42 所示。

② 提高了侧板的通用性和使用的灵活性。对家具企业来说，侧板上打满两排（或三排）的系统孔，

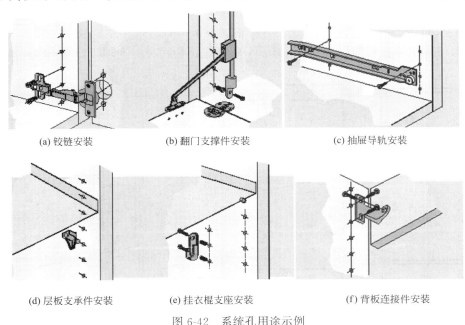

(a) 铰链安装　　　　　(b) 翻门支撑件安装　　　　　(c) 抽屉导轨安装

(d) 层板支承件安装　　　　　(e) 挂衣棍支座安装　　　　　(f) 背板连接件安装

图 6-42　系统孔用途示例

可实现侧板的通用性，如对于同一高度和深度的柜体，可以在一种规格的侧板上配置柜门、抽屉、层板等部件，形成系列化产品。对用户而言，增加了使用的灵活性，如活动层板可随功能需要进行高度调节，暂时未用的系统孔也为将来增加柜体内部功能或改变立面造型提供了可能。侧板系统孔的通用性提高了家具安装的质量，扩展了家具的使用功能，在提高生产效率的同时增加了家具的技术含量。

### 3. 特点

① 设计上：应用工业设计原理，把板块的标准化、通用化、系列化放在首位，从而简化了板件的规格、数量，并让用户通过产品说明书也参与设计工作。

② 生产上：标准化加工减少了机械设备的频繁调试，提高了加工精度和工作效率，相应地降低了产品成本。

③ 储运上：平板化的纸箱包装，易于搬运和大量堆放，可以有效地利用储运空间。

④ 销售上：用户可以根据自己的愿望和需要来改变产品的造型和色彩组合。

## （二）"32mm系统"的应用

### 1. 标准板的设计

板式家具零部件的数量往往很多，容易造成管理的困难与产品成本的递增。因此，利用32mm系统理论，将家具主要零部件和外购零件进行标准化设计，确定标准板件，并采用编码技术对它们进行标准化管理，可以有效减少家具零部件的数量，提高零部件的通用性。

所谓标准板，指一系列产品中可以互换使用的板块，一般以柜类的侧板为主，另外还有水平板及其他可相互协调使用的板块。标准板自身要具备"协调"性能，其包括两个方面的内容。一方面是在钻孔过程中，操作者把待加工的板件放在工作台上钻好孔，然后在不调机的情况下把此板旋转180°重复钻孔，则表明该板件是左右协调的；如果这种钻孔过程不能以板的各自边为基准，那么板件显然是不对称的。另一方面指：在装配过程中，顺手拿来的一块板件应是不分左右边，均能正确地装配到柜子上。

（1）材料选择　侧板的设计，首先是确定用什么样的板材，最适合于采用32mm系统。在家具企业的实践中，多用刨花板、中密度纤维板、多层胶合板等人造板，板材必须经过严格的定厚处理，最终厚度应大于16mm。一般来说，侧板、顶底板、层板、柜门、屉面板、脚架各板件厚度为18mm或19mm；屉侧、屉后板件12mm；背板、屉底板采用5mm胶合板或饰面中纤板，人造板通常经过饰面和封边处理。

（2）侧板长度和宽度的确定　一般家具的侧板，其长度和宽度是根据家具功能的要求和人造板的出材率来确定的。

按照对称原则设计的侧板长度应为：$X=B/2+32\times n+B/2=B+32\times n$，如图6-43（a）所示。其中：$n$为自然数，$B=1/2$顶板厚$+1/2$底板厚，一般顶底板为同一厚度，故$B$值即为一块顶（或底）板

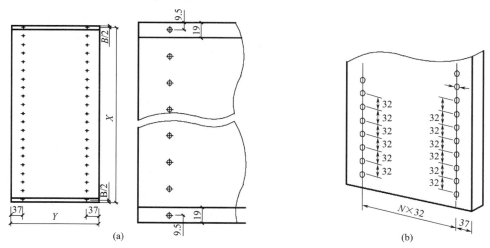

图6-43　侧板长度和宽度的确定

的厚度。如 $n=24$，$B=19\text{mm}$ 时，该侧板的长度为 $19+24\times32=787(\text{mm})$。

同理，按照对称设计的原则，32mm 系统的侧板宽度应为：$Y=2K+32\times n$，其中：$n$ 为自然数，$K$ 为前后系统孔轴线至前后侧边的距离，对于盖门 $K=K_0$，$K_0=37$ 或 $28(\text{mm})$，对于嵌门 $K=K_0+$门厚，如图 6-43(b) 所示。

32mm 系统孔位间尺寸关系见表 6-3，例如某书柜的基本构成采用顶板盖侧板，底板在两侧板之间，下部安装有连接板，结构采用偏心连接件连接并辅以圆榫定位，柜体高度为 1900mm，深度为 400mm 左右，侧板厚 19mm，采用海蒂诗 VB20 连接件，则从方格表选出 $X$ 尺寸为 1760，那么柜侧板长度为 $1760+85=1845(\text{mm})$；同理，从方格表选出 $Y$ 的尺寸为 320mm（参照 $400-2\times37=326$），那么柜侧板宽为 $320+2\times37=394(\text{mm})$。那么，侧板孔位图如图 6-44 所示。

表 6-3　32mm 系统孔位间尺寸关系　　　　　　　　　　　　　单位：mm

| 十位数 ＼ 个位数 | 0 | 1 | 2 | 3 | 4 | 5 | 6 | 7 | 8 | 9 |
|---|---|---|---|---|---|---|---|---|---|---|
| 0 | 0 | 32 | 64 | 96 | 128 | 160 | 192 | 224 | 256 | 288 |
| 1 | 320 | 352 | 384 | 416 | 448 | 480 | 512 | 544 | 576 | 608 |
| 2 | 640 | 672 | 704 | 736 | 768 | 800 | 832 | 864 | 896 | 928 |
| 3 | 960 | 992 | 1024 | 1056 | 1088 | 1120 | 1152 | 1184 | 1216 | 1248 |
| 4 | 1280 | 1312 | 1344 | 1376 | 1408 | 1440 | 1472 | 1504 | 1536 | 1568 |
| 5 | 1600 | 1632 | 1664 | 1696 | 1728 | 1760 | 1792 | 1824 | 1856 | 1888 |
| 6 | 1920 | 1952 | 1984 | 2016 | 2048 | 2080 | 2112 | 2144 | 2176 | 2208 |
| 7 | 2240 | 2272 | 2304 | 2336 | 2368 | 2400 | 2432 | 2464 | 2496 | 2528 |
| 8 | 2560 | 2592 | 2624 | 2656 | 2688 | 2720 | 2752 | 2784 | 2816 | 2848 |
| 9 | 2880 | 2912 | 2944 | 2976 | 3008 | 3040 | 3072 | 3104 | 3136 | 3168 |

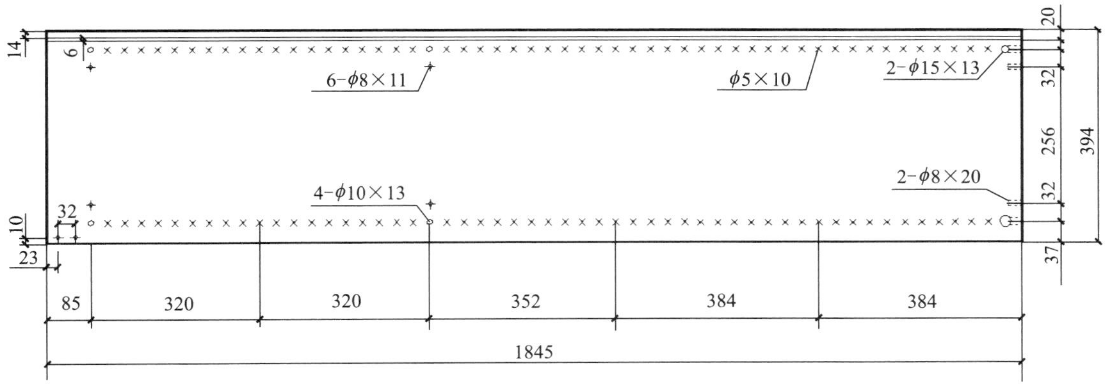

图 6-44　某书柜右侧板孔位图

## 2. 抽屉与柜门的设计和布局

在 32mm 系统中，门、抽屉的模数系列是首要的、决定性的因素。因为侧板的长度尺寸因结构形式（如顶板盖侧板、侧板嵌顶板）的不同而变化，而门、抽屉的标准系列一经确定即成为不可变因素，只有把这些不可变因素确定下来后，才能实现门和抽屉的互换与组合。抽屉与门也是柜类家具中使用频度最大的用于划分功能空间的主要部件。

（1）抽屉设计　抽屉设计的目标如下。

① 根据抽屉的组成和结构，对抽屉的零部件进行标准化、通用性和系列化设计，使抽屉设计满足互换性。

② 实现产品尺寸系列化，从抽屉与侧板之间的相对位置关系来看，抽屉有内藏式、全盖式、半盖式。在 32mm 系列家具的设计中，抽屉系统的布局一直被认为是最困难的。既要考虑抽屉与柜门之间的

位置关系问题，又要考虑抽屉与抽屉之间位置关系问题，而且在协调这些关系时，又不能随时改变前面已经协调好的系统孔的位置和尺寸，只能通过选定抽屉的高度规格来与之相协调。

一般情况下，要求抽屉面板的高度是一致的，而且可以互换，特别是对于上下叠加结构的抽屉，原则上要求最上面的与最下面的抽屉能互换。抽屉设计的复杂性在于设计过程需要进行二次定位：一次是屉侧板与屉面板的定位，第二次是屉面板与柜体侧板的定位。以托底式滑道为例，如图 6-45(a) 所示是一种常见的抽屉导轨，其在侧板上的系统安装孔与抽屉侧板底部的距离为 $L$，称为偏移距（不同系列和品牌的抽屉导轨偏移距是不相同的）。为了简便起见，采用对称性设计原理，将抽屉侧板的上沿也增加相同的偏移距 $L$，那么抽屉侧板的高度为：$32 \times n + L + L = 32n + 2L$，其中 $n$ 为自然数。设计中通常将抽屉的面板设计成 32mm 的倍数，同样遵循对称性设计原理，那么抽屉面板的高度应为：$32n + 32 + 32 = 32(n+2)$，这样，抽屉的位置也就确定了。

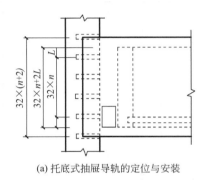

(a) 托底式抽屉导轨的定位与安装          (b) 中间式抽屉导轨的定位与安装

图 6-45　抽屉的定位与安装

对于采用中间式导轨的抽屉，同样可以采用上述设计方式，如图 6-45(b) 所示为中间式导轨的安装尺寸定位图，与托底式导轨相比，在其他条件都不变的情况下，只要将中间式导轨在抽屉侧板上的系统安装孔定在 $32n + L$ 的位置上即可，抽屉面板的高度同样为：$32(n+2)$。

常用抽屉面板的高度系列值有 96mm、128mm、160mm、192mm、224mm、256mm。抽面的上下边均与系统孔对齐，若考虑上下层抽屉面板之间的分缝值为 2mm，且进行了封边处理，则上述值应酌减 2mm。这些规格能满足从书桌到文件柜等大多数物品的储物需求。

（2）柜门设计　由于门和抽屉均安装在系统孔上，因而柜门与系统孔的相对位置关系就成了能否实现互换与系列组合的关键因素。它们的高度系列的确定应与系统孔相对应，即为 32mm 的整数倍。实际上因为加工精度、安装等因素，柜门的上下边与系统孔中心线不完全对齐，即上下门之间、门与抽屉之间有分缝值，理论上设定为 2mm，那么柜门高度值应为：$32n - 2$，其中 $n$ 为自然数，如图 6-46 所示。

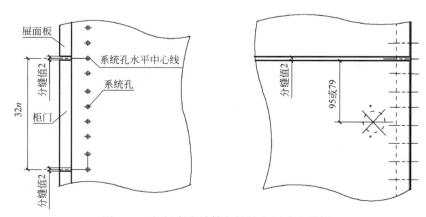

图 6-46　柜门高度计算与铰链位置确定示例

柜门的宽度由柜类造型和使用功能来决定，同时考虑人造板的利用率问题。

### 3. 层板设计

层板的尺寸设计与柜类侧板、顶板、底板及背板之间的结构形式有关。如果采用侧板盖顶板、底板的结构，那么顶板、底板和层板的长度可以通用，在顶板、底板及层板上一般只有结构孔，第一个结构孔离板件的基准边的距离应与侧板相同，即 37mm 或 28mm，这样有利于与侧板配套（否则，侧板的结构孔需要重新定位）；同时，侧板端部的孔间距应为 32mm 的倍数，有利于多排钻的一次性加工。柜类家具中的层板由于安装方式不同分为固定层板和活动层板，其中固定层板的安装与侧板的结构孔设计有关，如图 6-47 所示为偏心式连接件安装的层板孔位图。至于活动层板的结构设计与选用的支承件有关，可参阅第三章第四节的内容。

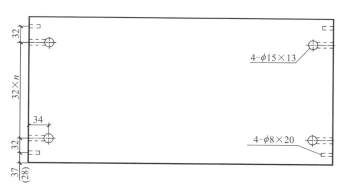

图 6-47　固定层板孔位图

当柜类家具的侧板、顶板、底板、抽屉、柜门、层板等确定后，家具板件的结构设计也就基本完成了。上述设计方法，无论是盖门还是内嵌门都是适合的。当然，这里所谈到的只是一种简要的设计方法，在实际设计中，还要根据具体情况进行适当的调整。

32mm 系统系列家具可以让消费者通过对柜门、抽屉面板规格、颜色、材料和配件的取舍达到功能、造型上的变化，如图 6-48 所示书柜示例。使用者可以根据自己的身高进行层板的上下移动，也可以根据

图 6-48　某书柜设计示例

自身的需要对零部件进行取舍，可分期购买，对家具功能不断升级；还可以根据流行趋势和喜好对家具的零部件进行材质、色彩的更换，做到随心所欲。

## 二、系列家具设计手册实例

通过上述 32mm 系统原理与设计方法的学习，知道了 32mm 系统不仅适用于常规柜类产品，如书柜、衣柜、文件柜及橱柜的设计与制造，也适于床及其他非柜类产品。以下以常规柜类产品为例说明系列家具的设计步骤与结构细节的处理。实例中，我们将主要针对柜类产品的外形结构，产品高度、宽度和深度三个方向的尺寸等方面进行说明，同时考虑标准化、系列化问题，旨在以最少的零部件数量满足消费者的各种功能需求，从而在设计阶段就为生产系统的高质、高效奠定基础，以便提供一条可操作的设计途径。

### （一）产品外形结构与细节分析

本手册主要指普通的矮型柜类产品，一般由柜体＋门板（或屉面）组成。以下内容将分析产品的结构特点，阐述产品的整体外形、部分细节方面的标准，产品高度、宽度及深度的设计标准，以及抽屉、柜门各部件的尺寸、排孔标准。

#### 1. 整体外形结构

柜类家具的构成形式与家具的功能、形态设计、尺度等有密切的关系。确定构成形式的基本准则是在充分尊重功能需求与形态设计要求的基础上，优化家具的构成方式。合理的构成方式将有利于标准化、系列化、模块化设计的实施，同时为结构的优化设计提供了平台。拟作结构设计示范的产品外形如图 6-49 所示。高、宽、深三维功能尺寸以常规柜类家具尺寸为依据，同时考虑人体工程学理论和人造板的利用率。该标准柜体可以采用包脚式独立支撑架、金属脚垫及其他装脚等底座形式；也可以根据需要，在不拆开柜体的情况下任意装卸柜门、抽屉或作开敞式使用。

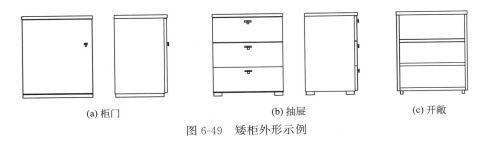

(a) 柜门　　　　　　　　　　(b) 抽屉　　　　　　　　(c) 开敞

图 6-49　矮柜外形示例

本系列常规柜类产品的外形结构：柜体由侧板、台面板、底板及背板等零部件构成，活动部件有柜门、抽屉和层板等，属功能部件。侧板与台面板之间存在三种不同结构关系，分别是侧板盖台面板、台面板盖侧板和台面板盖侧板且有连接板，如图 6-50 所示。在台面板盖侧板结构中，如造型有需要可以采用厚度略大于其他板件的台面板。

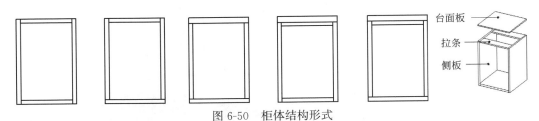

图 6-50　柜体结构形式

#### 2. 部分细节规范

（1）分缝　由于加工精度和安装的需要，根据 GB/T 3324—2017《木家具通用技术条件》的规定，柜门、抽屉之间各种分缝均≤2mm（非设计要求），如图 6-51 所示。

（2）屉面板下沿与屉侧板下沿的距离　屉侧板与屉面板下边距常用 4mm 和 20mm 两种，如图 6-52 所示。当屉面板下方不盖板时，下边距优先选用 4mm；当屉面板下方盖到板时（所盖尺寸≤14mm），下边距选用 20mm。同一个产品中的所有抽屉尽可能选用同一种下边距。

如果屉面板下盖尺寸＞16mm 时，则为非标设计，下边距可选用 36mm、52mm，但屉侧板、屉后板仍选用标准高度尺寸。

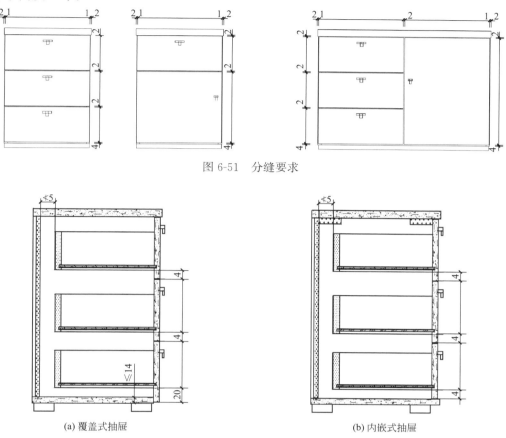

图 6-51　分缝要求

(a) 覆盖式抽屉　　　　　　　　　　　　(b) 内嵌式抽屉

图 6-52　屉面板下沿与屉侧板下沿的距离示例

（3）台面板、底板、侧板、门抽的落差　由于加工精度和安装效率的需要，安装之后的柜类家具在台面板、底板、侧板、门抽之间不可避免存在一定的落差，但它们之间的数值必须在标准允许的范围内，如安装之后的柜类台面板、侧板、门抽三者之间的落差，如图 6-53①、③所示；底板、侧板、门抽三者之间的落差，如图 6-53②、④所示。

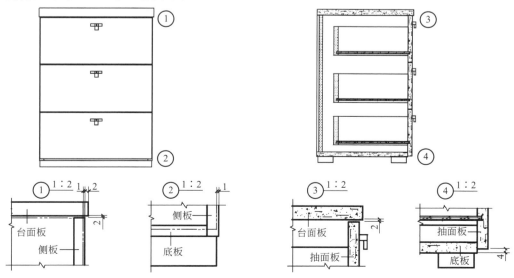

图 6-53　台面板、底板、侧板、门抽之间的落差

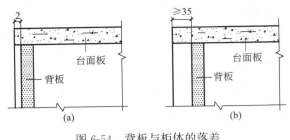

图 6-54　背板与柜体的落差

（4）背板与柜体的落差　由于材料与安装方法不同，柜类背板与柜体侧板的落差有所不同，具体安装方式可参阅第三章第三节内容。例如 18mm 刨花板，以偏心件连接的背板距柜体侧板后边 2mm，如图 6-54（a）所示；对于地柜、电视柜及其他背面安放插座的柜类，其背板距柜体侧板后边要 ≥35mm，且背板上一般需要预钻直径 60mm 的穿线通孔，如图 6-54（b）所示。

**3. 支撑架与脚**

（1）支撑架　包脚式支撑架尺寸设计由柜体的宽度与深度决定，支撑架的结构可以采用横向或纵向连接板加固，如图 6-55（a）所示。各板件之间的连接一般以偏心式连接为主，与柜体的连接以二合一连接件配合圆榫安装，如图 6-55（b）所示。

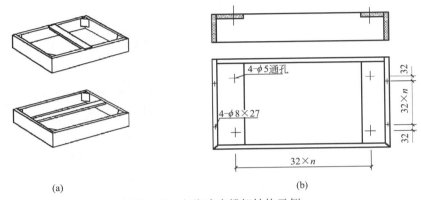

图 6-55　包脚式支撑架结构示例

（2）金属脚、脚轮　金属脚的类型与形式根据柜类的风格和造型需要来选用，以下以简约风格的铝合金脚、脚轮为例说明其应用和安装要求。

① 金属脚、脚轮尺寸图：常规柜类产品一般采用金属脚或脚轮落地结构，本例铝合金脚的尺寸与安装孔位如图 6-56（a）所示，金属脚用两个 $\phi 4 \times 30$mm 长的自攻丝固定在柜体底板上；为了方便柜体移

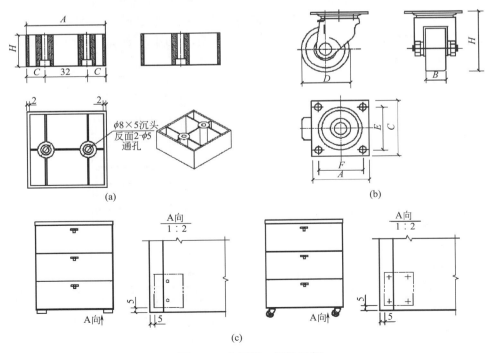

图 6-56　金属脚、脚轮示例

动，也可以采用金属脚轮，其尺寸与安装孔位与脚轮的类型有关，如图6-56（b）所示。

② 金属脚、脚轮的安装：金属脚、脚轮通常安装在柜体底板下方的四个角处，距侧板外侧边约5mm，如图6-56（c）所示；因此，柜体底板上需要钻$\phi 5 \times 13$mm的孔，用于预埋倒刺，并用$\phi 4 \times 30$mm的自攻螺钉进行安装。

③ 金属脚、脚轮数量的使用标准：金属脚、脚轮的数量视柜体宽度和结构而定。一般情况下，中、小型柜体中间无中隔板时，底板下方安装四个即可；有些柜类宽度较大，但中间也无中隔板时，底板下方中间也须增加金属脚、脚轮数量；部分柜类宽度较大且中间有中隔板，则对应中隔板的地方需要安装支撑。如果中隔板数量两块及以上，可视柜体底板的受力情况来增加脚的数量。

## （二）产品外观尺寸

### 1. 高度设计标准

本系列柜类产品的高度由柜体高度和支撑架（或脚）的高度组成，其中柜体高度主要由屉面板的高度来决定，具体分析如下。

（1）产品中只有抽屉　抽屉标准化设计的主要目标是：

① 采用与侧板相同的钻孔系列为基准，以实现同一侧板既能安装柜门，又能安装抽屉导轨；

② 实现同一高度的柜体侧板尽可能多地适应不同抽屉的分割形式，如等高抽屉、小大大抽屉、小小大抽屉等，如图6-57所示；

③ 先确定抽屉面板的系列高度，再确定屉侧板高度。

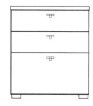

图6-57　抽屉柜示例

当产品中只有抽屉时，产品高度方向尺寸由屉面板的高度决定。考虑抽屉储物能力和存取物品的方便性，本系列屉面板的高度尺寸标准规定为：126mm、158mm、190mm、222mm、254mm五个单元尺寸（已减去分缝尺寸）。在选取时须保证最后的产品总高符合各类家具通用标准尺寸的要求。

（2）产品中既有抽屉，又有柜门　由于屉面板的高度＝$32n-2$，因此当产品中既有抽屉又有门板时，为符合32mm系列标准，方便排钻加工，柜门的高度必须也是$32n-2$，并且柜门上的铰链孔、抽屉上的导轨孔安装也必须符合标准与规范。抽屉与柜门的关系有两种情况，即抽屉与柜门呈上下分布和左右分布两种，如图6-58所示。

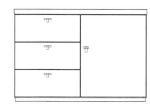

图6-58　抽屉与柜门的关系示例

第一种情况下，屉面板的高度在前面所述的那五个单元尺寸中进行选取，柜门的高度在设计时，依旧是保持$32n-2$不变，同时也必须保证最后的产品总高要符合各类家具通用标准尺寸的要求。第二种情况，产品的总高主要由屉面板的高度来决定，柜门的高度同上，依旧是$32n-2$不变。

另外，为便于排钻加工，对于抽屉与柜门呈左右分布的情况，还必须保证侧板上抽屉的导轨孔与柜门上的铰链孔之间的距离要符合32mm系列标准，如图6-59所示。即右侧板下方的第一个导轨孔与左侧板下方的第一个铰链孔须在同一水平线上。由于抽屉侧板与屉面板下沿距离有4mm和20mm两种，因此对应的柜门上的铰链孔距离边线也有两种尺寸：79mm或95mm。

（3）产品中无抽屉　当产品中没有抽屉，只有柜门时，柜门高度尽可能为$32n-2$，并且排孔也同前面所说的一样，如图6-60（a）所示，当然产品最终的总高必须符合各类家具通用标准尺寸的要求。当产品中没有抽屉，也没有柜门时，只需要考虑产品的总高符合各类家具通用标准尺寸即可，如图6-60（b）所示。

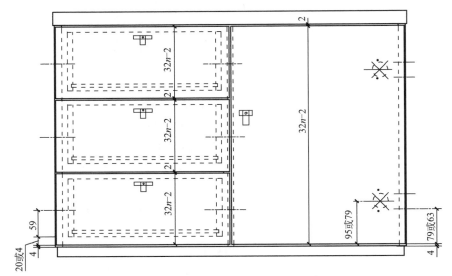

图 6-59　导轨孔与铰链孔的关系示例

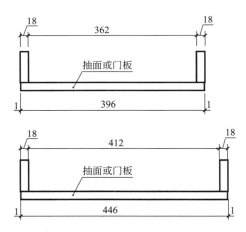

（a）

图 6-60　没有抽屉的柜类示例

（b）

## 2. 宽度设计标准

本系列常规产品宽度方向的尺寸根据产品的使用功能来决定，均以内空宽度为标准进行设计。柜体宽度还与抽面、门板宽度有关，而抽面、门板宽应符合 400mm、500mm、600mm 的倍数人造板幅面尺寸的原则，使标准板件满足一开二或一开三的裁板要求，可以提高板材的利用率。常用柜类内空宽度标准有：362mm、412mm、462mm、562mm、762mm 等标准单元尺寸，如图 6-61 所示。

另外部分需要内空更大的特殊类产品，则按常规尺寸来设计。

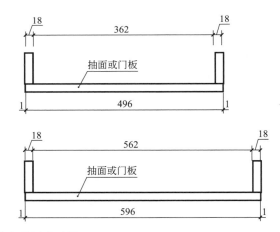

图 6-61　柜体宽度标准示例

## 3. 深度设计标准

因抽屉导轨、柜门铰链安装在侧板上的第一个孔距离侧板前边为 37mm，为便于排钻加工，保证此类孔与侧板前边第一排的其他孔在一条线上，并结合常规柜类产品的功能要求，以盖门为例，本系列柜类产品的侧板深度常用的尺寸标准有 4 种，具体排孔及尺寸如图 6-62（a）所示：

① 330mm：主要用于文件柜、酒柜、书柜、装饰柜、鞋柜、玄关柜等；

② 362mm：主要用于床头柜、妆台、餐边柜、中柜等；

③ 458mm：主要用于斗柜、地柜、电视柜等；

④ 586mm：主要用于衣柜、橱柜。

因产品造型需要，柜门为嵌入安装的情况下，在设计产品深度时，须保证柜门、抽屉的内表面距柜体后侧的距离满足上述 4 个单元尺寸，其侧板的具体排孔及尺寸如图 6-62（b）所示。

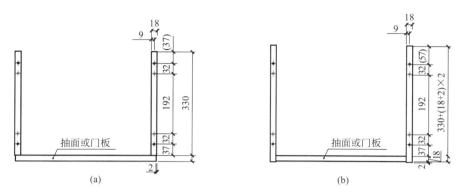

图 6-62　侧板排孔及尺寸示例

## （三）侧板孔位设计

由柜体深度设计标准可知，侧板的尺寸与柜门的安装有关。以盖门为例，常用的侧板尺寸有：330mm、362mm、430mm、586mm。侧板孔位设计要分别考虑侧板高度方向和宽度方向的排孔方式。

### 1. 高度方向的排孔方式

根据对称性原则，侧板上的两排系统孔是连续的，如图 6-63（a）所示，每个系统孔都可以与其他配件实现连接，因此侧板可以通用于各种形式的柜体中。第二种排孔方式是在产品需要的位置进行排孔，而不是排满系统孔，如图 6-63（b）所示。至于采用哪种方式，与企业的技术水平有关，如大型工厂钻头品种丰富，产品形式多，可以采用第一种方式；而对于小型企业来说，由于钻头数量和设备本身的限制，可能无法达到要求，这时应用第二种排孔方式更合理。

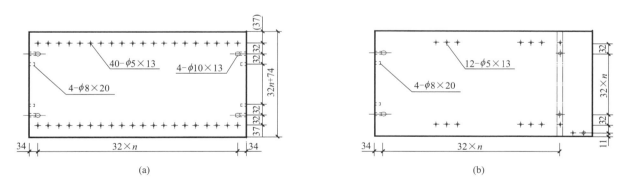

图 6-63　侧板高度方向的排孔方式

### 2. 宽度方向的排孔方式

侧板宽度方向的排孔方式与柜门、背板的安装方式有关。其排孔方式也有两种：一是侧板孔位前后对称，前后两排系统孔距离板前后边缘均为 37mm，无固定加工基准边，如图 6-64（a）所示；二是采用固定加工基准边，侧板孔位前后不对称，如图 6-64（b）所示。前者适合对产品外观公差要求严格、加工精度高、员工操作熟练、生产实力强的企业；后者适于对产品外观公差要求并不十分严格，加工工件时需要有加工基准边的情况。

总之，侧板的孔位设计与台面板、底板及背板的安装方式有关，如图 6-65 所示，（a）为侧板盖台面板结构；（b）为连接板连接两侧板，再盖台面板的结构；（c）为台面板盖侧板的结构。各板件之间通常采用偏心连接件连接并辅以圆榫定位。

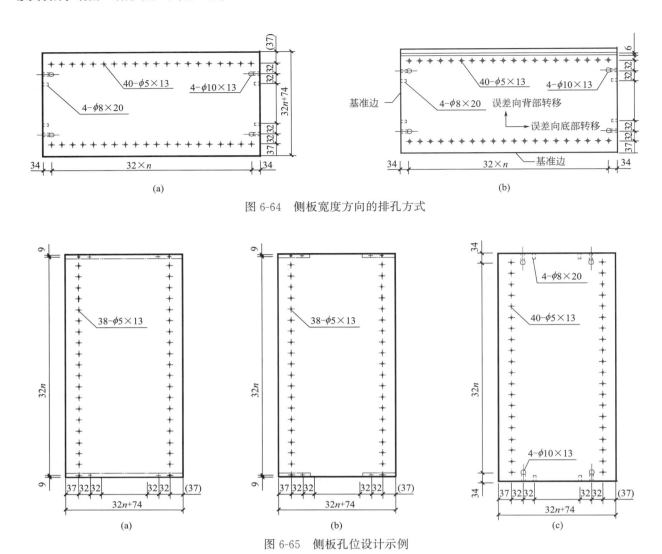

图 6-64　侧板宽度方向的排孔方式

图 6-65　侧板孔位设计示例

## （四）柜门设计

在系列产品设计中，柜门的通用性最好。它不用像抽屉一样要考虑不同柜类的深度尺寸，也不像中隔板、层板那样需要考虑与其他部件的连接结构，对于柜门仅仅需要考虑相应的高度和宽度，以适应不同用途的柜类家具。

### 1. 柜门的材料

由于材料、安装方式不同，柜门的类型很多，其具体内容可参阅第三章第五节内容。本系列的柜门可采用人造板基材的三聚氰胺板、吸塑板，木质框和铝合金框的玻璃门等不同材料与款式的门板。门板细节结构示例如图 6-66 所示，（a）为木质框玻璃门板，（b）为铝合金框玻璃门板。框架零件的断面尺寸由产品的造型要求来确定。

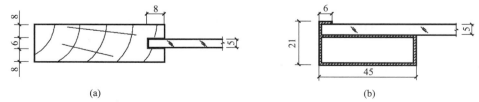

图 6-66　门板细节结构示例

### 2. 对开门的尺寸设计

不同安装方式的柜门在尺寸设计上有所不同，以下以对开门为例介绍柜门的尺寸设计标准。对开门指围绕着垂直轴开启或关闭的门，柜门打开时能完全展示柜内物品，方便取放物品，是柜类家具中应用最普遍的一种形式。

（1）门板的高度　无论是只有柜门还是柜门与抽屉配合的柜体，依据 32mm 系统设计的柜门高度尺寸都是 $32n-2$（$n$ 为自然数）。

（2）门板的宽度　对开门采用各种铰链安装，打开时要占用柜外空间。为了方便开启和节省空间，对门板宽度规定如下：

铝合金框门高度 $H\geqslant1920$mm 时，单扇铝框门宽 $W\leqslant450$mm；

木门高度 $H\geqslant2080$mm 时，单扇木门宽 $W\leqslant500$mm；

木门高度 $H\geqslant1920$mm 时，单扇木门宽 $W\leqslant550$mm；

木门、铝合金框门高度 $H\leqslant1600$mm 时，单扇门宽 $W\leqslant550$mm；

带抽屉的柜体宽度 $W\leqslant800$mm。

结合 32mm 系统设计标准，以全盖门为例，本系列柜类产品的门板宽度，采用下列 3 种单元尺寸：

① 396mm：装饰柜等少数产品上使用；

② 446mm：本系列柜门的主要宽度；

③ 510mm：因造型的需要，个别产品上使用。

### 3. 对开门的铰链孔设计标准

门板上铰链的安装数量与门板高度有关，具体标准参阅第三章第五节内容。门板上的铰链孔设计标准如图 6-67 所示，（a）为饰面人造板门板，（b）为铝合金框结构门板。

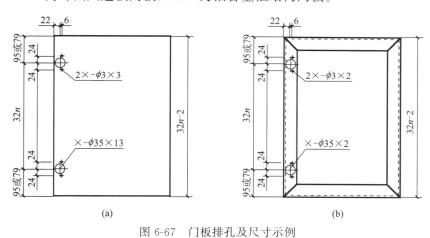

图 6-67　门板排孔及尺寸示例

### (五)抽屉设计

本系列产品中，规定屉面板、屉侧板及屉后板均采用 16mm 厚饰面刨花板或中纤板，以偏心式连接件实现安装；屉底板采用 5mm 的胶合板，用槽榫结构安装，内部无抽前板的结构，且抽屉内部所有板件均为标准件，如图 6-68 所示。下列分析屉面板、屉侧板、屉后板、屉底板各板件的标准尺寸和排孔参数。

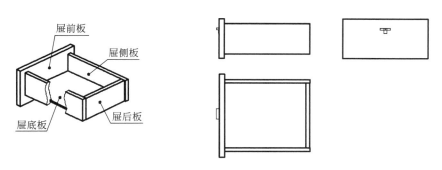

图 6-68　抽屉结构示例

**1. 抽屉的整体结构**

不同屉面板高度所选配屉侧板、屉后板高度的标准，可参照表 6-4 选用。一般地，优先选用第一个尺寸，特殊情况选第二个尺寸。

表 6-4　抽屉整体结构尺寸示例　　　　　　　　　　　　　　　　　　　　　　单位：mm

| 屉面板高度 | 126 | 158 | 190 | 222 | 254 |
|---|---|---|---|---|---|
| 选配屉侧板/屉后板高度 | 96 | 128(96) | 160(128) | 160 | 160 |

**2. 屉面板的设计标准**

屉面板的设计标准指屉面板的标准宽度、高度以及与屉侧板连接时的孔位标准，可参阅表 6-5。

表 6-5　屉面板尺寸与连接孔标准　　　　　　　　　　　　　　　　　　　　　单位：mm

| 屉面板高度 | | 126、158、190、222、254 |
|---|---|---|
| 屉面板上各孔距底边尺寸 | 内嵌式 | $A=15$ |
| | | $B=36$ |
| | 下盖式 | $A=31$ |
| | | $B=52$ |

当抽面内嵌时，下边距为 4；抽面下盖时，下边距为 20，则屉面板的孔位设计如图 6-69（a）所示。

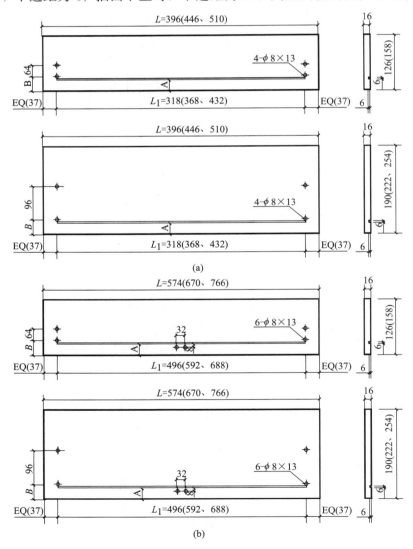

图 6-69　屉面板孔位设计示例

对于宽度较大抽屉，为提高其稳定性，在屉底板背面要用连接板加固，如图 6-69（b）所示。其他下边距为非标结构时，屉面板上孔位要另行设计。

**3. 屉侧板的设计标准**

指屉侧板与屉面板、屉后板、屉底板连接的孔位标准及导轨孔所在的位置，具体标准参数可参阅表 6-6。屉侧板长度选取原则：相对柜体深度内空预留 5～52mm 空隙，空隙大小与导轨类型、背板安装方式有关。

**表 6-6　屉侧板的孔位参数**　　　　　　　　　　　　　　　　　　　　　单位：mm

| 屉侧板高度 $H$ | 屉侧板长度 $L$ | 与屉后板连接孔位距前端尺寸 $M$ | 两个导轨孔间距 $N$ | 适合导轨长度 |
| --- | --- | --- | --- | --- |
| 96、128、160 | 250 | 239 | 160 | 250 |
| | 296 | 285 | 160 | 250 |
| | 350 | 339 | 224 | 300 |
| | 396 | 385 | 256 | 350 |
| | 450 | 439 | 320 | 400 |
| | 500 | 489 | 352 | 450 |

根据屉侧板与屉面板、屉后板及屉底板的结构形式，屉侧板的孔位设计如图 6-70 所示。

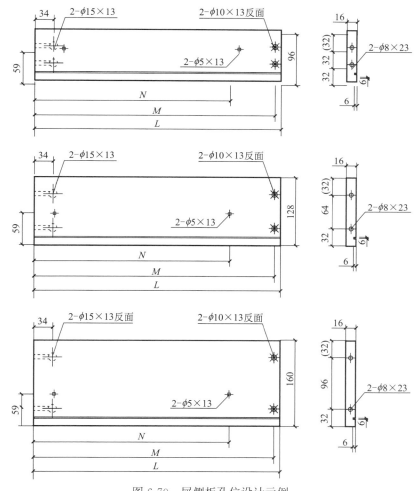

图 6-70　屉侧板孔位设计示例

**4. 屉后板的设计标准**

是指屉后板与屉侧板、屉底板连接的孔位标准，具体标准参数可参阅表 6-7。屉后板的长度确定与导轨类型有关（不同类型导轨对屉侧板与柜侧板的间距要求不同），一般取柜内净宽－62mm。

表 6-7　屉后板的标准参数　　　　　　　　　　　　　　　　　　　单位：mm

| 屉后板高度 | 96、128、160 | | | | | |
|---|---|---|---|---|---|---|
| 屉后板长度 | 300 | 350 | 414 | 478 | 574 | 670 |

根据屉后板与屉侧板及屉底板的结构形式，屉后板孔位设计如图 6-71 所示。

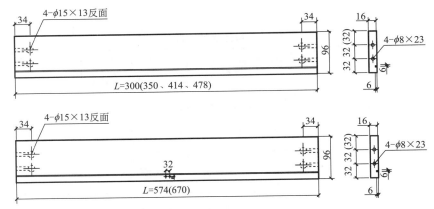

图 6-71　屉后板孔位设计示例

### 5. 屉底板的设计标准

屉底板一般采用 5mm 胶合板，如需要贴绒布的可以采用中纤板；屉底板和抽屉框体的接合常用拉槽插入，拉槽规格一般是槽宽 6mm，槽深 6mm；如果是贴绒布或薄木的底板，则槽宽应为 6.5mm，槽深 6mm。为了防止底板下陷，在底板背面中间加连接板，或者四角可加三角块加固，使其成为一个刚性整体来提高抽屉的承载力。

屉底板的设计标准是指屉底板与屉面板、屉侧板及屉后板的连接孔位标准。由于屉底板是嵌入屉面板、屉侧板及屉后板的 6mm×6mm 凹槽中安装，则屉底板的宽度与深度计算为：

屉底板宽度＝屉后板长度＋11mm（11mm 为两边槽深之和 12 减去 1mm 的间隙）；屉底板深度＝屉侧板长度－17＋11＝屉侧板长度－6mm（17mm 为屉后板厚度 16mm 加上 1mm 安装落差）。具体标准参数可参阅表 6-8。屉底板开料时屉底板无须考虑纹理方向，可以交错排料以提高板材的利用率。屉底板的零件图画法较简单，如图 6-72 所示。

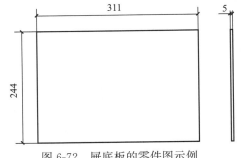

图 6-72　屉底板的零件图示例

表 6-8　屉底板的标准参数　　　　　　　　　　　　　　　　　　　单位：mm

| 屉底板宽度 | 311、361、425、489、585、681 |
|---|---|
| 屉底板深度 | 244、290、344、390、444、494 |

### （六）原材料、辅助材料及常规五金参数

本系列柜类家具以人造板为主要基材，采用三聚氰胺浸渍纸覆面和 PVC 覆膜工艺，材料品种丰富。以下将针对产品的原材料、辅助材料及常用五金件简要说明。

### 1. 主材料

（1）基材类型、厚度及其使用规则　适合本系列产品的板材类型、厚度、对应封边条宽度要求及其使用规则见表 6-9。

一般来说，柜体的板件均以 18mm 饰面人造板为主，个别厚型台面板可采用空心或实芯复合板来制作。为了节约材料成本，抽屉各零件的制作材料也可以不同，如屉面板用厚度为 18mm 的三聚氰胺饰面板，屉侧板和屉后板则用厚度为 16mm 的饰面板，屉底板采用厚度为 5mm 的胶合板或饰面中纤板。实际生产中所用材料的品种、规格由产品定位、设计需要所决定，要均衡考虑工艺成本与材料成本，实现产品最佳的工艺性和经济性。

表 6-9　主材类型及尺寸　　　　　　　　　　　　　　　　　　　单位：mm

| 板件类型 | 材料名称 | 板件厚度 | 封边条宽度 | 使用部位 | 备注 |
|---|---|---|---|---|---|
| 人造板 | 中纤板、胶合板 | 5 | — | 屉底板 | |
| | 刨花板 | 12 | 16 | 非承重板件，如鞋柜层板 | |
| | | 16 | 20 | 屉侧板、屉背板 | |
| | | 18 | 22 | 屉面板、通用板 | |
| | | 25 | 29 | 面板 | |
| 复合板 | 空心 | 35 | 40 | 根据产品造型需要选择 | 中纤板＋刨花板 |
| | | 46 | 50 | | |
| | 实芯 | 36 | 40 | | 刨花板＋刨花板 |
| | | 50 | 54 | | |

（2）饰面材料及其使用规则　适合本系列产品所用的饰面材料类型及使用规则见表 6-10。

表 6-10　饰面材料类型及使用规则　　　　　　　　　　　　　　　单位：mm

| 材料类型 | 饰面颜色 | 使用规则 | 使用部位 |
|---|---|---|---|
| 三聚氰胺 | 各色木纹 | 柜体所有零部件 | 板件双面及边缘 |
| PVC 覆膜 | 各色木纹 | 柜门、屉面板 | 板件正面及外观可见边 |
| | 特殊纹样 | （或根据产品要求选择） | |

（3）封边带及其使用规则　适合本系列产品所用的封边带类型及使用规则见表 6-11。

表 6-11　封边带类型及使用规则　　　　　　　　　　　　　　　　单位：mm

| 封边带类型 | 常用宽度 | 厚度 | 使用规则 | 备注 |
|---|---|---|---|---|
| PVC 封边带（与板件面饰同色） | 16、20、22、29 | 1 | 所有可见边缘 | 同一块板件四周必须用一样厚度的封边带 |
| | 40、50、54 | 0.5 | 所以内部不可见边缘 | |

**2. 辅助材料**

所谓辅助材料是指产品生产中除了原材料、家具五金配件之外，对产品的外观与质量具有装饰、保护作用的材料，如铝合金门框、铝合金装饰条、玻璃、镜子、特殊五金件等。

（1）铝合金门框　适合本系列产品的铝合金门框有两种，截面如图 6-73 所示，都可以做成拆装结构，配合 5mm 厚玻璃使用，玻璃尺寸比门框尺寸小，每边各缩 2mm。铝合金门框表面可根据需要处理成不同颜色与效果，具体以实际产品要求为准。

（2）铝合金装饰条　适合本系列产品的铝合金装饰条可用多种形式，截面示例如图 6-74 所示，板上镶嵌部位需开槽 3mm 宽、4mm 深，表面效果以产品设计需要为准。

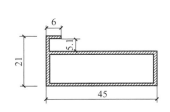
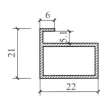

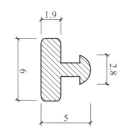

图 6-73　铝合金门框截面示例　　　　　　　　　　图 6-74　铝合金装饰条截面示例

（3）玻璃与镜子　适合本系列产品的玻璃与镜子有不同的厚度要求，如木框结构中的玻璃，一般用 4mm 厚的普通玻璃，并在板的内边开 5mm 宽、8mm 深的榫槽，玻璃进槽按 7mm 计算，玻璃周边无须工艺处理；而用于铝合金门框结构中的玻璃，一般用 5mm 厚的普通玻璃，此玻璃四周各缩门框 2mm，玻璃周边也无须工艺处理。对于装饰柜而言，为了提高装饰效果，通常直接用 3mm 厚镜子贴在柜体背板上，此时镜子四周需要磨边处理。

（4）拉手　拉手不仅是方便柜门或抽屉开启的重要零件，也是柜类造型设计的重要元素，具有"点睛"之笔，一般都安装在柜门或屉面板的外表面。

适合本系列产品的拉手以简洁的铝合金拉手为主，个别造型需要和使用场合要求，也会用到一些暗拉手或挖手，如客厅地柜、儿童房间柜类家具，如图 6-75 所示。具体用哪一种形式，须根据产品定位与方案要求而定。

图 6-75　暗拉手与挖手示例

### 3. 常规家具五金参数

适合本系列产品的常规五金配件如暗铰链、结构连接件、抽屉导轨、翻门支撑杆、层板支承件等，它们的具体孔位、安装等参数，可参阅第三章内容，这里不再重复。

总之，应用 32mm 系统进行系列产品设计时，在满足基本功能需要的前提下，尽量采用标准柜，减少非标柜体的数量；当有些单体必须使用非标尺寸，优先改动无门、无抽屉的层板柜，然后依次为：木门柜，抽屉柜，铝合金框门柜……尽量不要改动铝合金框和玻璃等其他外购件和复杂加工件的尺寸。在实际生产中无法达到统一时，需要进行成本与功能的权衡，以确定最优方案。

### （七）应用示例

32mm 系统应用示例见图 6-76。

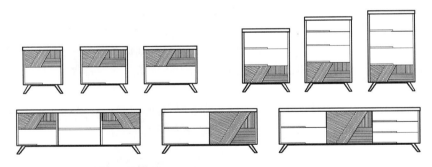

图 6-76　32mm 系统应用示例（设计：聂茹楠）

　**第三节　全屋定制家具设计实务**

定制家具起源于欧美国家，在 20 世纪 90 年代初进入中国香港，随后在广东、浙江等地迅速发展，乃至遍布全国各地。全屋定制主要是针对当前传统成品家具难以满足客户多样化、个性化需求而出现的一种定制性家装服务，是集家居设计、定制、生产、安装、售后等服务为一体的家居定制解决方案。2015 年，由全国工商联家具装饰商会发起并联合龙头企业出台的 JZ/T 1—2015《全屋定制家居产品》行业标准中规定，按使用功能家居产品分为：家具、护墙板、门窗、吊顶、橱柜、卫浴、成品楼梯及其他。2020 年由国家市场监督管理总局、国家标准化管理委员会发布的 GB/T 28202—2020《家具工业术语》国家标准中分别对"定制家具""全屋定制家具""大规模定制家具"和"整装定制家具"进行了界定，它们既有相似之处，又有所侧重。2020年由国家市场监督管理总局、国家标准化管理委员会发布的GB/T 39016—2020《定制家具 通用设计规范》国家标准进一步明确了定制家具的通用设计要求和规范，使定制家具设计工作有规可依、有据可循。

就我国定制家具的发展而言，定制家具的门类已从最早的推拉门、厨柜等几种较为简单的类型，逐步扩展到定制衣柜、橱柜、书柜、桌几、沙发、床垫等多品类的全屋定制，甚至将集成墙面、楼梯，软装中的布艺、陈设也融入其中，提供拎包入住的空间解决方案，实现家居产品采购的"一站式"服务。全屋定制代表了一个时代、一个行业的发展与进步，是人们追求个性、时尚、便捷和高效的集中体现。全屋定制家具可以根据使用者的空间情况、个人喜好、功能需求、使用习惯等个性化要求，量身打造独一无二的专属家具。随着整个家居系统的不断升级、完善，定制家具将向人性化、智能化、网络化、信息化等方向发展。

按照工作职能不同，定制家居设计师可分为研发、结构、空间和终端设计师，分别负责定制家居产品从造型、功能、材料、结构、工艺、展示到销售终端的设计。其中终端设计师也称驻店设计师，是直接对接客户、促进订单成交的设计师。其需要根据客户的个性化需求，对室内空间布局与定制家具的外观形态、使用功能、材料选择、色彩搭配、安装结构及软装配饰进行系统设计，以实现室内空间及产品风格协调统一。终端设计师的工作职责包括接洽、量尺、设计、售后服务等内容，需要完成从接待客户到设计方案再到售后服务的全部环节。本节内容主要结合"全屋定制家具"终端设计师工作中的方案设计进行阐述。

## 一、全屋定制家具设计流程

家具企业在批量生产的模式下，将客户细分为一个个单独的市场，结合客户的客观需求完成个人专属家具定制。全屋定制家具的基本特征是：基于规模化生产，结合客户个性需求，设计全套专属家具的解决方案。家具定制化既满足了不同客户的需求，又解决了不同空间的布局问题，在家具的尺寸、风格、款式、数量、材料、配件等方面均可以量身定制。由于企业的规模和服务模式不同，定制家具的设计流程也不尽相同，通常包括以下程序（图6-77）：

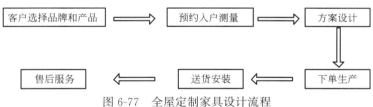

图6-77　全屋定制家具设计流程

（1）客户选择品牌和产品　目前市面上全屋定制的品牌繁多，客户可根据自己的消费能力、定制空间，结合家装风格和使用要求，选择合适的品牌和家具类型。

（2）预约入户测量　客户确定品牌和家具风格后，定制企业将派员上门测量尺寸，量尺过程设计师需要对客户的需求和问题利用手绘草图等方式快速记录，并在现场与客户进行初步沟通，以便提供针对性的解决方案。

（3）方案设计　设计师根据量尺环节获得的信息和客户提出的需求，结合风格、功能、尺寸、材料等因素进行方案设计，经过与客户的多次交流和方案修改，最后予以确认。

（4）下单生产　当客户认可方案并确定签字后，设计师将方案的设计图纸作为订单提交到工厂，工厂开始下单生产。在时间规划时，要提前预计好生产时间和运货、安装时间。

（5）送货安装　订单中所有家具在工厂生产结束后，就可以预约上门安装。工人师傅应参照设计图纸检查产品与图纸是否吻合、五金配件是否齐备等问题，并按照安装规范、相关图纸和质量标准完成各项安装任务。

（6）售后服务　企业的售后服务直接影响客户对产品和服务流程的满意程度。全屋定制的商家一般会自动启动售后服务，提供全屋定制家具的保养方法及终身维护。

## 二、全屋定制家具设计内容

终端设计师不仅要按照客户的个性化需求，完成满足客户使用要求的产品设计方案，还能提供精准的测量数据、准确的图纸表达、明确的合同文本、规范的安装流程和人性化的售后服务。当客户进入展厅或旗舰店了解产品时，终端设计师可以向客户介绍相关产品的款式、功能、材料、五金配件以及价位等信息，根据客户的喜好和具体的空间特点和使用要求推荐适宜的产品，以促成其购买意愿。其工作内容主要有：根据客户对产品的反馈和购买意愿及客户的具体要求提供设计咨询、入户测量，并结合企业的产品和客户提交的需求进行方案设计，经过下单生产，最终将客户满意的产品安装到位，同时提供售后保养和维护等服务。当然，每个项目的实施并非都一步到位，有时测量、方案设计需要多次的确认和修改，才能确定最终设计方案，再进入签订合同、下单生产等环节。在实际设计中，根据室内装修施工要求和家具生产需要，终端设计师要绘制、整理不同的图样。

## 三、全屋定制家具设计图样

全屋定制家具的设计图纸，既是设计师对设计方案构想创意的具体体现，也是消费者、设计师、生产者三者之间沟通的有效工具。下面以某小区复式住宅的二层空间定制家具设计为例，说明全屋定制家具的图样类型及要求。

GB/T 39016—2020《定制家具 通用设计规范》标准中对"设计图规范"作如下要求：①设计图绘制应符合 GB/T 18229—2000《CAD 工程制图规则》的规定，设计图包括平面图、三维效果图，所使用的计量单位、符号、线形、视图、标注方式、简化图等应符合 QB/T 1338—2012《家具制图》的规定。②设计图按统一模板设计，图中应标明项目名称、图号、项目负责人、设计者姓名、设计时间和客户名称、客户确认签字等信息。图纸有更改的，请分别按更改时间编号存档。③平面图应标注各隔断隔墙尺寸、柱间尺寸和平面总尺寸，家具的外形尺寸和通道尺寸；电线电缆出线点，地插、前插布线位置及尺寸；所有标注线在同方向上高度、位置要求整齐一致；所有标注尺寸文字、大小应一致。

实践中，不同公司都是根据自己的情况确定图纸形式和要求。目前全屋定制家具企业使用的图纸主要有两类，一类用于终端设计师销售产品时与客户交流，另一类用于企业内部指导生产。终端设计师进行销售设计时，大多采用类似于室内设计的图样来表达，包括平面原始图、平面布置图、家具尺寸图、立面索引图、各空间立面图等，如图 6-78～图 6-81 所示，这些图纸主要表达各空间的布局、风格、立面

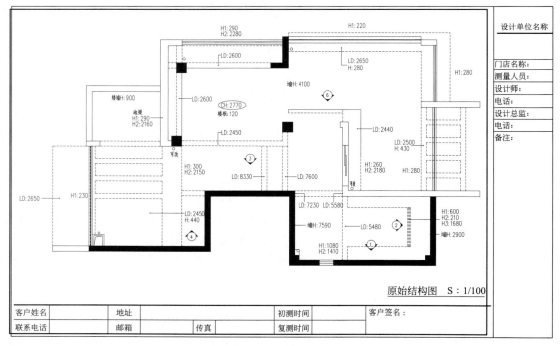

图 6-78  二层原始结构图

分割，材料与色彩选择，家具类型、数量、尺寸等内容。本案例图纸目录见表6-12，其中对室内装修施工细节不做表述。

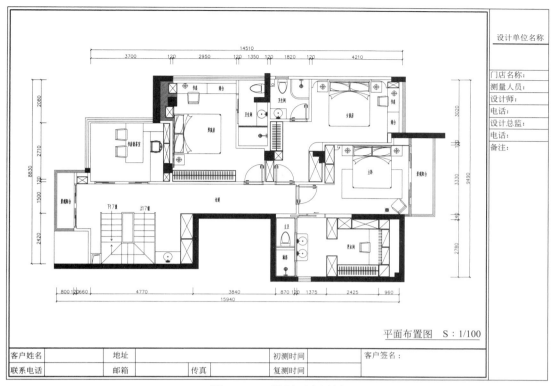

图 6-79　二层平面布置图

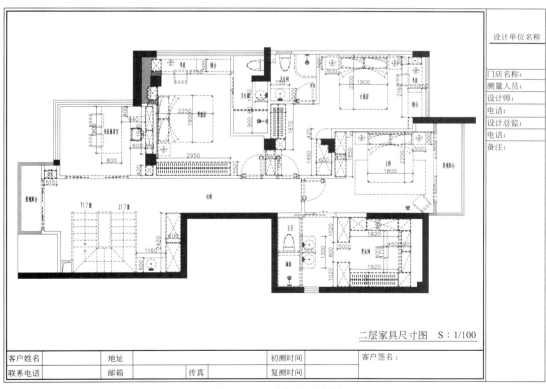

图 6-80　二层家具尺寸图

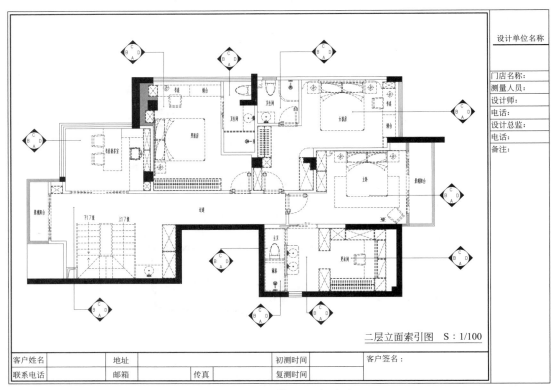

二层立面索引图　S：1/100

| 客户姓名 | | 地址 | | | 初测时间 | | 客户签名： |
| 联系电话 | | 邮箱 | | 传真 | | 复测时间 | |

图 6-81　二层各立面索引图

表 6-12　二层图纸目录

| 序号 | 图纸名称 | 图幅 | 图号 | 序号 | 图纸名称 | 图幅 | 图号 |
|---|---|---|---|---|---|---|---|
| 0 | 二层原始结构图 | A3 | P2-01 | 20 | 更衣区立面图 | A3 | E2-10 |
| 1 | 二层平面布置图 | A3 | P2-02 | 21 | 更衣区立面图 | A3 | E2-11 |
| 2 | 二层地面材质图 | A3 | P2-03 | 22 | 主卧立面图 | A3 | E2-12 |
| 3 | 二层吊顶布置图 | A3 | P2-04 | 23 | 主卧立面图 | A3 | E2-13 |
| 4 | 二层灯具定位图 | A3 | P2-05 | 24 | 主卧立面图 | A3 | E2-14 |
| 5 | 二层开关布置图 | A3 | P2-06 | 25 | 主卧立面图 | A3 | E2-15 |
| 6 | 二层空调示意图 | A3 | P2-07 | 26 | 女孩房立面图 | A3 | E2-16 |
| 7 | 二层家具尺寸图 | A3 | P2-08 | 27 | 女孩房立面图 | A3 | E2-17 |
| 8 | 二层强弱电图 | A3 | P2-09 | 28 | 女孩房立面图 | A3 | E2-18 |
| 9 | 二层排水图 | A3 | P2-10 | 29 | 女孩房立面图 | A3 | E2-19 |
| 10 | 二层立面索引图 | A3 | P2-11 | 30 | 女房卫立面图 | A3 | E2-20 |
| 11 | 过道立面图 | A3 | E2-01 | 31 | 女房卫立面图 | A3 | E2-21 |
| 12 | 过道立面图 | A3 | E2-02 | 32 | 男孩房立面图 | A3 | E2-22 |
| 13 | 过道立面图 | A3 | E2-03 | 33 | 男孩房立面图 | A3 | E2-23 |
| 14 | 主卫立面图 | A3 | E2-04 | 34 | 男孩房立面图 | A3 | E2-24 |
| 15 | 主卫立面图 | A3 | E2-05 | 35 | 男孩房立面图 | A3 | E2-25 |
| 16 | 主卫立面图 | A3 | E2-06 | 36 | 男房卫立面图 | A3 | E2-26 |
| 17 | 主卫立面图 | A3 | E2-07 | 37 | 男房卫立面图 | A3 | E2-27 |
| 18 | 更衣区立面图 | A3 | E2-08 | 38 | 书房、茶室立面图 | A3 | E2-28 |
| 19 | 更衣区立面图 | A3 | E2-09 | 39 | 书房、茶室立面图 | A3 | E2-29 |

定制家具的下单生产环节，家具企业生产内部使用的施工图，包括设计图、装配图、零部件图、大样图、开料图等，其绘制必须符合 QB/T 1338—2012《家具制图》的相关规定和要求，图样绘制方法可参考第四章内容。以下选定本项目的男孩房进行全屋定制家具前期方案设计图样绘制分析。

**1. 男孩房墙体尺寸图**

设计师接到派单后，开始预约客户上门量尺，在现场与客户进行比较充分的沟通，详细收集、记录客户明示和隐含的基本需要，如使用的人数、性别、年龄、身高、喜好；客户对产品的功能、材料需求和特殊需求；使用场地的环境条件如朝向、温度、湿度及特殊气体对产品的影响以及客户提出的特殊安全要求。快速分析客户需求，初步确定该空间家具的基本布局、电源插座位置等，通过手绘草图快速提供解决方案，以便与客户沟通和交流。

上门量尺的方法有很多种，激光测距仪加上纸笔就可以上门开展测量工作了，操作简单，容易上手，又能快速记录并储存准确的数字，是全屋定制家具设计中常用的测量手段。目前市场上流行的量尺宝 APP，它以拍照和标注为核心功能。数据作为设计师的附加技能，首先表现在对户型的理解上。在测量尺寸时，设计师能够做到测过不忘，及时将测量尺寸记录在册。男孩房墙体尺寸图上的数据获取需要设计师眼、手、心三者同时在线，眼睛看尺寸数据，心里默记尺寸，手在纸上不停记录，三者协调才能快速完成现场测量工作。

图 6-82 为男孩房墙体尺寸图，该空间位于二层，形状不够规则，两侧均有柱子和承重墙，一面大窗户。图中除了需要测量两个墙体之间的尺寸，同时要把障碍物尺寸及位置进行测量和标注，如承重墙、梁柱、门窗位置等相关尺寸。男孩房墙体尺寸图由于测量数据较多，有些数据可能有错误或遗漏，所以往往需要对关键尺寸进行复测，要求所有关键尺寸必须准确、完整。

**2. 设计草图**

设计草图是设计师必备的表达技巧，具有快速方便、简单易懂的特点。设计师在上门量尺过程中，需要在短时间内获取客户的户型图、生活习惯、功能需求、风格喜好等信息，并能给出合理的方案设计构思，如男孩房空间的布局方式、生活动线、功能要求、柜体组合方式等内容。为了达到快速、有效的沟通，设计师最好采用设计草图与客户进行交流，手绘表现的图纸更容易修改图示内容和标注文字说明，可以清晰地记录设计师思维转换的过程，让客户在短时间内明白设计的要点。图 6-83 以速写的方式生动呈现了男孩房的总体布局和家具设计，兼顾了男孩的休息、学习、收纳及娱乐的功能，充分利用好每个墙面。直观、立体的草图方便客户的理解，也便于设计师跟客户进行现场的交流和方案修改。好的设计草图不仅能在与客户初步交流时快速表达设计理念，还可以从线条上展现设计师的创新意识和自信，让客户感受到设计师深厚的专业能力和艺术素养，获得客户的认可。

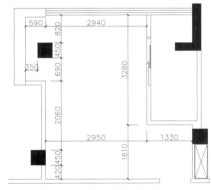
图 6-82　男孩房墙体尺寸图

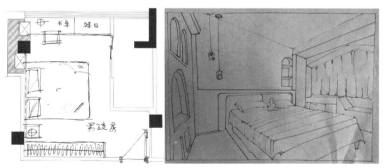
图 6-83　男孩房设计草图

**3. 平立面展开图**

为了全面表达男孩房空间的平面布局和各立面的组合关系，初步构思阶段通常采用平立面展开图画法。平立面展开图是指空间形体的表面在平面上摊平后得到的图形。即以建筑空间的平面图为基础，将四个垂直面摊平形成的图纸，由平面图、四个方向的立面图构成。平立面展开图是全屋定制家具行业中独特的手绘表达方式，以便客户对照平面图阅读其他立面，了解各立面中定制家具的设计特点，并结合展开图想象空间实物造型，从而达到设计交流的目的。图 6-84 为男孩房平立面展开图，展示了男孩房空间的平面布置和生活动线，进门按顺时针方向分别设计成组合衣柜、床背景墙、学习区和娱乐区，充分利用了每个墙面，提供了收纳、睡眠、学习、娱乐的功能区域，使空间利用效率达到最大。立面图还可以用引出线补充文字，记录墙面装饰材料和色彩、木门造型、踢脚线材料等。设计师在绘制平立面展开图时，无需画满整个墙面，也不必拘泥于图纸的规范，可以采用简化的形式灵活绘制，表达出设计重点即可。

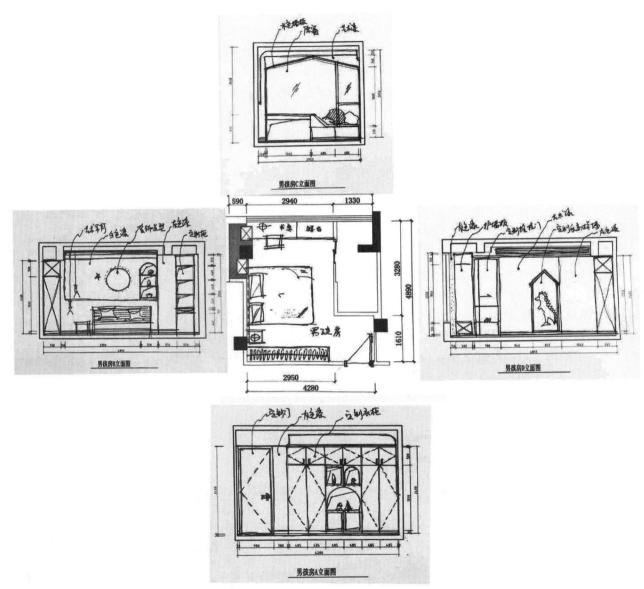

图 6-84　男孩房平立面展开图

### 4. 平面布置图

平面布置图是根据客户的需求，在原始平面图的基础上进行布局的图样，也是立面图的重要基础。在定制家具行业里，平面图主要用简单的图例来表达户型空间中家具和陈设的布局。设计师结合现场测量尺寸，在平面图中按步骤绘制出墙体、梁柱、门洞、窗户的位置。客户从平面图可以看出家具的功能布局是否合理，动线是否顺畅，家具位置安排是否符合生活习惯和使用要求等内容。当客户确定好衣柜、书桌、床等主体家具的风格，设计师从图库中选择合适的产品模型将需要定制的家具在平面图中绘制出来，如衣柜、书桌、矮台、床、床头柜等，如图 6-85 所示。在时间有限的情况下，住宅的墙厚、非承重墙等图标皆可简化，采用简单的图例好让客户容易理解。

平面图表达的尺寸分为两部分，一是标明男孩房空间结构及尺寸，包括男孩房的建筑尺寸、净空尺寸、门窗位置及尺寸，柱子、梁位置及尺寸。二是标明衣柜、书桌、床、床头柜等家具的安放位置及其装修布局的尺寸关系。

**5. 立面图**

在全屋定制家具中，立面图更多体现的是柜体的外观造型、功能布局、柜门开启方向、表面装饰、垂直方向的尺寸。每个建筑空间的垂直面至少有四个，按一定固定方向依序绘制各墙立面图，必要时立面图上需要标注墙面装修造型、材料与色彩选择，家具名称及尺寸等。图 6-86～图 6-89 分别为男孩房 A、B、C、D 立面图，主要表达衣柜的风格特征，衣柜设计成对开门，凹槽拉手设计呈现出现代简约风，柜体中间的开敞式分割，既提高了衣

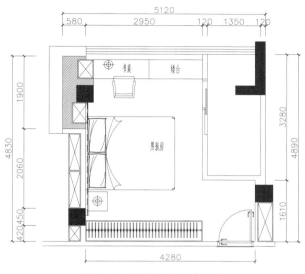

图 6-85　男孩房平面布置图

柜的趣味性，又可以摆放男孩的玩具。立面图可以用引出线补充文字说明不同墙面的装修与装饰方式、房间门的造型、踢脚线的使用情况等。立面图中虚线表示门铰链的安装位置。

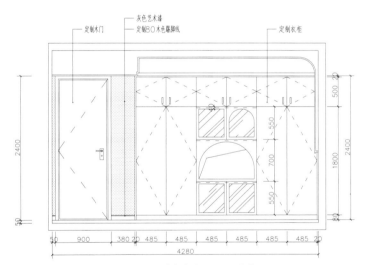

图 6-86　男孩房 A 立面图

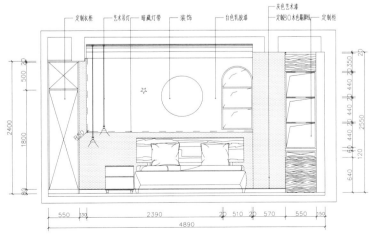

图 6-87　男孩房 B 立面图

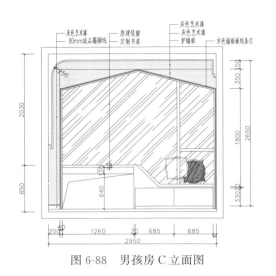
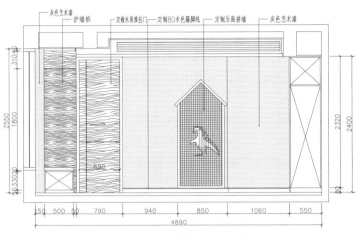

图 6-88　男孩房 C 立面图　　　　　　　　　　图 6-89　男孩房 D 立面图

### 6. 效果图

定制家具效果图既是一种技术语言，又是方案设计的组成部分，是设计师与客户交流的重要桥梁。效果图是设计师用来表达设计意图的手段之一，具有快速、方便和便于修改的特点。当客户确认最终平面图方案后，设计师就要根据男孩房家具布置、门窗位置、面积大小等内容进行整体家具设计，选择合适的造型、风格、材料、色彩等要素，使家具和男孩房空间高度契合，提供一个具体、生动的服务方案。效果图的绘图质量往往会影响客户对设计方案的决策，也是提高签单率的重要因素。图 6-90 表达了该空间采用现代简约设计，以灰色作为主要色调，用少量的蓝色作为点缀，让房间呈现明亮清晰的轻快感觉。设计师有时还可以采用一些辅助的方法绘制三维动画、室内模型和材料样板。

图 6-90　男孩房效果图

### 7. 部件图与零件图

不同生产规模、技术水平的生产企业对家具图样的要求不同。以自动化程度较高的生产企业来说，男孩房的衣柜、书桌、矮台、床头柜均为板式家具，它们从设计图纸到加工文件需要经过拆单环节，拆单过程可以通过计算机完成，得益于高速的互联网系统，整个过程只需要几秒钟，大大提高了生产效率。拆单软件，是一款基于 AutoCAD 集成板式家具设计与生产工艺的实用型软件。通过柔性化参数设计来定义家具产品的造型、结构和工艺规则，自动为生产提供包括开料清单、物料清单、五金清单、外购清单、零部件 DWG 图纸等各种生产文件，并为成本核算提供必要的依据。

拆单的任务就是把前期设计好的板式家具订单拆分为相应的板件和五金件的信息，并且根据零部件的加工特性，对加工过程中的分组、工序、设备等详细步骤进行规划，每一个订单都对应着自己的生产单号。拆单结果将以生产数据文件的形式保存，内容包括生产环节所需的详细信息，生产系统中的计算机可以识别这些数据，并能够控制加工设备完成加工。

　　定制家具生产及质量控制的主要痛点是如何实现定制家具在个性化与批量化生产之间的平衡。关键能力是利用自动化的识别工具精准识别每一件家具零部件的背景信息，通过软件系统与数控设备相结合，分别加工生产每一个零部件。为了设计工作有规可依、有据可循，有效促进定制家具生产企业通过标签标识的标准化升级，提高生产自动化水平，国家市场监督管理总局、国家标准化管理委员会于 2020 年 7 月 21 日发布了 GB/T 39019—2020《定制家具 组合组装标识技术要求》国家标准，使板式家具生产过程中的零部件标识相当于每一个零部件的身份证。通过各种手持或自动化扫描设备的识别，能够实现零部件在整个生产线上的精准定位及流转，从而可以更高效地完成不同零部件的加工分类、场内流转、分拣、包装物流、上门组装，甚至是售后反馈，保证最后安装落户的定制家具"所见即所得"。如图 6-91 所示。

图 6-91　男孩房实拍图

# 本 章 小 结

　　为便于管理和携带方便，设计师可以将一件（系列）产品的不同图样汇编成册。成品家具、系列家具和定制家具在设计方法、材料选择、生产方式、使用特点及营销模式等方面存在差异，它们在图样绘制、表达内容、文件管理等方面各有侧重。本章以市场上较常见的美式餐椅和钢木家具为例介绍了单体家具设计图册，一般包括封面、目录、产品效果图、生产施工图及包装图，封面上要注明项目的名称、负责人、日期、图纸总页数等信息。系列家具设计以 32mm 系统柜类家具为例，首先从 32mm 系统的概念、标准与规范，32mm 系统特点介绍其理论基础，其次对 32mm 系统应用中具体的标准板设计、抽屉设计和布局、柜门设计和布局、层板设计等内容进行详细分析和解读，最后以普通的矮型柜类产品为例说明系列家具的设计步骤与结构细节的处理，其内容包括产品外形结构与细节分析、产品外观尺寸设计、侧板孔位设计、柜门设计、抽屉设计和原材料、辅助材料及常规五金参数的确定。本章内容紧跟时代前沿，概述了全屋定制家具的特点、设计流程、设计内容和图样绘制要求，并以某小区住宅空间的全屋定制家具设计为例。针对项目案例中的男孩房介绍了终端设计师在客户沟通、现场测量、方案设计、下单生产、售后服务等环节的工作内容和图样要求。

## 作业与思考题

1. 请举例说明单体家具产品图册的内容与页面编排。
2. 国际上对 32mm 系统的规范要求包括哪些内容？
3. 什么是标准板设计？具有什么特点？
4. 请以衣柜为例，试分析 32mm 系统在衣柜设计中应用的设计步骤和结构细节的处理？
5. 与传统成品家具相比，全屋定制家具有哪些优势？
6. 全屋定制家具设计的一般程序是什么？各个步骤应考虑哪些因素？

# 参 考 文 献

[1] 叶翠仙，谢敏芳，陈月琴．家具与室内设计制图及识图［M］．北京：化学工业出版社，2014.

[2] 薛刚，张诗韵．产品设计图学［M］．北京：人民美术出版社，2011.

[3] 游普元．建筑制图［M］.2版．重庆：重庆大学出版社，2022.

[4] 何培斌，李奇敏．工程制图基础［M］．重庆：重庆大学出版社，2021.

[5] 唐彩云．家具结构设计［M］．北京：中国轻工业出版社，2013.

[6] 斯图尔特·劳森．家具设计——世界顶尖设计师的家私设计秘密［M］．李强，译．北京：电子工业出版社，2015.

[7] 于伸．家具造型与结构设计［M］．哈尔滨：黑龙江科学技术出版社，2004.

[8] 张仲凤，张继娟．家具结构设计［M］．北京：机械工业出版社，2013.

[9] 刘文利，李岩．明清家具鉴赏与制作分解图鉴［M］．北京：中国林业出版社，2013.

[10] 江功南．家具制作图及其工艺文件［M］．北京：中国轻工业出版社，2013.

[11] 吴智慧，徐伟．软体家具制造工艺［M］．北京：中国林业出版社，2008.

[12] 刘亚兰．家具识图［M］．北京：化学工业出版社，2009.

[13] 况宇翔．杨泳，等．产品创意设计手绘［M］．南宁：广西美术出版社，2013.

[14] 陈旭．家具设计［M］．上海：上海人民美术出版社，2014.

[15] 张克非，等．家具设计与实践［M］．沈阳：辽宁美术出版社，2015.

[16] 许柏鸣．家具设计［M］.2版．北京：中国轻工业出版社，2019.

[17] 林璐，李雪莲，刘轶婷．家具设计［M］．北京：中国纺织出版社，2010.

[18] 唐立华，刘文金，邹伟华．家具设计［M］．长沙：湖南大学出版社，2011.

[19] 彭亮．家具设计与工艺［M］．北京：高等教育出版社，2009.

[20] 胡波．家具设计［M］．长沙：中南大学出版社，2014.

[21] 胡景初，戴向东．家具设计概论［M］．北京：中国林业出版社，2019.

[22] 罗晓容．家具设计教程［M］．重庆：西南师范大学出版社，2006.

[23] 刘娜，周磊．家具设计［M］．北京：清华大学出版社，2014.

[24] 钱芳兵，刘媛．家具设计［M］．北京：中国水利水电出版社，2012.

[25] 舒伟，左铁峰，等．家具设计［M］．北京：海洋出版社，2014.

[26] 李卓，何靖泉．家具设计［M］．北京：中国水利水电出版社，2015.

[27] 陶涛．家具设计与开发［M］．北京：化学工业出版社，2012.

[28] 唐立华，刘文金，等．面向装配的实木家具设计原则与方法［J］．木材工业，2010，24（3）：37-39.

[29] 戴向东，曾献，等．中日传统家具结构形式的比较［J］．木材工业，2007，21（6），34-36.

[30] 李伟华，刘晓红．32mm系统在板式儿童家具中的应用［J］．林产工业，2005，32（3）．

[31] 李雪莲．通用于多种柜体结构的柜类家具旁板模块设计［J］．家具与室内装饰，2013（3）：102-105.

[32] 朱云，申黎明．浅析板木家具的结构设计［J］．林产工业 2014，41（2）：36-40.

[33] 林作新．从生产角度看家具结构设计［J］．家具，2011（6）：105-108.

[34] 江功南．现代板式家具"32mm系统"结构设计解析——以民用柜类家具为例［J］．家具与室内装饰，2011（5）：54-55.

[35] 李雪莲．面向32mm系统成组优化的家具基型模块变型设计研究［J］．包装工程，2015，36（4）：55-59.

[36] 刘汝洋．钢木家具快装连接件开发［D］．长沙：中南林业科技大学，2022.

[37] 中华人民共和国工业和信息部．家具制图：QB/T 1338—2012［S］．北京：中国标准出版社，2012.

[38] 中华人民共和国工业和信息部．家具功能尺寸的标注：QB/T 4451—2013［S］．北京：中国标准出版社，2013.

[39] 国家质量技术监督局．CAD工程制图规则：GB/T 18229—2000［S］．北京：中国标准出版社，2000.

[40] 国家市场监督管理总局．家具工业专用术语：GB/T 28202—2020［S］．北京：中国标准出版社，2020.

[41] 中华人民共和国国家质量监督检验检疫总局．家具桌、椅、凳类主要尺寸：GB/T 3326—2016［S］．北京：中国标准出版社，2016.

[42] 中华人民共和国国家质量监督检验检疫总局．木家具通用技术条件：GB/T 3324—2017［S］．北京：中国标准出版社，2017.

[43] 中华人民共和国国家质量监督检验检疫总局．金属家具通用技术条件：GB/T 3325—2017［S］．北京：中国标准出版社，2017.

[44] 中华全国工商业联合会家具装饰业商会．全屋定制家居产品：JZ/T 1—2015［S］．北京：中国标准出版社，2015.

[45] 国家市场监督管理总局、国家标准化管理委员会．定制家具 通用设计规范：GB/T 39016—2020［S］．北京：中国标准出版社，2020.

[46] 国家市场监督管理总局、国家标准化管理委员会．定制家具 组合组装标识技术要求：GB/T 39019—2020［S］．北京：中国标准出版社，2020.